App Inventor 2

程式設計與應用

陳會安 著

開發 Android App 一學就上手

第6版

> 使用 App Inventor 2 中文化積木介面，
> 輕鬆入門 Android Apps 開發與人工智慧

全華

作者序

App Inventor 2（簡稱AI2）是一個雲端開發平台（需Internet連線），MIT在2013年12月正式釋出，這是一套網頁應用程式，我們只需使用瀏覽器，就可以進行Android App的開發。目前AI2已經跨平台支援在Android和iOS使用MIT AI2 Companion來測試執行我們開發的Android App。

本書主要目的是幫助初學者、學過Scratch或沒有任何程式設計經驗的讀者，都能夠輕鬆建立自己的手機App，你不用撰寫一行程式碼，就可以「拼」出你自己的Android App，可以作為高中職Scratch後續課程，或大專院校初學程式設計，或初學手機程式設計課程的教材。

在規劃上，全書採用循序漸進方式來完整說明App Inventor基礎程式設計，並且在後半段改用主題方式提供大量的專案實作，來幫助讀者精通Android App開發，讓讀者能夠真正建立出實用的Android App，最後在附錄B說明藍牙無線連接，附錄C說明使用App Inventor建立IoT物聯網的MQTT客戶端程式。

為了方便讀者使用App Inventor 2進行Android App開發，本書內容是以中文使用介面來說明App Inventor 2的積木程式和畫面編排，在第六版是搭配官方最新的原生Android模擬器來建立Windows作業系統的App Inventor 2開發環境，同時說明第三方廠商的夜神模擬器，來建構打包APK檔，和安裝APK檔所需的測試環境。

本書在新版已經全面更新中文使用介面至雲端最新版本，相關名稱也同步更新，在內容部分除了全面改用最新版Android模擬器來測試執行外，並且新增更多實用的圖表和AI專案，並且提供一套【osQuest學習評量系統】的選擇題題庫來幫助讀者學習AI2，在第15章新增Charts圖表組件，第16章新增ChatGPT API來建立生成式AI的相關應用。

如何閱讀本書

本書結構是循序漸進從App Inventor 2開發環境的建立開始（附錄A說明如何安裝與使用離線版App Inventor 2開發環境），在建立第1個Android App後，逐步說明App Inventor 2的基礎程式設計，完整說明電腦程式邏輯的變數、流程控制、程序函數與陣列等，並說明基礎組件的使用。

在最後11~16章採用主題專案方式，說明App Inventor 2各種功能組件的使用，提供多個專案實例，來學習如何建立出實用的Android App。

第1章是Android和App Inventor的基礎，詳細說明如何使用App Inventor 2雲端開發環境。在第2章使用中文版App Inventor 2開發第1個Android App後，詳細說明如何測試執行Android App（包含：AI2官方的Android模擬器、夜神模擬器、Wifi和USB連線等）和開發環境的使用介面介紹。

第3章在說明物件觀念後，詳細說明基本使用介面的按鈕、標籤和文字輸入盒組件（變數與常數）。在第4章是使用介面設計的配置組件和畫面編輯（算術與字串運算子）。第5章是事件處理的使用者互動設計，包含觸控事件與繪圖（程序）。在第6章是複選盒、Switch開關、下拉式清單等選擇組件和圖像組件，並且輔以流程圖來說明條件判斷積木。第7章是訊息和對話框，同時以流程圖來說明迴圈積木。

在第8章是清單和清單組件，對比傳統程式語言就是陣列，並且說明清單顯示器和清單選擇器2種重要的清單組件。第9章建立多螢幕的Android App和日期時間組件，在第10章說明如何啟動內建App和網路組件。

最後，第11~16章是以主題方式來說明各種組件的綜合應用，包含：繪圖、動畫、多媒體、遊戲程式設計、檔案、資料庫、語音、定位服務、相機和多種感測器的硬體功能，再加上Charts統計圖表組件、JSON資料剖析、遊蹤景點導覽、Open Data、AI人工智慧應用和串接ChatGPT API。

附錄A是安裝和使用離線版App Inventor 2。附錄B說明藍牙無線連接。附錄C是建立MQTT客戶端。

編著本書雖力求完美，但學識與經驗不足，謬誤難免，尚祈讀者不吝指正。

陳會安於台北

hueyan@ms2.hinet.net

2023.10.30

範例檔內容說明

為了方便讀者學習App Inventor 2中文版開發Android App，筆者已經將本書使用到的AI2範例專案檔、相關檔案和工具都收錄在書附範例檔，如下表所示：

資料夾與檔案	說明
ch01～ch16資料夾、appA、appB和appC資料夾	本書各章節範例的App Inventor專案檔，包含專案的媒體檔案和擴充套件等相關檔案。
fChartBlockly6SE.zip	執行本書fChart流程圖的多國語系版本，支援英文、繁體和簡體中文介面，內建Blockly積木程式編輯器（Python和JavaScript語言）。
AI2_osQuest.zip	osQuest學習評量系統，使用說明請參閱解壓縮目錄中的「osQuest學習評量測驗系統_使用說明.txt」。
電子書資料夾	本書附錄電子書的PDF檔。

fChart流程圖工具的使用說明請參閱目錄下的「fChartBlockly6SE使用說明與改版記錄.txt」檔案，fChart流程圖工具的官方網址如下所示：

⟨⟨ɾ⟩⟩ https://fchart.github.io/

目錄

內容

目錄

5　使用者互動設計─程序

6　選擇與圖像組件─條件判斷

7 訊息與對話框—迴圈結構

目錄

10　啟動內建App、網路與地圖組件

11　綜合應用－繪圖、動畫與多媒體

目錄

 綜合應用─統計圖表、旅遊景點導覽和Open Data旅遊資訊

16 **綜合應用─AI人工智慧與串接ChatGPT API**

Chapter *1*

App Inventor與
Android基礎

1-1 程式的基礎

「**程式**」（programs）或稱為「**電腦程式**」（computer programs）。以英文字面來說，這是一張音樂會演奏順序的節目表，或活動進行順序的活動行程表。程式也有相同的意義，程式可以指示電腦依照指定順序來執行所需的動作。

1-1-1 認識程式

從太陽昇起的一天開始，手機鬧鐘響起叫你起床，順手查看LINE或在Facebook按讚，上課前交作業寄送電子郵件、打一篇文章，或休閒時玩玩遊戲，想想看，你有哪一天沒有做這些事。

這些事就是在執行程式，不要懷疑，程式早已融入你的生活，而且在日常生活中，大部分人早已經無法離開程式。

電腦是**硬體**（hardware）；程式是**軟體**（software），電腦是由軟體的程式控制，可以依據程式的指令來執行動作和判斷；程式是由程式設計者，即人類撰寫的一序列指令。

程式可以描述電腦如何完成指定工作，其內容是完成指定工作的步驟，撰寫程式是寫下這些步驟，如同作曲寫下的曲譜或設計房屋繪製的藍圖。對於烘焙蛋糕的工作來說，**食譜**（recipe）如同程式可以告訴我們製作蛋糕的步驟，如下圖所示：

以電腦術語來說，程式是使用指定**程式語言**（program language）撰寫沒有混淆文字、數字和鍵盤符號組成的特殊符號，這些符號組合成程式敘述和程式區塊，再進一步編寫成程式碼檔案，程式碼可以告訴電腦解決指定問題的步驟。

電腦程式在內容上分為兩大部分：**資料**（data）和處理資料的**操作**（operations）。對比烘焙蛋糕的食譜，資料是烘焙蛋糕所需的水、蛋和麵粉等成份，再加上烘焙器具的烤箱。食譜描述的烘焙步驟是處理資料的操作，可以將這些成份經過一定步驟製作成蛋糕。

💡 1-1-2　程式邏輯

基本上，程式設計就是程式邏輯的呈現，我們使用程式語言的目的是撰寫程式碼建立應用程式，所以需要使用電腦的**程式邏輯**（program logic）來撰寫程式碼，如此電腦才能執行程式碼解決我們的問題。

讀者可能會問撰寫程式碼執行**程式設計**（programming）很困難嗎？事實上，如果你可以一步一步詳細列出活動流程、導引問路人到達目的地、走迷宮、從電話簿中找到電話號碼，或從地圖上找出最短路徑，就表示你一定可以撰寫程式碼。

請注意！電腦一點都不聰明，不要被名稱誤導，因為電腦真正的名稱應該是「計算機」（computer），一台計算能力很好的計算機，並沒有思考能力，更不會舉一反三，所以，我們需要告訴電腦非常詳細的步驟和資訊，絕不能有模稜兩可的內容，而這就是電腦使用的程式邏輯。

例如：開車從高速公路北上到台北市大安森林公園，然後分別使用人類的邏輯和電腦的程式邏輯來寫出其步驟。

🌐 人類的邏輯

對於人類來說，我們只需檢視地圖，即可輕鬆寫下開車從高速公路北上到台北市大安森林公園的步驟，如下所示：

05　左轉新生南路。

04　直行建國南路，在紅綠燈右轉仁愛路。

03　下建國高架橋（仁愛路）。

02　下圓山交流道（建國高架橋）。

01　中山高速公路向北開。

START

上述步驟告訴人類的話（使用人類的邏輯），這些資訊已經足以讓我們開車到達目的地。

⊕ 電腦的程式邏輯

如果將上述步驟告訴電腦，電腦一定完全沒有頭緒，不知道如何開車到達目的地，因為電腦一點都不聰明，這些步驟的描述太不明確，我們需要提供更多資訊給電腦（請改用電腦的程式邏輯來思考），才能讓電腦開車到達目的地，如下所示：

((ŋ)) **從哪裡開始開車（起點）？中山高速公路需向北開幾公里到達圓山交流道？**

((ŋ)) **如何分辨已經到了圓山交流道？如何從交流道下來？**

((ŋ)) **在建國高架橋上開幾公里可以到達仁愛路出口？如何下去？**

((ŋ)) **直行建國南路幾公里可以看到紅綠燈？左轉或右轉？**

((ŋ)) **開多少公里可以看到新生南路？如何左轉？接著需要如何開？如何停車？**

所以，在撰寫程式碼時，需要告訴電腦非常詳細的動作和步驟順序，如同教導一位小孩做一件他從來沒有做過的事，例如：綁鞋帶、去超商買東西，或使用自動販賣機。因為程式設計是在解決問題，你需要將解決問題的詳細步驟一一寫下來，包含動作和順序（即設計演算法），然後將它轉換成程式碼，在本書是使用App Inventor拼出你的積木程式。

1-2 Android行動作業系統

Android這個名詞最早出現在法國作家利爾亞當在1886年出版的科幻小說《未來夏娃》，一位具有人類外表和特徵的機器人。現在，Android是行動裝置的霸主和網路上的熱門名詞，代表一套針對行動裝置開發的免費作業系統平台。

⍦ 1-2-1　Android的基礎

Android是一套使用Linux作業系統為基礎開發的**開放原始碼**（open source）作業系統，主要是針對手機等行動裝置使用的作業系統，現在Android已經逐漸擴充到平板電腦、筆電和其他領域，例如：電子書閱讀器、MP4播放器、Internet電視等。

Android作業系統最初是Andy Rubin創辦的同名公司Android, Inc開發的行動裝置作業系統，在2005年7月Google收購此公司，之後Google拉攏多家通訊系統廠商、硬體製造商等，在2007年11月5日組成「**開放式手持裝置聯盟**」（open handset alliance），讓Android正式成為一套開放原始碼的作業系統。

在2010年1月5日Google正式販售自有品牌的智慧型手機—Nexus One，到了2010年末，僅僅推出兩年的Android作業系統，已經快速成長且超越稱霸十數年的諾基亞Symbian系統，躍居成為世界最受歡迎的智慧手機平台。在2011年初，更針對平板電腦推出專屬的3.x版，而且快速成為最廣泛使用的平板電腦作業系統之一。

在2011年10月19日推出4.0版 **Ice Cream Sandwich**（冰淇淋三明治），一套整合手機和平板電腦2.x和3.x版本的全新作業系統平台，從此之後的Android只有一個版本，不再區分手機和平板電腦兩種專屬版本，從5.0版開始正式進入64位元，成為一套64位元的行動作業系統。

🟡 1-2-2　Android的特點

Android是一套開放原始碼的免費作業系統，並沒有固定搭配的硬體配備或軟體，可以讓製造廠商自行客製化行動裝置，依成本、市場定位和功能來搭配所需的軟硬體配備，其特點如下所示：

- **硬體：**支援數位相機、GPS、數位羅盤、加速度感測器、重力感測器、趨近感測器、陀螺儀和環境光線感測器等（請注意！不是每一種行動裝置都具備完整的硬體支援，可能只有其中數項）。

- **通訊與網路：**支援GSM/EDGE、IDEN、GPRS、CDMA、EV-DO、UMTS、藍牙、WiFi、LTE和WiMAX等。

- **簡訊：**支援SMS和MMS簡訊。

- **瀏覽器：**整合開放原始碼WebKit瀏覽器，支援Chrome的JavaScript引擎。

- **多媒體：**支援常用音效、視訊和圖形格式，包含MPEG4、H.264、AMR、AAC、MP3、MIDI、Ogg Vorbis、WAV、JPEG、PNG、GIF和BMP等。

- **資料儲存：**支援SQLite資料庫，一種輕量化的關聯式資料庫。

- **繪圖：**最佳化繪圖支援2D函數庫，和3D繪圖OpenGL ES規格。

- **其他：**支援多點觸控、Flash、多工和可攜式無線基地台等。

1-3 認識App Inventor

App Inventor是一套**開放原始碼**（open-source）Web平台的Android App整合開發工具，原來是Google在2010年7月提供的程式開發解決方案，可以讓完全沒有程式設計經驗的使用者能夠輕鬆開發Android App，在2011年下半年轉由美國**麻省理工學院**（Massachusetts Institute of Technology，MIT）接手繼續開發與維護。

🌐 App Inventor 2

App Inventor 2是MIT在2013年12月正式釋出的新版本，將內建積木程式編輯器整合成相同介面的網頁應用程式，所以，App Inventor 2需要在瀏覽器執行，不再是一個獨立的Java程式，如下圖所示：

上述App Inventor 2簡稱**AI2**，新版本AI2是一套雲端開發平台（我們可以安裝離線版本），讓使用者更容易安裝，而且提供更佳的程式開發使用經驗。

AI2使用類似Scratch和StarLogo TNG的圖形使用介面，讓使用者可以拖拉組件來建立Android App的使用介面，使用拼圖方式來拼出組件的行為，即程式碼。換句話說，使用者並不用撰寫一行程式碼，就可以拼出自己的Android App，目前的App Inventor 2已經支援中文使用介面。

App Inventor 2 開發環境

　　基本上，App Inventor 2開發環境是雲端開發平台，使用者可以直接使用Web瀏覽器連線AI2的網站來開發Android App，我們建立的App Inventor專案也是儲存在AI2伺服器（附錄A說明如何使用離線版開發平台），Android App是Android行動裝置的應用程式名稱，這是在Android作業系統上執行的應用程式，如下圖所示：

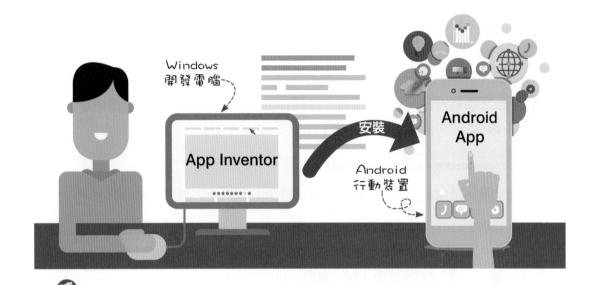

上述Android App是在Android行動裝置上執行，並不是在開發電腦的Windows作業系統，我們使用App Inventor開發的Android App需要安裝至Android行動裝置，才能在Android行動裝置上執行。

　　如果讀者手上沒有Android行動裝置也沒有關係，App Inventor內建「**Android 模擬器**」（Android emulator），這是一套軟體程式，可以讓我們在PC開發電腦的Windows作業系統，模擬出一台執行Android作業系統的手機，換句話說，我們一樣可以在Android模擬器上執行使用App Inventor開發的Android App。

1-4 建立App Inventor開發環境

本書是在Windows作業系統建立App Inventor開發環境，如下所示：

▶ 安裝Web瀏覽器，在本書是使用Google Chrome瀏覽器。

▶ 申請註冊一個Google帳戶。

▶ 安裝App Inventor軟體設定套件。

1-4-1 申請註冊Google帳戶

App Inventor 2需要使用Google帳戶來登入雲端開發平台的伺服器，我們需要申請Google或Gmail帳戶。如果讀者已經擁有Google或Gmail帳戶，請跳過這一節。申請註冊Google帳戶的官方網址，如下所示：

https://accounts.google.com/SignUp

我們準備使用Google Chrome瀏覽器申請Google帳戶，其步驟如下所示：

STEP 01 請啓動Chrome瀏覽器，輸入https://accounts.google.com/SignUp網址進入申請註冊網頁後，依序在欄位輸入姓氏、名字、使用者名稱（請自選），輸入2次密碼後，按「**繼續**」鈕。

STEP 02 再依序輸入電話號碼（選填，填入行動電話）、備援電子郵件地址（選填）、生日和性別後，按「**繼續**」鈕。

Google

歡迎使用 Google

hueyanchen2022@gmail.com

電話號碼 (選填)

Google 只會將這個電話號碼用於保護您的帳戶，並不會向他人顯示這項資訊。您可以稍後再決定是否要將這個號碼用於其他用途。

備援電子郵件地址 (選填)

我們會用來確保帳戶安全無虞

年　　　　　月　　　　　日

您的生日

性別
男性

為何我們要求您提供這些資訊

返回　　　　　　　　　繼續

您的個人資訊不會對外公開且安全無虞

STEP 03 請捲動閱讀隱私權與條款後，在最後按「**我同意**」鈕同意隱私權條款。

合併資料

為了上述用途，我們也會將各項 Google 服務及您裝置上的這類資料合併。舉例來說，我們會根據您的帳戶設定按照您的興趣 (依據您的 Google 搜尋和 YouTube 使用資訊判定) 向您顯示相關廣告，還會根據數兆筆查詢資料建立字詞校正模型，供各項 Google 服務使用。

一切由您掌控

依據帳戶設定而定，這類資料可能有部分會與您的 Google 帳戶相關聯，我們會將這些資料視為個人資訊。您現在只要點選下方的 [更多選項]，即可控管 Google 收集及使用這類資料的方式。日後您隨時可以前往我的帳戶頁面 (myaccount.google.com) 調整設定或撤銷同意事項。

更多選項 ∨

取消　　　　　　　　　我同意

STEP 04 接著看到歡迎畫面，顯示已經成功註冊和登入Google帳戶。

💡 1-4-2　下載與安裝App Inventor軟體設定套件

　　基本上，App Inventor開發的Android App不能直接在Windows作業系統執行，我們需要使用Android模擬器來測試執行，所以需要下載安裝App Inventor軟體設定套件。

⊕ 下載App Inventor軟體設定套件

　　Windows版App Inventor軟體設定套件的下載網址，如下所示：

📶 **https://appinventor.mit.edu/explore/ai2/windows**

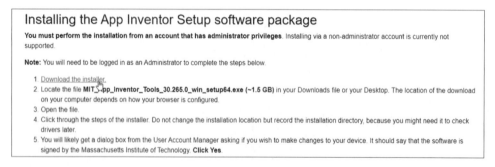

　　點選「Download the installer」超連結下載安裝程式檔案，本書安裝的程式檔名是「MIT_App_Inventor_Tools_30.265.0_win_setup64.exe」。

⊕ 安裝App Inventor軟體設定套件

在成功下載App Inventor軟體設定套件後，就可以執行安裝程式來進行安裝，其步驟如下所示：

STEP 01 如果需要讓所有使用者都可使用設定套件，我們需要使用右鍵以系統管理員身分執行「MIT_App_Inventor_Tools_30.265.0_win_setup64.exe」安裝程式，如果看到使用者帳戶控制視窗，請按「**是**」鈕，然後在歡迎畫面按「**Next >**」鈕繼續。

STEP 02 在使用者授權合約畫面，按「**I Agree**」鈕同意授權。

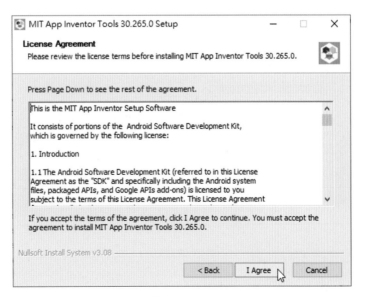

STEP 03 選擇安裝元件，請勾選「**Desktop Icon**」以方便啟動設定工具，按「**Next >**」鈕繼續。

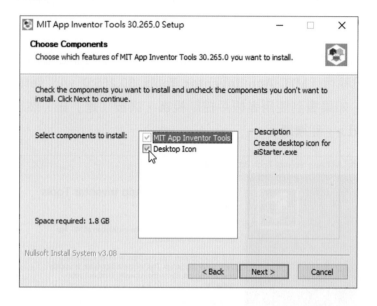

STEP 04 預設安裝路徑是「C:\Program Files\MIT App Inventor」，不用更改，請按「**Next >**」鈕繼續。

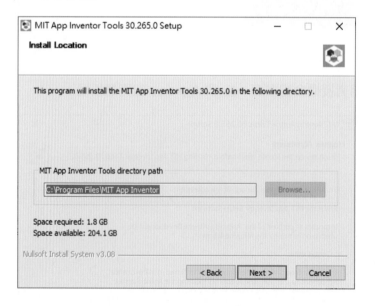

STEP 05　準備新增的開始功能表選項，不用更改，請按「**Install**」鈕開始安裝，可以
　　　　看到目前的安裝進度。

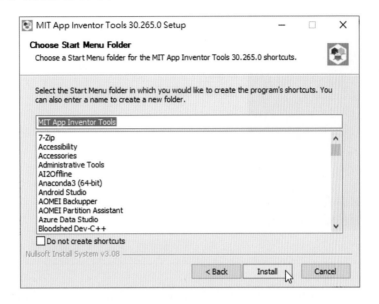

STEP 06　在安裝過程中，如果顯示一個訊息視窗，說明Windows作業系統已經安裝
　　　　HAXM，請按「**否**」鈕，按「**是**」鈕會再次安裝HAXM。

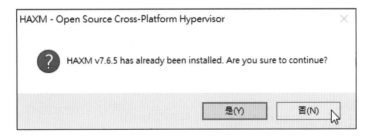

STEP 07 稍等一下，等到安裝完成，按「**Finish**」鈕結束安裝。

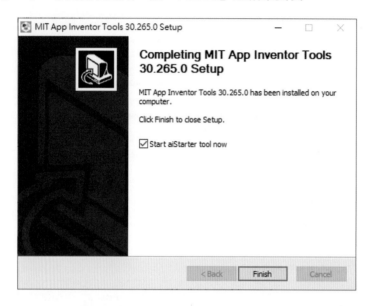

在完成App Inventor軟體設定套件的安裝後，預設勾選啓動App Inventor軟體設定套件，我們也可以點選桌面的「**aiStarter**」圖示，或執行「**開始→MIT App Inventor Tools→aiStarter**」命令啓動App Inventor軟體設定套件，可以在工具列看到圖示，點選可顯示「aiStarter」視窗，如下圖所示：

請注意！App Inventor需要在Windows電腦啓動軟體設定套件，才能夠在雲端平台啓動Android模擬器來測試執行Android App，結束請按**Ctrl＋C**鍵。

1-4-3　使用App Inventor雲端開發平台

App Inventor 2是一套雲端開發平台，我們只需使用瀏覽器進入官方網站，就可以使用App Inventor 2，其網址如下所示：

https://ai2.appinventor.mit.edu/

在本書是使用Google Chrome瀏覽器連線App Inventor官方網站和登入Google帳戶，其步驟如下所示：

STEP 01 請啟動瀏覽器進入https://ai2.appinventor.mit.edu/，如果尚未登入Google帳戶，請先登入後，可以看到選擇Google帳戶的授權頁面，如下圖所示：

STEP 02 在選擇帳戶後，接著顯示App Inventor服務的授權頁面，請按「**I accept the terms of service!**」鈕同意授權。

To use App Inventor for Android, you must accept the following terms of service.

Terms of Service

MIT App Inventor Privacy Policy and Terms of Use

MIT Center for Mobile Learning

Welcome to MIT's Center for Mobile Learning's App Inventor website (the "Site"). The Site runs on Google's App Engine service. You must read and agree to these Terms of Service and Privacy Policy (collectively, the "Terms") prior to using any portion of this Site. These Terms are an agreement between you and the Massachusetts Institute of Technology. If you do not understand or do not agree to be bound by these Terms, please immediately exit this Site.

MIT reserves the right to modify these Terms at any time and will publish notice of any such modifications online on this page for a reasonable period of time following such modifications, and by changing the effective date of these Terms. By continuing to access the Site after notice of such changes have been posted, you signify your agreement to be bound by them. Be sure to return to this page periodically to ensure familiarity with the most current version of these Terms.

Description of MIT App Inventor

From this Site you can access MIT App Inventor, which lets you develop applications for Android devices using a web browser and either a connected phone or emulator. You can also use the Site to store your work and keep track of your projects. App Inventor was originally developed by Google. The Site also includes documentation and educational content, and this is being licensed to you under the Creative Commons Attribution 4.0 International license (CC BY 4.0).

Account Required for Use of MIT App Inventor

I accept the terms of service!

STEP 03 可以看到一個歡迎對話框，請按「**Continue**」鈕繼續。

STEP 04 在成功進入App Inventor開發環境的使用介面後，可以看到一些教學資訊的訊息視窗，請按「**CLOSE**」鈕。

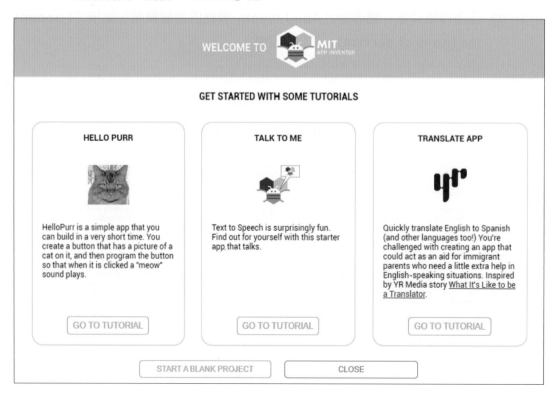

STEP 05 然後點選右上方「**English → 正體中文**」命令，可以切換成正體中文的使用介面。

STEP 06 接著重複看到中文內容的歡迎對話框，請先按「**繼續**」鈕後，再按「**CLOSE**」鈕。

現在，可以看到中文使用介面的App Inventor 2專案管理頁面，從第2章開始，我們就是使用App Inventor 2來開發Android App。

選擇題

( ) 1. 請問下列哪一個並不是一種電腦上執行的程式？
(A)起床 (B) Word (C) LINE (D)郵件工具。

( ) 2. 請指出下列哪一個關於App Inventor的說明是正確的？
(A)需要付費使用
(B)一個Windows應用程式
(C)內建官方Android模擬器
(D)只能使用Android實機來執行。

( ) 3. 請問下列哪一個建立App Inventor開發環境的步驟是在安裝
Android模擬器？
(A)安裝Android作業系統
(B)安裝瀏覽器
(C)申請註冊Google帳戶
(D)安裝App Inventor軟體設定套件。

( ) 4. 請指出下列哪一個關於Android的說明是不正確的？
(A)使用Linux作業系統為基礎的作業系統
(B)由Google公司開發和維護
(C)已經擴充到平板電腦、筆電和其他領域
(D)擁有固定搭配的硬體配備。

( ) 5. 請問我們是執行下列哪一個命令來切換App Inventor成為繁體
中文介面？
(A)「Language/正體中文」
(B)「Language/繁體中文」
(C)「English/正體中文」
(D)「English/繁體中文」。

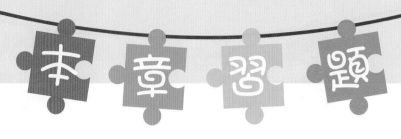

本 章 習 題

問答題

1. 請簡單說明什麼是程式？何謂程式邏輯？

2. 請問什麼是Android作業系統？其特點為何？

3. 請簡單說明什麼是App Inventor？App Inventor 2的開發環境是什麼？

4. 請問如何建立App Inventor 2開發環境？

5. 請問App Inventor軟體設定套件是什麼？

實作題

1. 請在您的Windows電腦參閱第1-4節的步驟建立App Inventor 2開發環境。

2. 承上題，成功進入App Inventor 2雲端開發平台後，請切換成正體中文使用介面。

Chapter 2

建立第一個 Android App

2-1 使用App Inventor開發Android App

在第1章成功建立App Inventor開發環境（如果沒有特別說明，本書的App Inventor就是App Inventor 2）後，我們就可以進入App Inventor開發頁面建立第一個Android App，其基本開發步驟的流程圖，如下圖所示：

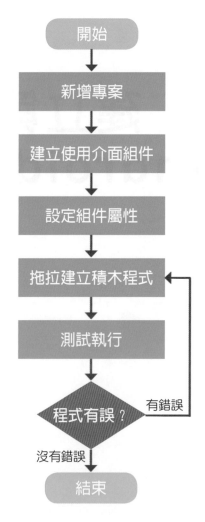

上述基本開發步驟的簡單說明，如下所示：

STEP 1 **新增專案：**App Inventor建立的每一個Android App是一個專案，建立Android App的第一步是新增專案。

STEP 2 **建立使用介面組件：**在建立專案後，預設新增Screen1畫面（類似Windows視窗），請依照規劃的使用介面，從「**組件面板**」區拖拉組件至畫面，或使用介面配置組件來編排建立使用介面。

STEP 3 **設定組件屬性：**在新增組件後，可以在「**組件屬性**」區更改大小、字型、色彩和外觀等所需的屬性值。

STEP 4 **拖拉建立積木程式：**請按「**程式設計**」鈕切換至積木程式編輯器，然後依照組件觸發事件的行為，建立所需的事件處理，即積木程式。

STEP 5 **測試執行Android App：**在完成後，App Inventor可以連接行動裝置或Android模擬器來測試執行。如果執行有錯誤，請重複 STEP 4 修正積木程式後，再次測試執行。

2-2 建立第一個Android App

我們準備建立的第一個Android App是一個簡單的顯示歡迎文字程式，可以將文字輸入盒組件輸入的內容顯示在標籤組件。

步驟一：登入App Inventor雲端開發平台

在本書是使用Google Chrome瀏覽器連線App Inventor雲端開發平台，離線版本開發環境的安裝與使用請參閱附錄A，其步驟如下所示：

STEP 01 請啟動瀏覽器進入https://ai2.appinventor.mit.edu/，在選擇Google帳戶後，就會看到歡迎對話框（第1章已經切換成中文使用介面），請按「**繼續**」鈕。

STEP 02 在成功進入App Inventor開發環境的使用介面後，可以看到專案管理介面，請按「CLOSE」鈕，如果已經開啟專案，就是進入上一次最後開啟的專案。

步驟二：新增App Inventor專案

在成功進入App Inventor開發環境的使用介面後，我們就可以新增名為「ch2_2」的App Inventor專案，其步驟如下所示：

STEP 01 在App Inventor開發環境的專案管理介面，按左上方「**New project**」鈕建立新專案。

STEP 02 在「新增專案...」對話框的「專案名稱」欄，輸入專案名稱「**ch2_2**」（專案名稱只允許英文大小寫、數字和「_」底線，並不支援中文專案名稱），按「**確定**」鈕建立專案。

STEP 03 稍等一下即可進入編輯頁面。預設是「畫面編排」的使用者介面設計頁面。

步驟三：新增使用者介面組件

App Inventor只需在「組件面板」區選取組件，就可以在畫面拖拉新增介面組件。組件分為兩種：一種是可以在畫面顯示的組件；另一種是特定功能的非可視組件，所以在畫面上是看不到的。

請繼續上面步驟新增「文字輸入盒」、「按鈕」和「標籤」三個使用介面組件，其步驟如下所示：

STEP 01 請在左邊「組件面板」區，選「**使用者介面/文字輸入盒**」組件，將組件拖拉至中間的「工作面板」區，即可新增名為「文字輸入盒1」的組件。

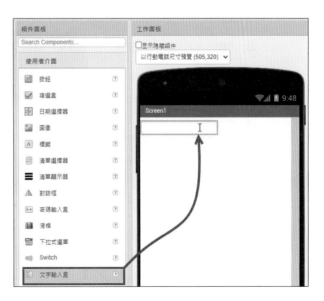

STEP 02 然後在組件面板選「**使用者介面/按鈕**」組件,將組件拖拉至「**文字輸入盒 1**」組件之下,可以新增名為「按鈕1」的組件。

STEP 03 在組件面板選「**使用者介面/標籤**」組件,將標籤組件拖拉至「按鈕1」組件 之下,可以新增名為「標籤1」的組件,其預設內容是「標籤1文本」。

STEP 04 現在，我們共新增3個組件，在「工作面板」區右邊的「組件列表」區，可以看到使用階層結構顯示的3個組件列表，如下圖所示：

在「組件列表」區選擇組件後，可以按下方「**重新命名**」鈕更改組件名稱；按「**刪除**」鈕刪除組件。

步驟四：更改組件名稱

組件預設名稱是以組件名稱加上編號，例如：**Screen1**、**標籤1**和**按鈕1**等。因為預設名稱缺乏可讀性，在實務上，建議將組件名稱重新命名成有意義名稱，我們可以在「組件列表」區更改組件名稱。請繼續上面步驟，如下所示：

STEP 01 在「組件列表」區選「**標籤1**」，按下方「**重新命名**」鈕。

STEP 02 在「重命名組件」對話框的「新名稱」欄輸入新名稱「**標籤輸出**」，按「**確定**」鈕更改組件名稱。

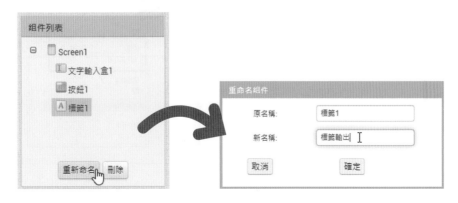

STEP 03 請重複步驟2更改其他組件的名稱,如下表所示:

原名稱	新名稱
文字輸入盒1	文字輸入盒輸入
按鈕1	按鈕顯示

🔍 步驟五:設定組件屬性

　　當在「工作面板」區選取組件後,可以在「組件屬性」區設定組件屬性來更改組件的顯示外觀和內容。請繼續上面步驟,如下所示:

STEP 01 在「工作面板」區點選畫面標題Screen1後,可以在「組件屬性」區顯示畫面的屬性清單,請找到「Appearance」區段的「**標題**」屬性,點選輸入「**第1個App**」後,可以看到標題列已經改成屬性值。

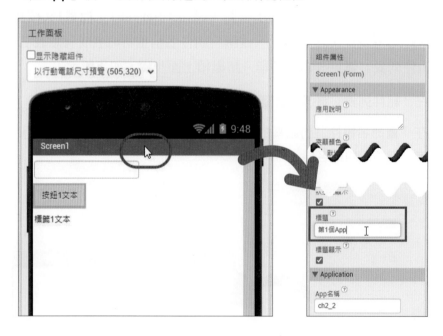

STEP 02 選「**標籤輸出**」組件，在右方的「組件屬性」區勾選「**粗體**」字，「字體大小」屬性改成「**20**」，然後找到「文字」屬性，點選後輸入「**Hi**」內容（請注意！在文字最後有1個空白字元），可以看到「標籤輸出」組件顯示內容已經更改，樣式也改成比較大的粗體字。

STEP 03 請重複 STEP 02 ，依序更改下表的組件屬性值，如下表所示：

組件名稱	屬性	屬性值
文字輸入盒輸入	提示	請輸入姓名
按鈕顯示	文字	點選顯示

STEP 04 完成屬性設定後，可以看到目前建立的使用介面，如下圖所示：

步驟六：新增組件事件處理的積木程式

當在畫面新增組件和更改屬性，完成使用介面的建立後，我們需要思考這些組件的行為，即回應什麼事件和做什麼事？主要是兩項工作，如下所示：

📶 有哪些組件需要新增事件處理來建立組件的行為。

📶 回應事件的事件處理需要完成什麼工作。

在步驟六是第1項工作，我們準備新增按鈕組件的「被點選」事件，即新增按鈕組件的事件處理，這是一個擁有嘴巴的積木，可以讓我們在之中新增建立所需的積木程式。請繼續上面步驟，如下所示：

STEP 1 按右上方「**程式設計**」鈕切換至程式設計的積木程式編輯器。

STEP 02 在左邊「模塊」區選「**Screen1/按鈕顯示**」組件，中間可以顯示此組件的事件處理、屬性和方法列表，請拖拉「**當-按鈕顯示.被點選-執行**」事件處理積木至工作面板。

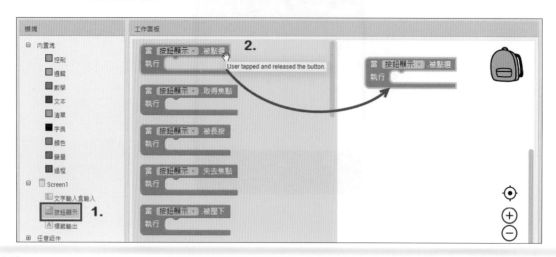

大嘴巴積木是用來建立事件處理的積木程式，因為我們可以在嘴巴之中新增處理此事件的積木程式。請注意！如果不小心選錯積木，請直接拖拉積木至右下角的垃圾桶圖示，就可以刪除積木。

步驟七：拼出事件處理方法的積木程式

在新增按鈕組件的事件處理積木後，我們就可以開始拼出處理此事件的積木程式，即前述的第2項工作。我們準備將「文字輸入盒輸入」組件輸入的文字內容顯示在「標籤輸出」組件原內容的最後，並且合併原來的標籤內容。請繼續上面步驟，如下所示：

STEP 01 選「**Screen1/標籤輸出**」組件，拖拉「**設-標籤輸出.文字-為**」指定屬性值的積木至工作面板。

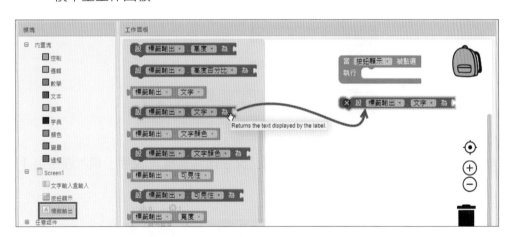

STEP 02 選「**內置塊/文本**」，拖拉「**合併文字**」積木至工作面板。

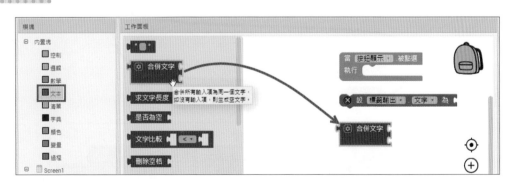

STEP 03 然後選「Screen1/標籤輸出」組件，拖拉「**標籤輸出.文字**」屬性值的積木
至工作面板後，再選「**Screen1/文字輸入盒輸入**」組件，拖拉「**文字輸入盒
輸入.文字**」屬性值的積木至工作面板，如下圖所示：

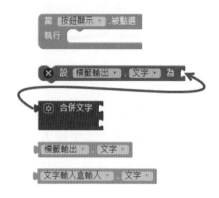

STEP 04 接著拼出積木程式，首先將「**合併文字**」積木連接至「**設-標籤輸出.文字-
為**」積木之後，可以看到結合後的積木程式。

STEP 05 然後分別將「**標籤輸出.文字**」和「**文字輸入盒輸入.文字**」積木連接至「**合併
文字**」積木後的上/下兩個插槽。

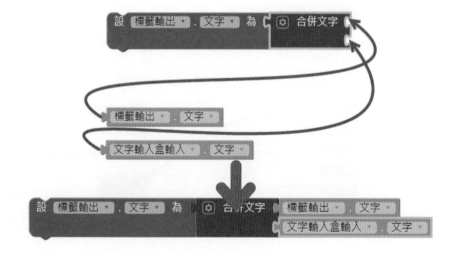

STEP 06 最後將上述整個積木拖拉至大嘴巴中，可以看到與積木上方插槽結合成的積木程式。

💡 步驟八：測試執行Android App

在完成使用介面設計和行為的積木程式後，我們就已經完成第1個Android App的建立，接著是在Android模擬器測試執行Android App，請繼續上面步驟，如下所示：

STEP 01 請點選桌面的「aiStarter」圖示，或執行「**開始→MIT App Inventor Tools→aiStarter**」命令啟動App Inventor軟體設定套件，可以在工具列看到圖示，點選可以顯示「aiStarter」視窗，如下圖所示：

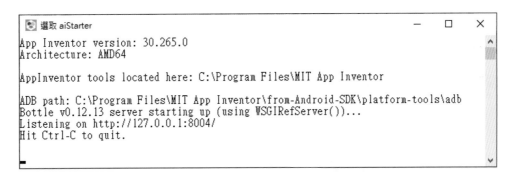

STEP 02 請在App Inventor執行「**連線→模擬器**」命令，可以連接Android模擬器（emulator）。

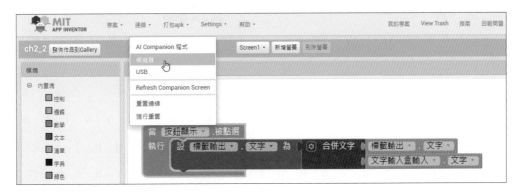

STEP 03 訊息顯示正在啟動Android模擬器，可能需等待1至2分鐘。

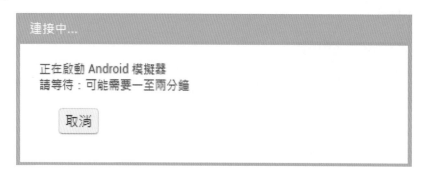

STEP 04 然後可以看到Android模擬器已經啟動執行，請再等一下，等待相關資源全部載入。

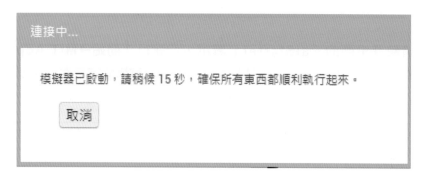

STEP 05 視窗消失後，請在工作列切換至Android模擬器視窗，可以看到執行結果，請輸入英文姓名Joe Chen後，按「**點選顯示**」鈕，可以看到更改的標籤組件內容顯示「Hi Joe Chen」的歡迎訊息文字。

上述Android模擬器顯示實際的手機外型，在右邊可以看到一個垂直工具列，用來模擬手機的相關操作，其說明如下圖所示：

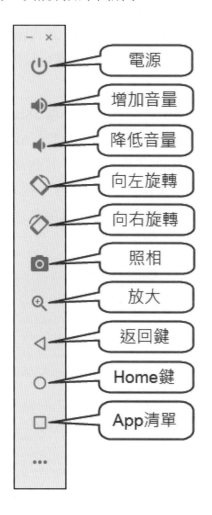

因為App Inventor的Android模擬器是使用MIT AI2 Companion App 來測試執行Android App，當在畫面編排頁面新增組件或更改組件的屬性值時，Android模擬器也會同步更新使用介面，我們也可以執行「**連接→Refresh Companion Screen**」命令來自行更新使用介面。

⊕ 執行Android模擬器可能發生的問題和解決方法

在App Inventor執行Android模擬器可能發生的問題和解決方法，如下所示：

《(ゆ)》 如果啟動Android模擬器發生錯誤或沒有反應，請先關閉Android模擬器視窗後，執行「**連線→重置連線**」命令重設連線後，就可以再次重新啟動Android模擬器。

《(ゆ)》 如果啟動Android模擬器一直出現沒有找到客戶端aiStarter的錯誤訊息，但已經啟動客戶端程式，通常是因為adb.exe當掉（這是管理Android模擬器的工具），請按Ctrl-Alt-Del鍵啟動Windows的工作管理員，找到背景處理程序adb.exe，執行「右」鍵快顯功能表的「**結束工作**」命令結束程式關閉客戶端程式後，再重新啟動客戶端程式來啟動Android模擬器，如下圖所示：

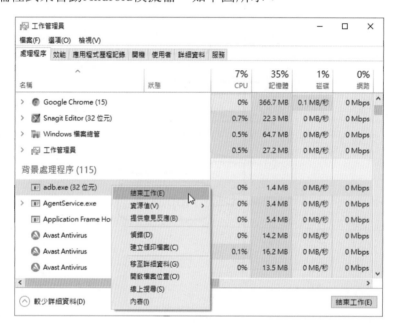

《(ゆ)》 客戶端aiStarter需要在命令提示字元視窗，按**Ctrl-C**鍵關閉。

2-3　在App Inventor測試執行Android App

　　基本上，App Inventor提供多種方式來測試執行開發的Android App，即功能表的「連線」和「打包apk」選單，其說明如下所示：

- 使用AI Companion程式測試執行：Android模擬器（詳見第2-2節步驟八）和Android/iOS實機（手機或平板）都是安裝此程式，然後透過此程式來測試執行（並沒有真的將Android App安裝在實機），其連線方式可以使用WiFi連線或USB連接。

- 打包成APK檔來測試執行：將專案編譯建構成APK檔後，請使用Android實機掃描QR Code，即可下載APK檔至實機來安裝和測試執行Android App（真的有安裝在實機）。

2-3-1　使用AI Companion程式測試執行Android App

　　目前MIT AI Companion程式已經同時支援Android和iOS行動作業系統，換句話說，Android/iOS裝置的實機都可以測試執行App Inventor開發的Android App。

　　請注意！因為iOS權限問題，一些硬體裝置，例如：藍牙，並無法在iOS裝置使用AI Companion程式來測試執行。

在Android/iOS行動裝置安裝MIT AI2 Companion

　　在行動裝置安裝MIT AI2 Companion程式的說明網址，如下所示：

- **http://appinventor.mit.edu/explore/ai2/setup-device-wifi.html**

Step 1: Download and install the MIT AI2 Companion App on your Android or iOS device.

Open the Google Play store or Apple App store on your phone or tablet, or use the buttons below to open the corresponding page.

After downloading, step through the instructions to install the Companion app on your device. You need to install the MIT AI2 Companion only once, and then you can leave it on your phone or tablet for whenever you use App Inventor.

Note: There are some differences between the Android and iOS versions. Please review this page for more details.

請捲動上述頁面找到「Step 1：」可以看到App Store和Google Play圖示，因為AI2 Companion程式同時支援Android/iOS裝置，如下所示：

((ʇ)) Android裝置：請開啟Google Play商店搜尋MIT AI2 Companion來安裝MIT AI2 Companion程式。

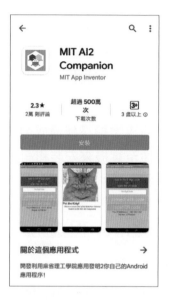

((ʇ)) iOS裝置：請開啟App Store商店搜尋MIT App Inventor來安裝MIT AI2 Companion程式。

🌐 使用WiFi連線測試執行Android App

當手機和App Inventor開發電腦都連線同一個WiFi網路時，就可以使用WiFi連線，在裝置執行MIT AI2 Companion程式來測試執行Android App，其步驟如下所示：

STEP 01 請確認Windows電腦和Android/iOS行動裝置都連線同一個WiFi網路。

STEP 02 繼續第2-2節的專案，執行「**連線→AI Companion程式**」命令，如果已經啟動Android模擬器，請先執行「**連線→重置連線**」命令。

STEP 03 可以看到二維條碼的QR Code訊息框，和6個字元的密碼。

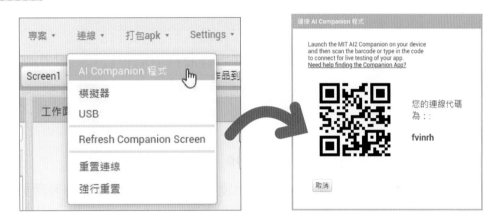

STEP 04 請在Android/iOS行動裝置啟動MIT AI2 Companion後，按「**scan QR code**」鈕掃描QR Code二維條碼，或自行輸入6個字元的密碼（下圖左是Android；下圖右是iOS），如下圖所示：

STEP 05 按「**connect with code**」鈕，即可測試執行Android App（下圖左是Android；下圖右是iOS），如下圖所示：

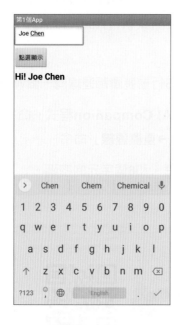 

使用USB連接測試執行Android App

　　Windows開發電腦可以使用一條USB連接線連接Android實機來測試執行Android App（不需Internet連線），此方式只支援Android實機，iOS實機並不支援，其步驟如下所示：

STEP 01 請確認Windows電腦已經安裝USB驅動程式來連接Android行動裝置，而且Windows電腦已經啓動App Inventor軟體設定套件。

STEP 02 在行動裝置執行「設定」程式，開啓開發人員選項和啓用USB偵錯（因為各家手機的啓用方式不同，請上網查詢開啓方式）。

STEP 03 在Android行動裝置啓動MIT AI2 Companion，並且勾選「**Use Legacy Connection**」。

STEP 04 確認Android行動裝置已經使用USB連接線連接Windows電腦。

STEP 05 請繼續第2-2節專案，執行「**連線→USB**」命令，如果在Android行動裝置看到「允許USB偵錯」對話框，請按「**確定**」鈕，即可在Android行動裝置安裝和執行Android App。

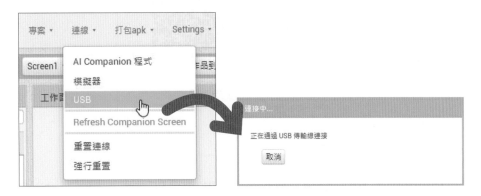

STEP 06 等到看到AI Companion程序啟動中的訊息視窗，稍等一下，可以在Android行動裝置看到執行的Android App。

2-3-2 在Android實機安裝APK檔來測試執行Android App

App Inventor提供建構功能，可以將專案建構打包成APK檔，我們可以將APK安裝檔下載至PC電腦，或產生QR Code二維條碼來下載至行動裝置，即可在行動裝置安裝Android App，其步驟如下所示：

STEP 01 請繼續第2-2節專案，執行「**打包apk→Android App (.apk)**」命令。

STEP 02 可以看到目前正在打包APK檔的進度。

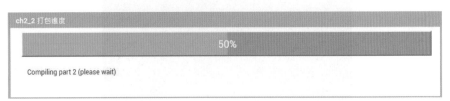

STEP 03 等到打包完成，就會顯示下載按鈕和QR Code二維條碼訊息框。

按「**Download .apk now**」鈕可下載APK檔至PC電腦，檔名是ch2_2.apk，Android實機可以掃描QR Code來下載安裝Android App。

2-3-3 使用其他廠商開發的Android模擬器

因為App Inventor內建模擬器的Android版本比較舊，我們還可以使用第三方軟體廠商開發的Android模擬器，例如：夜神模擬器來測試執行Android App。

下載和安裝夜神模擬器

夜神模擬器Nox是香港夜神數娛有限公司（Nox Limited）開發的Android模擬器，其正體中文的官方網址，如下所示：

https://tw.bignox.com/

請進入上述網站首頁，點選「**立即下載**」鈕，即可下載最新版本，在本書是「nox_setup_v7.0.5.8_full_intl.exe」安裝程式檔案。在成功下載檔案後，請執行安裝程式，可以看到安裝畫面，按「**立即安裝**」鈕開始安裝。

　　等到安裝完成，可以看到安裝完成的畫面，按「**安裝完成**」鈕，就可以馬上啟動夜神模擬器。

⊕ 使用夜神模擬器

　　請點選桌面「Nox」捷徑來啟動夜神模擬器，預設使用平板模式，請點選「…」三個點圖示展開後，再點選最後1個圖示切換成手機模式，如下圖所示：

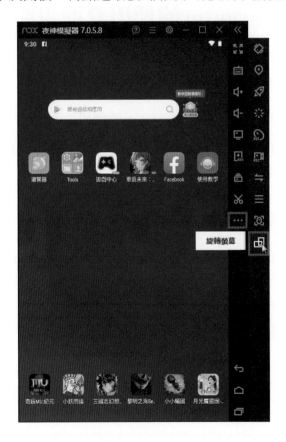

我們只需在App Inventor打包下載
APK檔至PC電腦後，例如：第2-3-2小節
的ch2_2.apk，請直接點選此APK檔即可安
裝Android App，可以在夜神模擬器看到
正在安裝App，然後看到ch2_2.apk的執行
結果，如右圖所示：

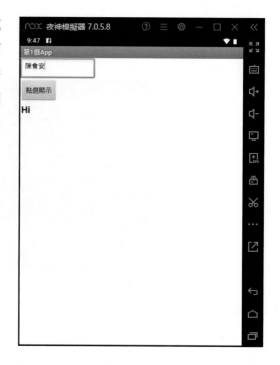

2-4 App Inventor的使用介面說明

App Inventor使用介面主要分成兩大部分，使用介面設計的「**畫面編排**」頁
面，和建立積木程式的「**程式設計**」頁面，如下所示：

(ᵖ) **畫面編排**頁面：選擇組件建立Android App的使用介面。

(ᵖ) **程式設計**頁面：實作組件的行為，即建立處理指定事件的事件處理，我們是使用
積木來建立程式，如同進行一個拼圖遊戲。

2-4-1 畫面編排頁面

App Inventor畫面編排頁面主要是用來編排組件建立Android App的使用介
面，例如：按鈕、圖片、標籤和文字輸入盒等介面組件（這是一些使用者可見的組
件），和新增App所需的一些功能組件，例如：對話框、文字語音轉換器、簡訊收
發器和位置感測器等組件，如下頁圖所示：

> **說明**
>
> 在本書送印前，App Inventor使用介面在「組件列表」區的標題列新增
> 「All_Components」鈕，可以切換顯示可視和非可視的組件列表。
>
> All_Components：同時顯示可視和非可視的組件列表。
>
> Visible Components：只顯示可視的組件列表。
>
> Non-visible Components：只顯示非可視的組件列表。

上述頁面標題列的左上方是專案名稱；位在中間的按鈕可以切換、增加和刪除螢幕（詳見第10章的說明）；右上方2個按鈕是切換「畫面編排」和「程式設計」頁面。整個使用介面分成五大區域，其說明如下所示：

🌐 組件面板區（Palette）

組件面板區是用來選擇使用介面或功能的組件。在選擇後，拖拉至工作面板區，就可以新增所需的介面組件，在組件面板區是以分類來管理眾多組件，我們需要展開分類，才能使用之下的組件。

在組件面板區的分類包含：使用者介面（User Interface）、介面配置（Layout）、多媒體（Media）、繪圖動畫（Drawing and Animation）、感測器（Sensors）、社交應用（Social）、地圖（Map）、資料儲存（Storage）、通訊（Connectivity）和樂高機器人（LEGO® MINDSTORMS®）等。

🌐 工作面板區（Viewer）

工作面板區是建立使用介面的工作區，提供模擬的Android螢幕畫面來幫助我們編排使用介面組件。如果是非可視的功能組件，這些組件是顯示在畫面下方。

🌐 組件列表區（Components）

組件列表區是使用階層結構顯示組件的父子關係，我們可以在此區選擇組件來更名或刪除。

⊕ 組件屬性區（Properties）

在工作面板或組件列表區選擇組件，就會在「組件屬性」區顯示此組件的相關屬性，可以讓我們直接勾選、選擇項目或輸入值來更改屬性值。

⊕ 素材區（Media）

素材區是用來上傳Android App所需的文件檔案，包含圖片、音效和影片等，請按「**上傳文件...**」鈕上傳檔案，如下圖所示：

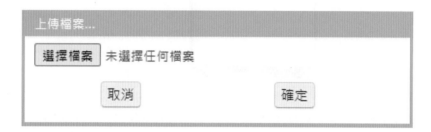

請按「**選擇檔案**」鈕選擇檔案後，按「**確定**」鈕即可上傳檔案。在素材區可以顯示上傳的文件列表，刪除文件，請點選上傳文件，執行「**刪除...**」命令來刪除指定文件，或「**下載**」命令下載至PC電腦，「**Preview...**」命令預覽素材。

♀ 2-4-2 程式設計頁面

App Inventor的「程式設計」頁面是用來建立Android App行為的程式設計介面，提供內置塊和組件積木，可以讓我們拼出行為的積木程式，如下圖所示：

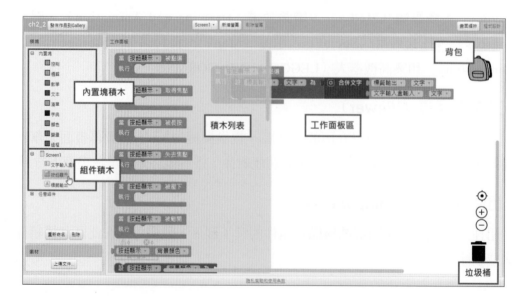

上述頁面的使用介面可以分成幾大區域，其說明如下所示：

⊕ 內置塊積木（Bulit-in Blocks）

內置塊積木是建立積木程式的預設功能積木，相關積木分成幾大分類，包含：控制（Control）、邏輯（Logic）、數學（Math）、文本（Text）、清單（Lists）、字典（Dictionaries）、顏色（Colors）、變量（Variables）和過程（Procedures，即程序）。

⊕ 組件積木（Component Blocks）

在「畫面編排」頁面新增的組件是顯示在此區域的階層結構，它是以螢幕來分類，例如：位在Screen1下一層，就是在此螢幕新增的組件列表。

⊕ 積木列表

當選擇內置塊分類或組件項目，就會在中間顯示可用的積木列表。如果是組件，其顯示的積木順序是**事件處理積木**（土黃色）、**方法積木**（紫色）和**屬性積木**（綠色）。

⊕ 工作面板區（Viewer）

工作面板區是積木程式的工作區，我們可以在此區域組合建立積木程式。對於在工作面板區已經建立的積木，我們可以在積木上，執行「右」鍵快顯功能表的「**複製程式方塊**」命令來複製積木，如下圖所示：

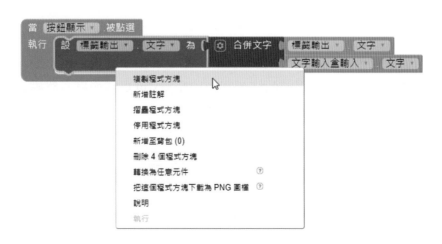

上述快顯功能表還提供命令來增加註解、摺疊 / 展開積木、停用 / 啟用積木和刪除積木，例如：執行「**新增註解**」命令新增積木的註解文字，請點選積木前的藍色問號圖示來輸入註解文字，如下圖所示：

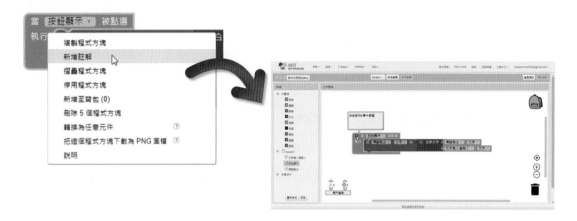

如果在工作面板區建立的積木程式有錯誤或警告，在左下角會顯示幾個錯誤和幾個警告的訊息數，如下圖所示：

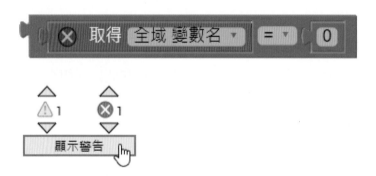

預設只顯示紅色圓形X圖示的錯誤訊息；點選「**顯示警告**」可以顯示黃色三角形的警告訊息。在積木點選之前的紅色圓形X圖示，可以切換顯示詳細的錯誤或警告訊息內容，如下圖所示：

🌐 垃圾桶

　　垃圾桶是用來刪除不需要的積木，我們只需將積木拖拉至垃圾桶之上，就可以看到打開垃圾桶和將積木刪除，如果同時刪除多個積木，就會顯示一個確認對話框來確認刪除。

　　除了使用垃圾桶，我們也可以選取積木後，按**Del**鍵來刪除積木，同樣的，如果同時刪除多個積木，就會顯示一個確認對話框來確認刪除。

🌐 背包

　　背包是用來分享積木程式，我們可以將工作面板區的積木程式拖拉至背包圖示，如下圖所示：

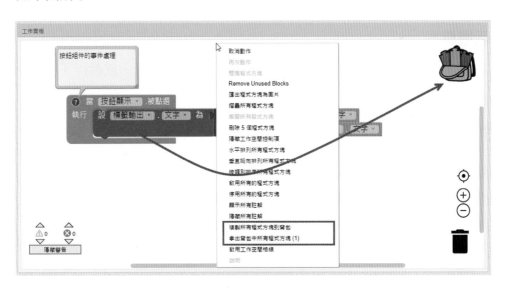

　　上述圖例當將積木拖進背包，可以看到圖示改變，表示背包中有積木程式，點選背包可以顯示背包中的積木程式列表，選取即可插入積木程式，換句話說，我們可以在不同App Inventor專案分享背包的積木程式。

　　在工作面板區之中沒有積木的地方按滑鼠「右」鍵，可以在快顯功能表的最後看到背包新增的命令，可以讓我們複製和貼上，在背包上執行右鍵「**清空背包**」命令，可以清空背包的積木程式。

2-5 App Inventor的專案管理

App Inventor是使用專案管理使用者開發的Android App，提供專案管理功能，可以顯示專案列表，新增、刪除、另存、匯入和匯出專案。

專案列表

在App Inventor新增ch2-4專案後，執行「**專案→我的專案**」命令，可以顯示專案列表，在前方的核取方塊可以選取所需的專案，如下圖所示：

新增專案

新增專案是在App Inventor按左上方「**New project**」鈕，或執行「**專案→新增專案**」命令。

開啟專案

點選專案列表的專案名稱，就可以開啟指定的專案，如下圖所示：

匯出專案

在App Inventor開啟ch2_2專案後，執行「**專案→導出專案(.aia)**」命令，可以匯出目前開啟的專案且下載專案檔至Windows開發電腦，其副檔名是.aia，如下圖所示：

我們也可以在專案清單勾選欲匯出專案後,執行「**專案→導出專案(.aia)**」命令,不過,一次只能匯出1個選擇專案;執行「**專案→導出所有專案**」命令可以匯出所有專案的壓縮檔。

⊕ 匯入專案

對於Windows開發電腦的專案或本書所附的範例專案,我們可以將.aia檔匯入App Inventor的專案管理,例如:匯入ch2_5.aia專案的步驟,如下所示:

STEP 01 請在App Inventor執行「**專案→匯入專案(.aia)**」命令。

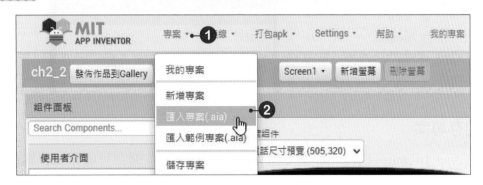

STEP 02 在「上傳專案...」對話框按「**選擇檔案**」鈕，在「開啓」對話框切換至範例
專案的「\AI2\ch02」，選「ch2_5.aia」後，按「**開啓**」鈕。

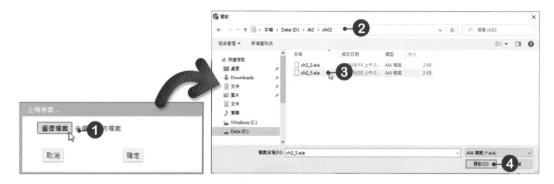

STEP 03 可以在對話框看到選擇的檔案，按「**確定**」鈕匯入專案。

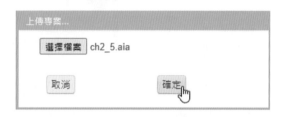

STEP 04 App Inventor會馬上開啓ch2_5專案，看到使用者介面設計。

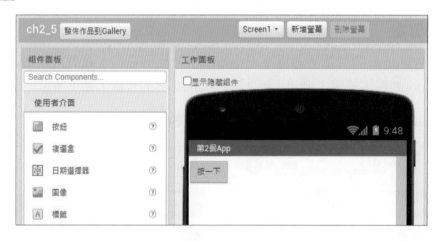

🌐 另存專案

在App Inventor執行「**專案→儲存專案**」命令可以儲存目前開啓專案的變更
（預設會自動儲存）。執行「**專案→另存專案**」命令，可以將目前開啓專案儲存成
另一個新名稱的專案，如下圖所示：

請輸入新的專案名稱（需英文名稱）後，按「**確定**」鈕，即可另存成一個全新的專案。

⊕ 刪除專案

對於專案列表中不再需要的專案，我們可以刪除這些專案，例如：刪除ch2_4專案，請勾選此專案後，按上方「**刪除專案**」鈕，可以看到確認對話框，按「**確定**」鈕刪除專案到垃圾桶。

在App Inventor刪除的專案會先放入垃圾桶列表，請按上方「**View Trash**」鈕，就可以顯示目前位在垃圾桶的專案列表，勾選專案，按「**Delete From Trash**」鈕，再按「**確定**」鈕才會真正刪除專案，按「**Restore**」鈕可以回存專案。

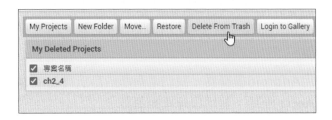

選擇題

( ) 1. 請問在App Inventor專案使用圖片,需要在使用介面的哪一區上傳Android App所需的圖檔?
(A)元件面板　(B)元件屬性　(C)工作面板　(D)素材。

( ) 2. 請問使用Wifi測試執行Android App,需要執行「連線」功能表的下列哪一個命令來測試執行?
(A)「重置連線」　　　　　(B)「模擬器」
(C)「USB」　　　　　　　(D)「AI Companion程式」。

( ) 3. 請問下列哪一個並不是App Inventor測試執行Android App的方式?
(A)在Web頁面執行　　　　(B)模擬器
(C)使用實機　　　　　　　(D)編譯成APK檔。

( ) 4. 請問使用App Inventor開發Android App的下列哪一個步驟就是在寫程式?
(A)新增專案　　　　　　　(B)建立使用介面
(C)拖拉建立積木程式　　　(D)設定組件屬性。

( ) 5. 請問App Inventor專案的副檔名是下列哪一個?
(A) .aix　(B) .aia　(C) .apk　(D) .ios。

問答題

1. 請簡單說明App Inventor開發Android App的步驟有哪些?

2. 請問什麼是Android模擬器,App Inventor如何使用模擬器來測試執行Android App。

3. 請問除了使用Android模擬器,我們還有哪些方法在App Inventor測試執行Android App,例如:使用夜神模擬器等。

4. 請問什麼是MIT AI Companion程式?

5. 請問在程式設計頁面的背包圖示有什麼用?垃圾桶是作什麼?

填充題

1. 請問App Inventor專案的副檔名是_____。

2. MIT AI Companion程式已經同時支援_____和_____行動作業系統。

實作題

1. 請修改ch2_2專案,刪除文字輸入盒組件後,改為按下按鈕,在標籤組件顯示本書的書名。

2. 請將實作題第1題修改的App Inventor專案匯出下載到PC的Windows電腦。

3. 請在專案清單刪除ch2_2專案後,從範例檔案中匯入ch2_2專案至專案列表。

4. 請新增名為test的AI2專案後,再另存成名為test2的AI2專案。

5. 請建立一個AI2專案swapdata,新增2個文字輸入盒、1個標籤和1個按鈕組件,按下按鈕,可以交換2個文字輸入盒的內容。

   提示 活用標籤組件的文字屬性來暫存文字輸入盒的內容。

NOTE

Chapter 3

Android程式設計入門—
變數與常數

3-1 物件的基本觀念與積木

物件（objects）是一種提供特定功能的組件或黑盒子，我們可以將物件視為是組成程式的一個一個零件，你毋須考慮零件內部詳細的資料或程式碼，只需知道物件提供哪些方法和屬性，以及如何使用它，就可以將這些物件組合起來，建立成所需的程式。

例如：我們可將程式視為一個由許多積木堆砌而成的高塔，不同形狀的積木如同一個一個不同功能的物件，我們並不用了解每一個積木是什麼材質，只需知道其形狀，及如何堆砌起來才不會倒塌，就可以使用積木堆砌成各種建築物。

💡 3-1-1 物件（objects）

物件是**物件導向程式設計**（object-oriented programming）的基礎。簡單來說，物件是**資料**（data）和包含處理此資料**程式碼**（稱為**方法**，method）的綜合體。

類別（class）是定義物件內容的模子，透過模子可以建立屬於同一類別的多個物件。例如：標籤組件是一個類別，當我們在畫面新增多個標籤組件後，就是使用類別建立名為「標籤1」和「標籤2」……等多個物件，如下圖所示：

當建立物件後，並不用考慮物件內部是如何實作來建立標籤組件，我們只需將它視為一個黑盒子，只要知道提供的事件、屬性和方法與如何使用，就可以使用這些物件組合成程式。App Inventor使用介面的組件都是物件，在畫面新增的介面組件（例如：文字輸入盒、標籤和按鈕等）都是一個一個物件。

🔆 3-1-2　屬性（properties）

物件的屬性是物件的性質和狀態，例如：介面組件外觀的尺寸和色彩等。在App Inventor可以使用兩種方法來指定屬性值，如下所示：

🌐 在「畫面編排」頁面的「組件屬性」區指定屬性值

當我們在畫面新增介面組件後，就可以在右邊「組件屬性」區直接編輯提供的屬性值，例如：「標籤2」組件的屬性，如下圖所示：

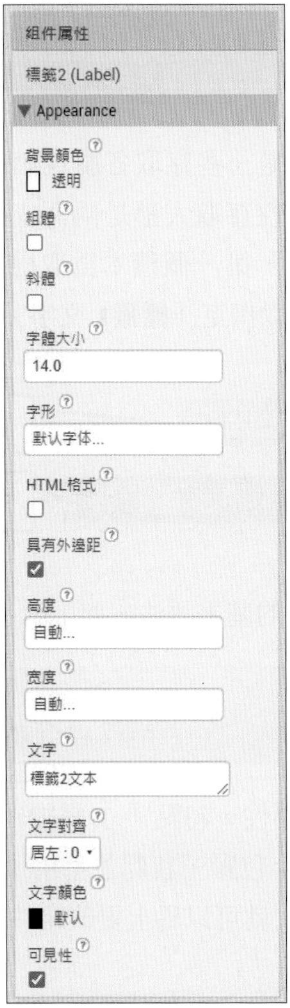

⊕ 使用積木存取組件的屬性值

除了在「組件屬性」區編輯屬性外，我們也可以在「程式設計」頁面，使用積木建立程式碼來更改屬性值，例如：「標籤1」組件提供存取指定屬性的積木，在下圖的「模塊」區點選「**Screen1/標籤1**」，可以看到此組件的積木列表。

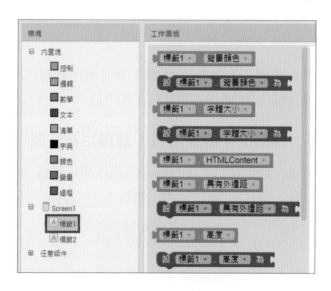

以「標籤」組件來說，就是一些存取各屬性值的綠色積木，例如：存取「文字」屬性值的積木有兩個（屬性存取大都是兩個成對的積木，除非是唯讀屬性，只能取得值），以下圖來說明，第一個積木為取得**標籤1.文字**屬性值（淺綠色）；第二個「**設-為**」積木可以指定**標籤1.文字**屬性的值（深綠色）。

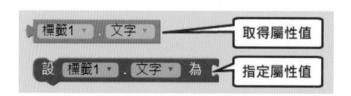

App Inventor存取組件屬性的基本語法，如下所示：

```
組件名稱.屬性名稱
設 組件名稱.屬性名稱 為
```

上述語法可以存取組件的屬性，句點「.」是物件運算子，例如：「標籤」組件提供「文字顏色」屬性指定文字色彩，我們並不用了解如何實作程式碼來繪出標籤的文字色彩，只需指定屬性值，就可以馬上更改組件的文字色彩，如下所示：

標籤1.文字顏色
設 標籤1.文字顏色 為

例如：將「標籤1」的文字顏色設為紅色的積木（色彩值是從「**內置塊/顏色**」下選擇色彩值），以此例是紅色，點選顏色積木，可以顯示調色盤來選擇更多種色彩，如下圖所示：

💡 3-1-3　方法（methods）

「方法」是物件的處理程序，也就是執行物件提供的功能。App Inventor提供方法積木來呼叫組件的方法，例如：「文字輸入盒1」組件的方法積木有2個（紫色積木），如下圖所示：

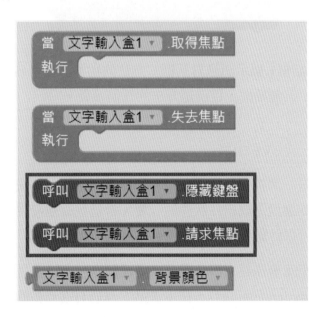

上述使用「呼叫」開頭的紫色積木是方法，App Inventor呼叫組件方法的基本語法，如下所示：

呼叫 組件名稱.方法名稱

上述語法可以呼叫組件的方法。例如：「文字輸入盒1」組件呼叫「隱藏鍵盤」方法，如下所示：

> 呼叫 文字輸入盒1.隱藏鍵盤

上述「文字輸入盒1」物件的方法內容是什麼並不重要，我們也不需要知道，只需知道物件提供哪些方法，這些方法是如何使用即可，以此例呼叫此方法可以隱藏行動裝置的軟體鍵盤。

如果呼叫的方法擁有參數，呼叫方法時需要同時指定參數值，例如：呼叫「對話框1」物件的「顯示訊息對話框」方法，此方法需要指定三個參數值，如下圖所示：

上述「**呼叫-對話框1.顯示訊息對話框**」方法的積木之後有名為「**訊息**」、「**標題**」和「**按鈕文字**」三個插槽，這就是方法的三個參數。

3-1-4 事件（events）

「事件」本身是一個物件，代表使用者觸控畫面、按下按鈕或按下鍵盤按鍵等操作後，觸發的動作進而造成組件狀態的改變，當這些改變發生時，就會觸發對應的事件物件，我們可以針對事件做進一步處理。

物件可以針對指定事件建立事件處理來處理此事件，這就是「**事件驅動程式設計**」（event-driven programming），在本書第 5 章將有進一步的說明。例如：「按鈕1」組件的第1個「被點選」的事件積木，如下圖所示：

上述組件提供的積木依序是**事件、方法**和**屬性**（最後一個積木是組件本身的參考），土黃色的事件積木是用來建立事件處理，即觸發此事件後，可以讓我們在大嘴巴中新增積木程式來進行處理，其基本語法如下所示：

```
當 組件名稱.事件名稱
執行
```

上述語法的意義是「當組件名稱產生事件名稱的事件後，我們需要執行積木程式來進行處理」，所以在「執行」之後是大嘴巴，可以用來拼出處理此事件的積木程式。

如同方法，有些事件積木會有參數的傳入，例如：「對話框1」的「選擇完成」事件積木，如下圖所示：

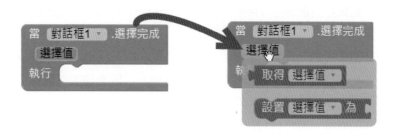

上述事件積木會傳入下方名為「選擇值」的參數值（橘色），此參數如同變數，可以在大嘴巴的積木程式中使用，當游標移至其上，變成手形時，稍等一下，可以看到**取得（取得）**和**指定參數值（設置-為）**兩個積木，即可拖拉來存取參數值。

3-2　介面組件的屬性

基本上，在App Inventor組件庫的組件都是物件，提供多種屬性值，我們可以在「組件屬性」區設定，因為屬性都有預設值，在新增組件後，我們只需更改需要更改的屬性，其他屬性使用預設值即可，並不用更改。

⊕ 介面組件的常用屬性

App Inventor介面組件的一些常用屬性說明，如下表所示：

屬性	說明
背景顏色	組件的背景色彩。點選色塊，可以在下拉式清單中指定成其他色彩。
啓用	勾選組件是否啓用。勾選是啓用（預設值）；取消勾選是不啓用，也就是組件沒有作用，不啓用的組件仍看得到，只是沒有作用，預設是以淺灰色顯示。
粗體	勾選字形是否是粗體字。如果勾選，就是粗體；取消勾選是一般字體（預設值）。
斜體	勾選字形是否是斜體字。如果勾選，就是斜體；取消勾選是一般字體（預設值）。
字體大小	文字的字形尺寸，預設值是14.0，可以自行設定字形尺寸，例如：直接輸入20.0來放大字形尺寸。
字形	選擇文字的字形，預設值是「默認字體」（default），我們可以在下拉式清單選擇英文字體sans serif、serif和monospace，不支援中文字形。
文字	組件顯示的文字內容，按鈕組件是標題文字。
文字對齊	文字對齊方式是居左（left）、居中（center）和居右（right）。標籤和文字輸入盒的預設值是居左；按鈕是居中。
文字顏色	組件的文字色彩。點選色塊，可以在下拉式清單中指定成其他色彩。
可見性	組件是顯示或隱藏。勾選是顯示（預設值）；取消勾選是隱藏，如果是隱藏，在使用介面就看不到此組件。
寬度	組件的寬度，屬性值可以是自動（自動調整，預設值）、填滿（填滿父組件的寬度）、像素（自行指定寬度是多少像素，例如：150像素）或百分比。
高度	組件的高度，屬性值可以是自動（自動調整，預設值）、填滿（填滿父組件的高度）、像素（自行指定高度是多少像素，例如：50像素）或百分比。

🌐 介面組件的尺寸屬性

介面組件的尺寸屬性有**寬度**和**高度**，可以決定使用介面上，組件顯示的尺寸大小，在App Inventor可以使用四種方式指定組件尺寸的寬或高度，如下圖所示：

上述尺寸設定方式的說明，如下所示：

- **自動**：自動依據組件內容來調整尺寸大小。文字就是文字字數的顯示尺寸；圖片就是圖片尺寸。
- **填滿**：填滿父組件的可用尺寸。如果沒有使用介面配置組件，父組件就是畫面，最大值就是畫面的高度或寬度。
- **像素**：使用實際尺寸的像素值來指定尺寸的高度或寬度。
- **比例**：組件佔父組件可用尺寸的百分比，值的範圍是1~100，即1%~100%。

介面組件的顏色屬性

　　介面組件的顏色屬性有：背景和文字顏色，可以決定介面組件顯示的背景和文字色彩，在App Inventor可以點選色塊，直接使用下拉式清單來選擇色彩，或選最後的「**Custom...**」來自訂色彩，如下圖所示：

　　我們可以在上方直接輸入色彩值，或在調色盤點選所需的色彩，按「**完成**」鈕指定背景和文字色彩。

3-3 變數與常數值

在App Inventor建立的Android App常常需要記住一些資料，所以App Inventor提供一個地方，用來記得執行時的一些資料，這個地方是**變數**（variables），例如：運算結果、暫存資料、得分和尺寸等。

3-3-1 認識變數

變數代表電腦記憶體空間的一個位置，此位置可以用來儲存一個值，當儲存值後，值不會改變，直到下一次存入一個新值為止，我們可以讀取變數目前的值來進行運算，或進行條件判斷。

對比真實世界，當我們想將零錢存起來時，可以準備一個盒子來存放這些錢，並且隨時看看已經存了多少錢，這個盒子如同一個變數，我們可以將目前的金額存入變數，或取得變數值來看看已經存了多少錢，如右圖所示：

請注意！真實世界的盒子和變數仍然有一些不同，我們可以輕鬆將錢幣丟入盒子，或從盒子取出所需的錢幣，但是，變數只有兩種操作，如下所示：

- **在變數存入新值**：指定變數成為一個全新值。我們並不能如同盒子一般，只取出部分金額。因為變數只能指定成一個新值，如果需要減掉一個值，其操作是先讀取變數值，在減掉後，再將變數指定成最後運算結果的新值。
- **讀取變數值**：取得目前變數的值。讀取變數值時，並不會更改變數目前儲存的值。

3-3-2 常數值

常數值（constants）可以指定變數儲存的值。在說明變數的新增前，我們需要先了解什麼是App Inventor的常數值，也稱為字面值或文字值（literals）。

如下所示的100、15.3和"第一個程式"等皆為常數值，分別是整數、浮點數或字串數值，前兩者為數值常數值，最後一個使用「"」括起的是字串常數值。

　　App Inventor的常數值積木共有三種,即**數值**、**字串**和**邏輯**常數的積木。分別說明如下:

⊕ 數值常數

　　數值常數積木是位在「**內置塊/數學**」的第一個積木,如下圖所示:

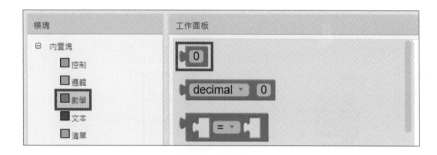

　　當拖拉數值常數積木後,我們可以點選欄位來直接更改常數值,例如:從0改成10.55和200,如下圖所示:

⊕ 字串常數

　　字串常數積木是位在「**內置塊/文本**」的第一個積木,它是使用兩個「"」括起的字元序列,中文字或英文字元都可以,如下圖所示:

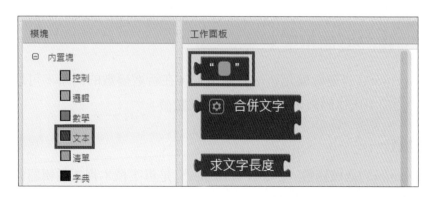

當拖拉字串常數積木後，可以直接更改常數值，而且支援中文內容的字串，例如："第一個Android程式"（請注意！在輸入時並不需要加上前後的「"」，因為在字串常數積木已經提供），如下圖所示：

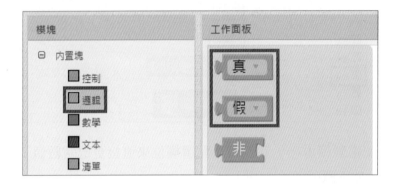

⊕ **邏輯常數**

邏輯常數積木是位在「**內置塊/邏輯**」的第一個和第二個積木，即眞和假的邏輯常數值，如下圖所示：

當拖拉邏輯常數積木後，除了預設值外，我們也可以直接從下拉式清單來更改邏輯常數值為眞或假，如下圖所示：

💡 **3-3-3　建立與使用變數**

App Inventor宣告變數就是新增變數積木，在新增變數的同時，可以指定變數初值為第3-3-2節中所述的數值、字串和邏輯常數值。

⊕ **建立變數**

App Inventor的**全域變數**（global variables）是專案積木程式編輯器的所有積木程式都可以存取的變數，這是在事件處理積木之外宣告的獨立積木，例如：宣告名為「分數」的全域變數（變數名稱可以使用中文或英文），並且指定初值是數值常數「100」，其步驟如下所示：

STEP 01 進入App Inventor開發頁面後，新增名為「**ch3_3_3**」的專案。

STEP 02 按「**程式設計**」鈕切換至積木程式編輯器後，選「**內置塊/變量**」，拖拉「**初始化全域變數-變數名-為**」積木至工作面板。

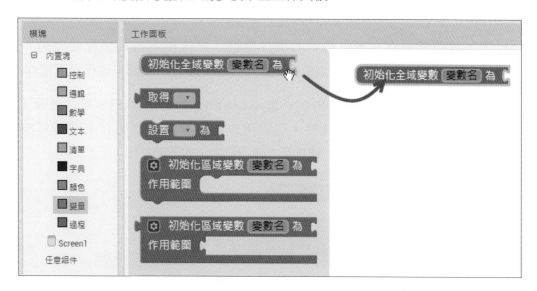

STEP 03 直接更改變數名稱為「**成績**」後，拖拉「**內置塊/數學**」下的第一個數值常數積木，連接至最後，再更改常數值為「**100**」。

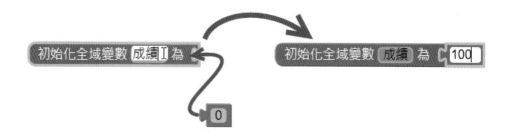

　　上述積木除了最後初值的插槽外，並沒有任何其他插槽，這是一個獨立積木，以此例是宣告全域變數「成績」和指定初值為100。

⊕ 存取變數值

　　在宣告變數和指定變數初值後，我們就可以在其他積木存取變數值。如同其他存取組件屬性值的積木，位在「**內置塊/變量**」下的變數存取積木一樣有兩個積木─「**取得**」（get）和「**設置-為**」（set）。「**取得**」是取得變數值；「**設置-為**」是指定變數值，如下圖所示：

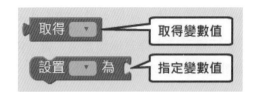

　　現在，我們準備建立畫面初始的事件處理，然後指定畫面標題是變數「成績」的值（即使用積木程式來更改畫面標題），請繼續上面步驟，進行以下操作：

STEP 04 請拖拉「**Screen1**」組件的「**當-Screen1.初始化-執行**」事件處理（此事件是在顯示畫面時觸發，可以用來初始畫面的狀態），然後再拖拉「**設-Screen1.標題-為**」積木至大嘴巴之中，如下圖所示：

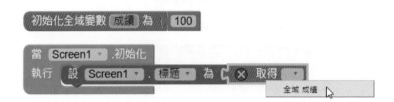

STEP 05 拖拉「**變量/取得**」積木組合至「**設-Screen1.標題-為**」積木後，可以使用下拉式清單選擇存取的變數名稱，「**全域**」開頭是全域變數，請選「**全域 成績**」。

　　　　另一種使用變數積木的方式，是將游標移至變數宣告上，即可拖拉「**取得**」（get）和「**設置-為**」（set）積木來存取變數值，如下圖所示：

STEP 06 請啟動Android模擬器測試執行ch3_3_3專案，可以看到標題文字是100，這就是變數「**成績**」值，如右圖所示：

3-4 按鈕組件─執行功能

「**按鈕**」（Button）組件是十分重要的組件，它是實際執行功能的介面組件，我們可以觸發「被點選」事件來執行事件處理。

3-4-1 文字按鈕

按鈕組件最常用的是「被點選」事件，例如：在輸入資料後，按下按鈕顯示計算結果、更改屬性或取消等操作。文字按鈕是指按鈕的標題是文字內容，如下圖所示：

重設撲克牌

按鈕的操作是按一下表示按下按鈕。在文字按鈕提供的專屬屬性（在「**組件屬性**」區設定），如下表所示：

屬性	說明
形狀	按鈕的外觀形狀。屬性值有默認、圓角（rounded）、方形（rectangular）和橢圓（oval）。

範例專案：ch3_4_1.aia

在Android App建立一個「**撲克牌**」鈕（需調整組件尺寸），按下按鈕，便使用亂數顯示1~13之間的撲克牌點數，如下圖所示：

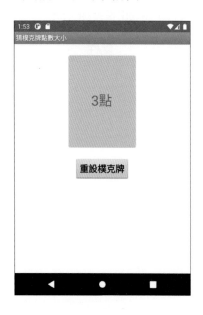

按下「**樸克牌**」鈕，就使用亂數顯示1~13之間的點數；按下方「**重設樸克牌**」鈕，可以重設樸克牌，再猜一次。

⊕ 專案的畫面編排

在「畫面編排」頁面建立使用介面，共新增兩個按鈕和兩個標籤組件，如右圖所示：

右述組件居中排列是因為指定Screen1畫面的「**水平對齊**」屬性。請注意！新增的2個標籤組件並不是為了顯示內容，而是為了增加按鈕之間的間距，可以讓2個按鈕與上方標題列之間擁有更多的距離。

⊕ 編輯組件屬性

在螢幕新增組件後，請依據下表選取各組件，然後在「**組件屬性**」區更改各組件的屬性值（N/A表示清除內容），如下表所示：

組件	屬性	屬性值
Screen1	標題	猜樸克牌點數大小
Screen1	水平對齊	居中：3
標籤1	寬度	20
標籤1	文字	N/A
按鈕1	背景顏色	淺灰
按鈕1	字體大小	30.0

組件	屬性	屬性值
按鈕1	形狀	圓角
按鈕1	文字	樸克牌
按鈕1	寬度, 高度	200, 150
標籤2	寬度	20
標籤2	文字	N/A
按鈕2	粗體	勾選（true）
按鈕2	字體大小	20.0
按鈕2	文字	重設樸克牌

⊕ 拼出積木程式

　　請切換至「**程式設計**」頁面，新增「按鈕1~2.被點選」事件處理後，就可以在「**按鈕1.被點選**」事件處理更改按鈕的「**文字**」屬性值來顯示點數，和停用按鈕1（使用「啟用」屬性）。在「**按鈕2.被點選**」事件處理初始成原來屬性值的標題文字，和啟用按鈕1，如下圖所示：

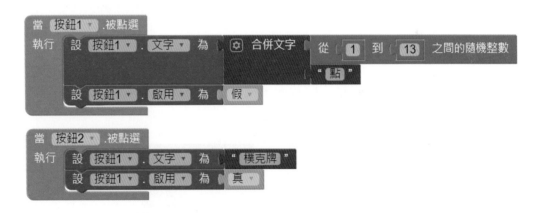

　　上述樸克牌的點數是使用「**數學/從-1到100-之間的隨機整數**」積木產生1~13之間的整數亂數值（請直接輸入值13來更改亂數的範圍是1~13），如下圖所示：

因為按下按鈕會顯示整數亂數值+"點"，所以，我們需要使用「**文本/合併文字**」積木來連接點數的字串內容，如下圖所示：

3-4-2　圖片按鈕

圖片按鈕的功能和文字按鈕相同，只是顯示外觀是一張圖片，如下圖所示：

上述圖片按鈕需要指定按鈕顯示的圖片素材，其說明如下表所示：

屬性	說明
圖像	按鈕顯示的圖片。我們需要先在「素材」區上傳圖檔。

範例專案：ch3_4_2.aia

在Android App建立一張樸克牌背面，按一下，可以顯示樸克牌正面，請猜猜看這張牌是不是人頭，其執行結果如下圖所示：

按下圖片按鈕，可以顯示樸克牌正面，按下方「**Reset**」鈕，可以重設樸克牌，再猜一次。

🌐 專案的畫面編排

在「畫面編排」頁面建立使用介面，共新增兩個按鈕和兩個標籤組件，如右圖所示：

🌐 專案的素材檔

在「圖像」屬性值顯示的圖片需要先在「素材」區上傳圖檔Back.jpg、1.jpg、2.jpg、3.jpg、4.jpg和reset.png，如下圖所示：

在「素材」區是專案所需的圖檔資源，我們是按「**上傳文件**」鈕來上傳專案所需的圖檔，其步驟如下所示：

STEP 01 在「素材」區按「**上傳文件…**」鈕，可以看到「上傳文件…」對話框。

STEP 02 按「**選擇檔案**」鈕選擇上傳檔案,請切換至圖檔目錄選擇檔案後,按「**開啓**」鈕,再按「**確定**」鈕來上傳圖檔。

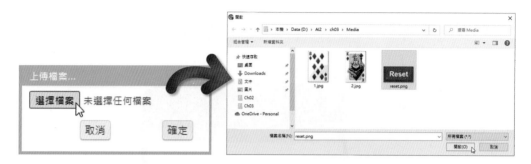

編輯組件屬性

在螢幕新增組件後,請依據下表選取各組件,然後在「**組件屬性**」區更改各組件的屬性值(N/A表示清除內容),如下表所示:

組件	屬性	屬性值
Screen1	標題	猜樸克牌人頭
Screen1	水平對齊	居中:3
標籤1	寬度	20
標籤1	文字	N/A
按鈕1	圖像	Back.jpg
按鈕1	文字	N/A
按鈕1	寬度, 高度	150, 100
標籤2	寬度	20
標籤2	文字	N/A
按鈕2	圖像	reset.png
按鈕2	文字	N/A

拼出積木程式

請切換至「**程式設計**」頁面,新增「**按鈕1~2.被點選**」事件處理後,可以更改按鈕的「**圖像**」屬性值來顯示不同的圖檔。程式是使用亂數取得1~4的值,然後合併文字.jpg建立1~4.jpg的圖檔名稱,如下圖所示:

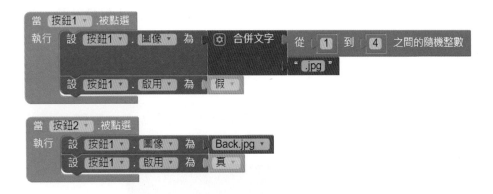

　　在樸克牌按鈕更改顯示圖片是使用「**圖像**」屬性，只需更改成字串常數值的檔案全名，就可以更改顯示的圖檔，例如：Back.jpg。

3-5　標籤組件─程式輸出

　　標籤組件是一種資料輸出介面，可以顯示程式的執行結果，例如：按下按鈕組件後，在標籤組件顯示數學的運算結果，或連接的字串內容。

　　基本上，標籤組件除了輸出程式的執行結果外，也可以用來建立組件的說明文字，例如：登入表單的欄位說明文字等。

範例專案：ch3_5.aia

　　在Android App建立一個簡單的計數器程式，按下按鈕，就可以將標籤顯示的計數值加1，其執行結果如下圖所示：

按「**增加計數**」鈕，可以將上方顯示的計數值加1；按「**重設計數**」鈕，可以重設為0。

專案的畫面編排

在「**畫面編排**」頁面建立的使用介面，共新增兩個按鈕和一個標籤組件，如右圖所示：

編輯組件屬性

在螢幕新增組件後，請依據下表選取各組件，然後在「**組件屬性**」區更改各組件的屬性值，如下表所示：

組件	屬性	屬性值
Screen1	標題	計數器
Screen1	水平對齊	居中：3
標籤1	字體大小	100
標籤1	寬度	填滿
標籤1	文字	0
標籤1	文字對齊	居中：3
標籤1	文字顏色	藍色
標籤1	背景顏色	黃色
按鈕1	文字	增加計數
按鈕2	文字	重設計數

⊕ 拼出積木程式

請切換至「**程式設計**」頁面，新增「**計數**」的全域變數和指定初值0後，新增「**按鈕1.被點選**」事件處理，可以將變數加1後，在標籤組件顯示變數值，如下圖所示：

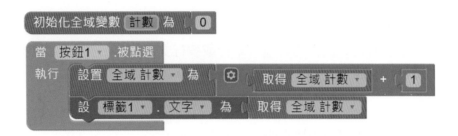

上述積木程式是使用「**數學/加法**」積木建立計數加1的加法運算式，如下圖所示：

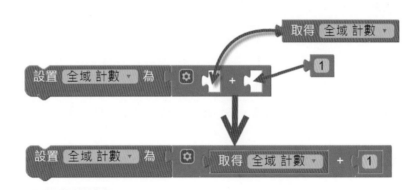

接著新增「**按鈕2.被點選**」事件處理，可以將變數值歸0，和在標籤組件顯示0，如下圖所示：

3-6 文字輸入盒組件─程式輸入

App Inventor的按鈕組件可以執行功能，使用標籤組件輸出程式執行結果，我們還可以使用文字輸入盒讓使用者輸入資料，而這就是程式的輸入介面。

🌐 文字輸入盒組件

文字輸入盒組件可以讓使用者輸入單行或多行文字內容，文字輸入盒組件預設是輸入單行文字內容，可以讓使用者以鍵盤輸入所需資料。例如：姓名、帳號和電話等。

文字輸入盒組件的專屬屬性說明，如下表所示：

屬性	說明
提示	沒有輸入文字內容時，在文字輸入盒顯示的提示文字內容，如同欄位的說明，如下圖所示： 請輸入身高...
僅限數字	若勾選，表示只能在文字輸入盒輸入數字。
允許多行	若勾選，為多行文字輸入盒，表示輸入的資料可以超過一行。

🗂 範例專案：ch3_6.aia

在Android App建立身高和體重的資料輸入表單，內含兩個文字輸入盒組件，用來輸入身高和體重，按下按鈕，可以將輸入資料顯示在下方的標籤組件，其執行結果如右圖所示：

在輸入身高和體重值後，按下按鈕，可以在下方黃底標籤組件顯示使用者輸入的身高和體重值。

⊕ 專案的畫面編排

在「畫面編排」頁面建立的使用介面，共新增一個按鈕、兩個文字輸入盒和三個標籤組件，如右圖所示：

右述畫面編排依序是「標籤1」（欄位說明）、「文字輸入盒1」（程式輸入）、「標籤2」（欄位說明）、「文字輸入盒2」（程式輸入）、「按鈕1」（執行功能）和「標籤3」（程式輸出）組件。

⊕ 編輯組件屬性

在螢幕新增組件後，請依據下表選取各組件，然後在「**組件屬性**」區更改各組件的屬性值（N/A表示清除內容），如下表所示：

組件	屬性	屬性值
Screen1	標題	輸入身高與體重
標籤1	文字	身高:
文字輸入盒1	提示	請輸入身高...
文字輸入盒1	僅限數字	勾選（true）
標籤2	文字	體重:
文字輸入盒2	提示	請輸入體重...
文字輸入盒2	僅限數字	勾選（true）
按鈕1	文字	輸入
標籤3	背景顏色	黃色
標籤3	文字	N/A
標籤3	寬度, 高度	填滿, 20

⊕ **拼出積木程式**

　　請切換至「**程式設計**」頁面，首先新增兩個全域變數「**身高**」和「**體重**」，並且指定初值為數值常數0，如下圖所示：

　　然後新增「**按鈕1.被點選**」事件處理後，指定兩個變數值是兩個文字輸入盒的「**文字**」屬性值後，在「**標籤3**」的「**文字**」屬性顯示輸入值。本例是使用「**文本/合併文字**」積木連接兩個變數值，並且在中間加上「**/**」符號，如下圖所示：

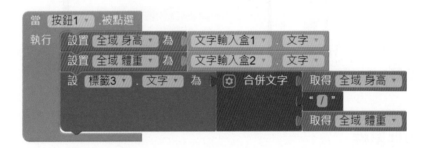

　　App Inventor的「**文本/合併文字**」積木預設只能連接兩個字串，如果需要連接三個或以上的字串常數積木，請選「合併文字」積木左上角的藍色小圖示，可以看到一個浮動方框，預設只有兩個「**文字**」積木，請再拖拉一個「**文字**」至嘴巴中「**文字**」積木之後，即可改成合併3個字串常數（移開「**文字**」積木就可以刪除文字），如下圖所示：

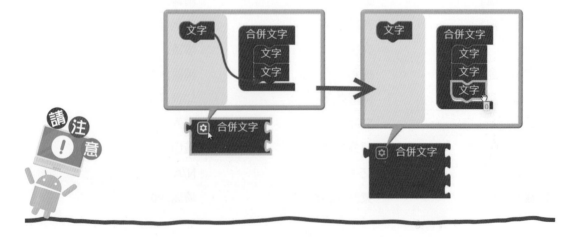

選擇題

( ) 1. 請問下列哪一個關於物件的說明是<u>不正確</u>的？
(A)物件是物件導向程式設計的基礎
(B)屬性是物件的性質和狀態
(C)方法是物件的處理程序，也就是執行物件提供的功能
(D)類別和物件是相同的東西。

( ) 2. 請問下列哪一個組件尺寸的屬性值是輸入百分比？
(A)自動 (B)填滿 (C)比例 (D)像素。

( ) 3. 請問下列哪一個關於變數的說明是<u>不正確</u>的？
(A)變數代表電腦記憶體空間的一個位置
(B)我們可以只取出變數的部分值
(C)我們可以取得目前變數的值
(D)我們可以指定變數成為一個全新值。

( ) 4. 請問App Inventor的哪一種介面組件是一種資料輸入介面？
(A)按鈕 (B)文字輸入盒 (C)介面配置 (D)標籤。

( ) 5. 請問App Inventor的哪一種介面組件是最常用的資料輸出介面？
(A)按鈕 (B)文字輸入盒 (C)介面配置 (D)標籤。

問答題

1. 請簡單說明什麼是物件、屬性、方法和事件？

2. 請問App Inventor有哪兩種方法來更改組件的屬性值？

3. 請問我們有哪幾種方式來設定組件尺寸的寬度和高度屬性？

4. 請簡單說明什麼是變數？變數的基本操作有哪兩種？

5. 請舉例說明App Inventor的常數值有哪幾種？

實作題

1. 請修改ch3_4_1.aia專案,新增一個名為「點數」的全域變數和一個標籤組件,「點數」變數的初值是亂數取得的1~13值,按下「重設樸克牌」鈕,可以在新增的標籤組件顯示上一次的點數值,讓我們可以使用變數記得上一次的點數值。

2. 請修改ch3_4_2.aia專案,再新增一張圖形按鈕的樸克牌,可以讓我們猜2張牌之中,哪一張牌的點數比較大,如果相同點數就是賓果。

3. 請修改ch3_6.aia專案,改成籃球成績輸入程式,可以讓我們輸入四節的得分,按下按鈕,可以在下方顯示四節分數。

4. 請建立AI專案新增200,150尺寸的大按鈕,標題文字顯示數字0,按下按鈕可以增加按鈕顯示的數字,如同是一個計數器。

5. 請新增AI2專案建立一個註冊表單,可以輸入使用者姓名和電郵,按下「註冊」鈕,可以在標籤組件顯示使用者輸入的個人註冊資料。

6. 請新增AI2專案建立一個登入表單,可以輸入使用者姓名和密碼,按下「登入」鈕,可以在標籤組件顯示使用者輸入的登入資料(密碼是使用「密碼輸入盒」組件)。

Chapter 4

使用介面設計一運算子與運算式

4-1 認識介面配置組件

　　Android App畫面的使用介面是由各種介面組件組成，在畫面上如何放置這些介面組件，對開發Android App來說是一件十分重要的工作，如同有一間空蕩蕩的毛坯房，如何設計裝潢成一間漂亮的房屋，這就是介面配置組件的主要工作。

⊕ 介面配置的基礎

　　配置（layout）是建立Android App使用介面的基礎，其主要目的是用來排列使用介面的組件。這是一種容器組件，可以使用預設編排方式來包含其他子組件，幫助我們編排眾多介面組件，以建立Android App所需的使用介面。

　　記得嗎！在第3章編排組件時，因為沒有使用介面配置組件，介面組件只能一個接著一個垂直地依序排列。如果使用介面配置組件，我們可以選擇水平或使用表格方式來編排多個介面組件。

　　不只如此，因為Android行動裝置的螢幕尺寸和解析度十分複雜且多樣性，為了避免因螢幕尺寸差異，進而影響到使用介面的顯示，使用介面配置組件可以大幅降低介面組件在不同螢幕尺寸上顯示的差異。

⊕ App Inventor的介面配置組件

　　在App Inventor「組件面板」區的「**介面配置**」分類提供五種配置組件，如下圖所示：

　　其中的「**水平配置**」、「**垂直配置**」和「**表格配置**」是基本配置組件，「**水平捲動配置**」和「**垂直捲動配置**」組件是「**水平配置**」和「**垂直配置**」的擴充，讓我們可以使用捲動方式，在配置組件編排更多的介面組件。

4-2 基本介面配置組件

在這一節，我們說明的是「水平配置」、「垂直配置」和「表格配置」的基本配置組件，下一節則說明兩種捲動配置組件。

4-2-1 水平配置

水平配置組件可以將子組件排列成水平的一列，如下圖所示：

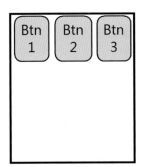

上述圖例的組件如果太多，超過配置組件尺寸的寬度，這些組件就會看不到，當實際部署至Android行動裝置，這些組件也無法使用。水平配置和垂直配置組件都擁有的專屬屬性說明，如下表所示：

屬性	說明
水平對齊	如果配置組件的寬度超過編排組件的寬度，可以指定水平對齊方式，屬性值是居左、居中或居右。
垂直對齊	如果配置組件的高度超過編排組件的高度，可以指定垂直對齊方式，屬性值是居上、居中或居下。
圖像	配置組件的背景圖片。

當上表中的「水平對齊」屬性的「寬度」屬性值為「自動」時，對齊方式並沒有作用；同樣地，當「垂直對齊」屬性的「高度」屬性值為「自動」時，也一樣沒有作用。

📖 範例專案：ch4_2_1.aia

我們準備建立App Inventor專案，使用水平配置組件來水平編排3個英文字母的圖片按鈕，並且使用第4個圖片按鈕來測試「水平對齊」屬性，其步驟如下所示：

STEP 01 請新增名為「ch4_2_1」的專案後，更改畫面的標題文字為「水平配置組件」，並且在「素材區」上傳4個英文字母的圖檔a~d-block.png，如下圖所示：

STEP 02 在「組件面板」區展開「介面配置」，拖拉**水平配置**組件至畫面之中。

STEP ᴏ3 在「組件屬性」區的「高度」屬性值輸入「100」像素；「寬度」屬性值為「填滿」後，按「**確定**」鈕。

STEP ᴏ4 請依序拖拉3個「**使用者介面/按鈕**」組件至水平配置組件之中後，分別指定「高度」和「寬度」屬性都是「100」像素，然後指定「圖像」屬性依序是「a~c-block.png」圖檔，可以看到水平依序排列的3個圖片按鈕。

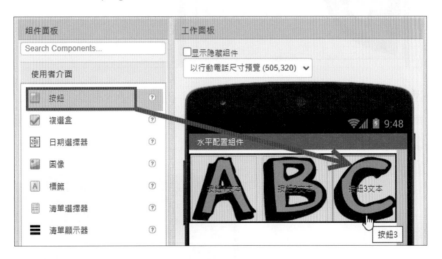

STEP ᴏ5 在「組件列表」區，可以看到3個按鈕組件是位在水平配置組件的下一層，如下圖所示：

STEP 06 請再新增一個水平配置組件，「寬度」屬性值是「填滿」，並且在之中插入一個按鈕組件後，指定「圖像」屬性是「d-block.png」圖檔，如下圖所示：

STEP 07 因為「按鈕4」的寬度比「水平配置2」的寬度小，所以可以指定「水平對齊」屬性，請選「**水平配置2**」組件，將「水平對齊」屬性改為「居中」，可以看到按鈕組件置中排列，如下圖所示：

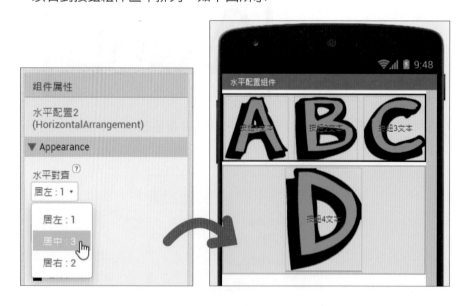

同理，如果改為「居右」，按鈕4就會靠右排列，如下圖所示：

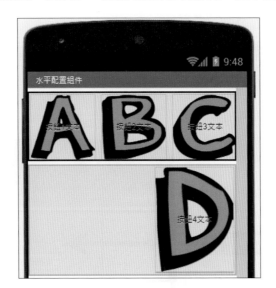

4-2-2 垂直配置

垂直配置組件可以將子介面組件排列成垂直一列，如下圖所示：

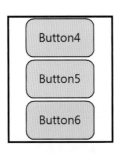

上述介面組件排列是垂直排列，如果沒有使用配置組件，這也是預設的排列方式。因為在配置組件中，可以擁有另一個配置組件來建立複雜的使用介面配置，例如：在水平配置中水平排列兩個垂直配置組件。

範例專案：ch4_2_2.aia

我們準備建立App Inventor專案，在水平配置組件中編排2個垂直配置組件，然後各編排3個箭頭的圖片按鈕，其步驟如下所示：

STEP 01 請新增名為「ch4_2_2」的專案後，更改畫面的標題文字為「垂直配置組件」，並且在「素材區」上傳arrow1-a~b.png二個箭頭圖檔。

STEP 02 在「組件面板」區展開「介面配置」，拖拉「**水平配置**」組件至畫面後，「寬度」屬性值是「填滿」。

STEP 03 然後再拖拉2個「**介面配置/垂直配置**」組件至「**水平配置1**」組件中，如下圖所示：

STEP 04 在「組件屬性」區更改2個垂直配置1~2的「寬度」屬性值為比例40和55（請注意！2個值加起來不可以是100，因為在之間有間距），然後各拖拉新增3個按鈕組件，第1排是arrow1-a.png，第2排是arrow1-b.png，如下圖所示：

請注意

三個按鈕組件是分別位在「垂直配置1」和「垂直配置2」的下一層,如果拖拉時放錯了位置,請點選組件,即可重新拖拉編排位置,我們可以任意在「工作面板」區的畫面調整組件位置。

STEP 05　在「組件列表」區選「**垂直配置2**」組件,更改「水平對齊」屬性值是「居右」,如下圖所示:

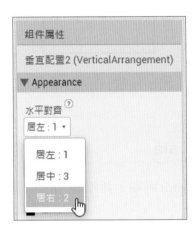

STEP 06　可以看到右邊3個按鈕組件是靠右排列,如下圖所示:

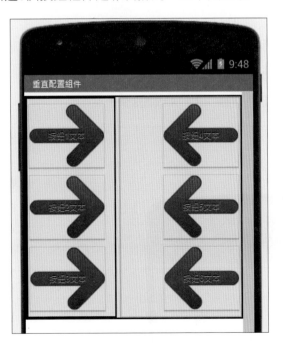

🟡 4-2-3　表格配置

表格配置組件是使用表格的欄與列來編排子組件，每一個子組件是新增至表格的儲存格，如下圖所示：

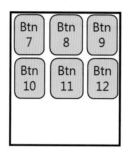

表格配置組件的「**列數**」和「**行數**」屬性，可以指定表格共有幾欄和幾列，預設值為「2」。

📋 範例專案：ch4_2_3.aia

我們準備建立App Inventor專案，新增表格配置組件來編排2×3共6個按鈕組件，其步驟如下所示：

STEP 01 請新增名為「ch4_2_3」的專案後，更改畫面的標題文字為「表格配置組件」。

STEP 02 在「組件面板」區拖拉「**介面配置/表格配置**」組件至畫面。

STEP 03 選「表格配置1」，在「組件屬性」區更改其「寬度」屬性值為「**填滿**」，更改「列數」屬性值為「**3**」，改為3欄。

STEP 04 請依序拖拉六個「**使用者介面/按鈕**」組件至表格配置組件的六個儲存格，可以看到使用表格編排的六個組件，如下圖所示：

4-3 捲動配置組件

若在「**水平配置**」和「**垂直配置**」組件中編排過多組件，使其超過配置組件的寬度或高度，則超過部分的組件將不可見，我們也無法使用這些組件。因此，如果使用介面需要水平或垂直編排超過寬度或高度的組件，請改用「**水平捲動配置**」和「**垂直捲動配置**」組件。

📍 4-3-1 水平捲動配置

「**水平捲動配置**」組件是「**水平配置**」組件的擴充，讓我們可以使用捲動方式，在配置組件編排更多水平排列的介面組件。

🔍 範例專案：**ch4_3_1.aia**

在Android App建立類似上方捲動標籤列的使用介面，可以捲動一整排水平排列的按鈕，其執行結果如右圖所示：

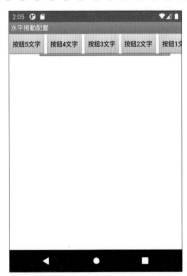

右述圖例的上方擁有超過螢幕寬度的多個按鈕，我們可以滑動螢幕來水平捲動按鈕列。App Inventor專案的建立步驟，如下所示：

STEP 01 請新增名為「ch4_3_1」的專案後，更改畫面的標題文字為「水平捲動配置」。

STEP 02 在「組件面板」區拖拉「**介面配置/水平捲動配置**」組件至畫面。

STEP 03 選「水平捲動配置1」,在「組件屬性」區更改「寬度」屬性值為「**填滿**」。

STEP 04 請依序拖拉六個「**使用者介面/按鈕**」組件至配置組件中,後面的按鈕是置於最左邊,可以看到最後編排結果的使用介面,如下圖所示:

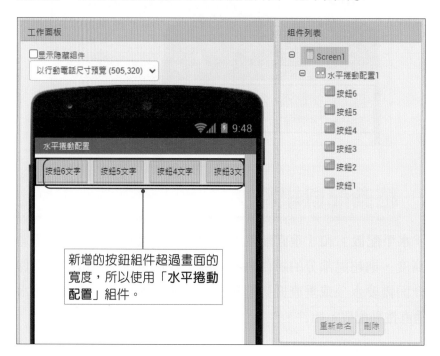

請注意!因為部分組件在「工作面板」區並無法選取,請改在「組件列表」區選取組件來更改屬性值。

4-3-2 垂直捲動配置

「**垂直捲動配置**」組件是「**垂直配置**」組件的擴充,讓我們可以使用捲動方式,在配置組件編排更多垂直排列的介面組件。

📖 **範例專案：ch4_3_2.aia**

在Android App建立位在左邊垂直選單的使用介面，可以垂直捲動五張樸克牌的圖片按鈕，其執行結果如下圖所示：

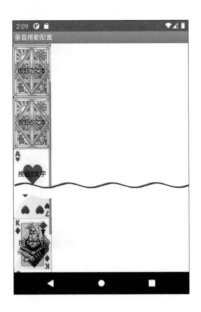

上述圖例的左側擁有多個圖片按鈕，我們可以滑動螢幕來捲動圖片按鈕列的樸克牌。App Inventor專案的建立步驟，如下所示：

STEP 01 請新增名為「ch4_3_2」的專案後，更改畫面的標題文字為「垂直捲動配置」。

STEP 02 在「組件面板」區拖拉「**介面配置/垂直捲動配置**」組件至畫面。

STEP 03 選「垂直捲動配置1」，在「組件屬性」區更改「高度」屬性值為「**填滿**」。

STEP 04 請在「素材」區上傳1~5.jpg和Back.jpg共六個圖檔，如下圖所示：

STEP 05 請依序拖拉八個「**使用者介面/按鈕**」組件至配置組件，後面的按鈕是置於最上方，然後指定按鈕組件的「**圖像**」屬性，「**按鈕1**」組件是1.jpg；「**按鈕2**」是2.jpg；「**按鈕3**」是3.jpg；「**按鈕4**」是4.jpg。

STEP 06 最後的「**按鈕6～8**」組件是 Back.jpg。可以看到最後編排結果的使用介面，如右圖所示：

4-4 更改介面組件的外觀

筆者準備使用一個完整實例來說明Android App的使用介面設計，範例中分別使用屬性和積木程式來更改介面組件的外觀，並且使用配置組件來重新編排介面組件。

範例專案：ch4_4.aia

本節範例是修改第3-6節身高和體重的資料輸入表單，這就是第4-5-1節BMI計算機的使用介面。請新增名為ch4_4的專案後，建立BMI計算機的使用介面（或匯入書附範例中的ch4_4_original.aia專案檔，另存成「ch4_4專案」），如下圖所示：

上述使用介面並沒有使用配置組件，單純只有使用介面組件。

步驟一：更改介面組件的名稱

在App Inventor新增組件的預設名稱是組件名稱加上編號，例如：標籤1、標籤2和按鈕1等。如果積木程式會使用此組件，建議將組件改為有意義的名稱，以方便我們在程式設計頁面建立積木程式。

請在「組件列表」區選取介面組件後，按下方「**重新命名**」鈕更改組件名稱，請依照下表說明更改組件名稱。

原來名稱	新名稱
文字輸入盒1	文字輸入盒身高
文字輸入盒2	文字輸入盒體重
按鈕1	按鈕計算
標籤4	標籤輸出

因為使用介面的其他標籤組件只是單純的欄位說明，所以保留預設的組件名稱，如下圖所示：

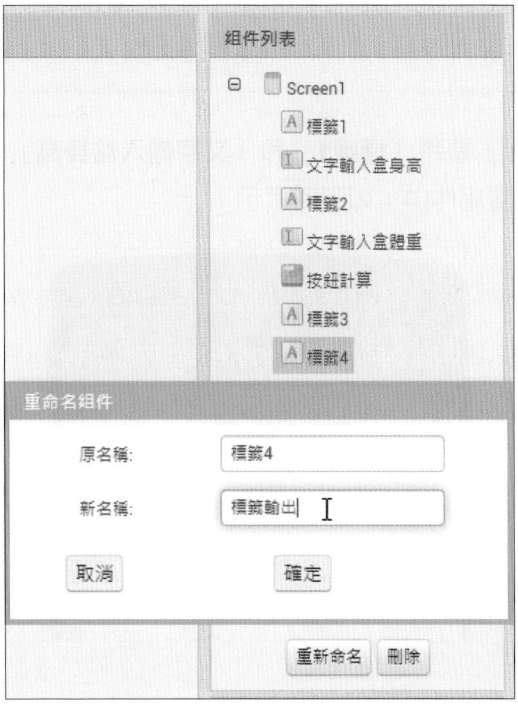

⊕ 步驟二：使用配置組件重新編排組件

在原始使用介面的欄位說明和欄位都自成一行，我們準備使用水平配置組件來重新編排組件，讓欄位說明和欄位在同一行，其步驟如下所示：

STEP 01 請在「組件面板」區展開「介面配置」，拖拉「**水平配置**」組件至「**標籤1**」組件的上方後，更改「寬度」屬性值為「**填滿**」，如下圖所示：

STEP 02 在「工作面板」區將「**標籤1**」和「**文字輸入盒身高**」組件拖拉至「水平配置1」的介面配置組件中，如下圖所示：

STEP 03　請重複 STEP 01 ～ STEP 02，再新增兩個水平配置組件後，將體重和BMI值也改為同一行，如下圖所示：

STEP 04　接著需要微調使用介面。請選兩個文字輸入盒組件，將「寬度」屬性改為「填滿」，可以看到欄位填滿水平配置的可用空間。

STEP 05　在「組件列表」區選三個水平配置後，在「組件屬性」區將「背景顏色」屬性都改為「橙色」，如下圖所示：

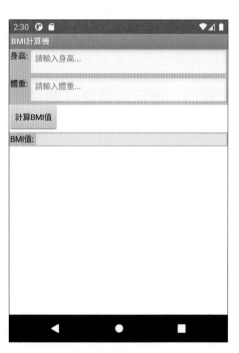

　　上述圖例的左邊是「工作面板」區；右邊是在Android模擬器顯示的使用介面，可以看到在編排上仍然有一些小差異。

🌐 步驟三：使用標籤組件增加組件之間的間距

因為Android模擬器顯示的水平配置組件是連在一起，我們準備在水平配置組件之間新增標籤組件來增加間距，如下圖所示：

上述圖例是在「**水平配置1~2**」組件後，與「**水平配置3**」組件前，新增三個名為「標籤4~6」的標籤組件。請選這些組件，指定「高度」為「**5**」像素；寬度為「**填滿**」，在刪除「文字」屬性值後，位在右邊的Android模擬器可以看到各欄位之間的距離已經增加。

🌐 步驟四：使用對齊屬性調整文字位置

接著，我們準備使用對齊屬性調整標籤組件的文字位置，如下所示：

📶 將「水平配置1~3」組件的「垂直對齊」屬性改為「居中」。

📶 將「標籤1~3」組件的「文字對齊」屬性改為「居中」。

我們可以看到標籤顯示的文字內容在水平和垂直方向都是置中對齊，如右圖所示。

如果標籤的欄位說明因為文字長度不同而無法對齊，請改用比例來編排水平排列的標籤和文字輸入盒組件，例如：將欄位說明標籤組件的「寬度」屬性值都改為20，即20%。

步驟五：使用積木程式更改背景色彩

在步驟二的 STEP 05 我們是在「組件屬性」區更改「**背景顏色**」屬性來指定介面配置組件的背景色彩，有十數種色彩可供選擇，如果找不到所需色彩，可以使用下拉式清單最後的「**Custom…**」選項，使用調色盤來選擇色彩，如下圖所示：

除此之外，我們也可以改用積木程式來更改背景色彩，可以有更多色彩的選擇，如下圖所示：

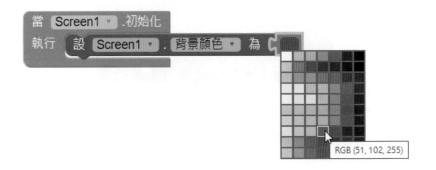

上述積木程式是「**Screen1**」組件的「**Screen1.初始化**」事件處理，可以初始畫面組件的屬性值，以此例是指定Screen1畫面的背景色彩為「**內置塊/顏色**」積木，點選之後的顏色積木，可以顯示更多色彩來選擇色彩，以此例是選RGB (51, 102, 255)。

同樣方式，我們可以使用積木程式指定水平配置和文字輸入盒組件的背景色彩，即「**背景顏色**」屬性，如下圖所示：

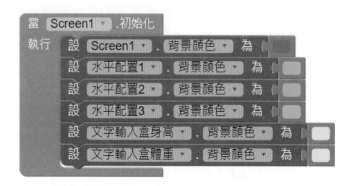

現在，Android模擬器看到的使用介面，如下圖所示：

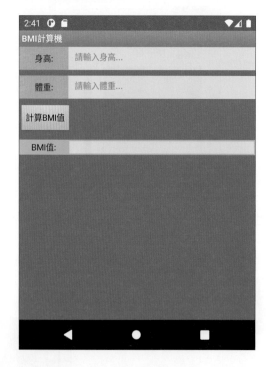

雖然Android模擬器的MIT AI2 Companion App會自動更新畫面編排頁面的編輯操作，但是並不包含程式設計頁面，當積木程式有變更，模擬器並不會自動更新使用介面，此時，請執行「**連線→Refresh Companion Screen**」命令，即可讓Android模擬器更新執行的Android App。

步驟六：使用合成顏色積木建立更多色彩

如果仍然找不到所需的色彩，我們可以自行使用RGB紅綠藍三原色（值0~255）來自行建立色彩，例如：指定「**按鈕計算**」組件的背景色彩，使用的是「**內置塊/顏色/合成顏色**」積木，如下圖所示：

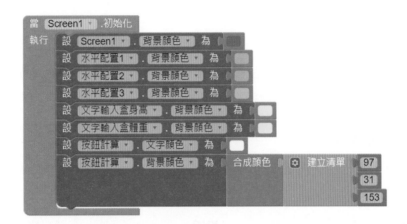

上述「**合成顏色**」積木是使用**清單**（在第8章說明）指定三原色的三個值，以此例是RGB (97, 31, 153)。在Android模擬器，可以看到我們最後建立的使用介面，如下圖所示：

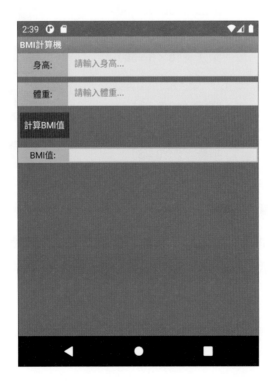

4-5 運算子與運算式

　　App Inventor運算式是使用內置塊積木的運算子來建立運算式，可以讓我們建立算術運算式、比較運算式、邏輯運算式和字串連接運算式。

4-5-1 算術運算子

　　算術運算式（arithmetic expressions）是數學加減乘除的算術運算式，App Inventor還提供指數、餘數和商數運算等相關積木。

基本算術運算式積木

　　算術運算子是位在「**內置塊/數學**」的積木；運算元是數值常數的積木，如下表所示：

算術運算式	說明	範例
	加法（100＋50＝150）	
	減法（100−50＝50）	
	乘法（10×5＝50）	
	除法（10/5＝2）	
	指數（2＾3＝8）	

餘數與商數運算式積木

　　餘數與商數運算是同一個積木，我們可以在下拉式清單選擇使用哪一種餘數或商數計算，如下表所示：

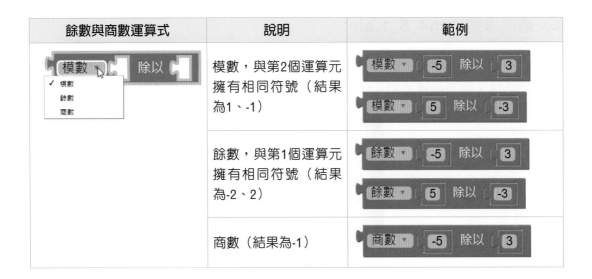

餘數與商數運算式	說明	範例
模數 除以	模數，與第2個運算元擁有相同符號（結果為1、-1）	模數 -5 除以 3 \n 模數 5 除以 -3
	餘數，與第1個運算元擁有相同符號（結果為-2、2）	餘數 -5 除以 3 \n 餘數 5 除以 -3
	商數（結果為-1）	商數 -5 除以 3

複雜的算術運算式積木

在App Inventor運算式中的運算元除了常數值，也可以是另一個運算式。換句話說，同一運算式可以讓我們建立擁有多個運算子的複雜運算式積木，如下圖所示：

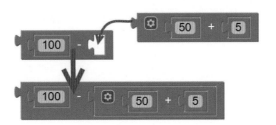

上述算術運算式積木中，位在第一個運算式中的運算式擁有較高的優先順序，以此例是先運算50+5，然後才是100+55。

另一種方式是使用加法和乘法積木左上角的藍色小圖示。點選圖示可以看到一個方框，目前只有兩個number積木，請再拖拉一個number至嘴巴中，可以建立兩個加法和三個number的運算式，如下圖所示：

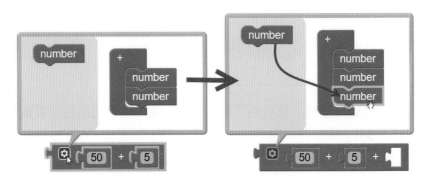

範例專案：ch4_5_1.aia

在Android App建立簡單的BMI計算機。使用兩個文字輸入盒組件用來輸入身高和體重後,接著計算並顯示BMI身體質量指數的值。其執行結果如下圖所示:

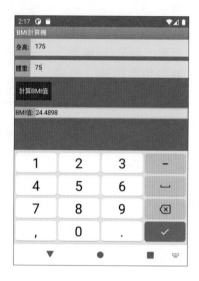

在輸入身高(公分)和體重(公斤)後,按「**計算BMI值**」鈕,即可在下方顯示BMI值的計算結果。

專案的畫面編排

我們準備直接另存ch4_4專案來建立ch4_5_1.aia專案的畫面編排,其步驟如下所示:

STEP 01 請開啟「ch4_4」專案,執行「**專案→另存專案**」命令,可以看到「專案ch4_4另存為」對話框。

STEP 02 在「新名稱:」欄中輸入專案名稱「ch4_5_1」,按「**確定**」鈕另存成新專案。

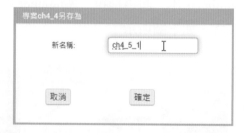

STEP 03 然後在「組件屬性」區找到「App名稱」欄(這是應用程式名稱),也改為「ch4_5_1」。

⊕ 拼出積木程式

請切換至「程式設計」頁面，重新編輯「**按鈕計算.被點選**」事件處理，我們一共宣告三個全域變數：「**BMI值**」、「**體重**」和「**身高**」，如下圖所示：

上述事件處理積木程式是使用全域變數「**身高**」（除100成為公尺）和「**體重**」計算BMI值，公式是「體重/(身高 × 身高)」。

🖥 範例專案：ch4_5_1a.aia

在Android App建立簡單的四則計算機。使用兩個文字輸入盒組件輸入兩個運算元後，可以計算加、減、乘和除的運算結果，其執行結果如右圖所示：

請輸入兩個運算元後，按下方「**+**」、「**-**」、「*****」和「**/**」鈕，可以在下方顯示計算結果。

⊕ 專案的畫面編排

在「畫面編排」頁面建立使用介面，共新增三個水平配置、四個按鈕、兩個文字輸入盒（文字輸入盒運算元1、文字輸入盒運算元2）和六個標籤（標籤1~5、標籤結果）組件，如下圖所示：

⊕ 編輯組件屬性

在螢幕新增組件後，請依據下表選取各組件後，在「**組件屬性**」區更改各組件的屬性值（不包含增加間距的「**標籤3~5**」和「**水平配置1~3**」組件），如下表所示：

組件	屬性	屬性值
Screen1	標題	四則計算機
標籤1	文字	運算元1:
文字輸入盒運算元1	提示	輸入第1個運算元...
標籤2	文字	運算元2:
文字輸入盒運算元2	提示	輸入第2個運算元...
文字輸入盒運算元1、文字輸入盒運算元2	僅限數字	勾選（true）
按鈕1	文字	+
按鈕2	文字	-
按鈕3	文字	*
按鈕4	文字	/
標籤結果	背景顏色	黃色
標籤結果	文字	N/A
標籤結果	寬度, 高度	填滿, 30

⊕ 拼出積木程式

請切換至「程式設計」頁面，新增「**按鈕1~4.被點選**」事件處理，可以分別執行加、減、乘和除的運算，如下圖所示：

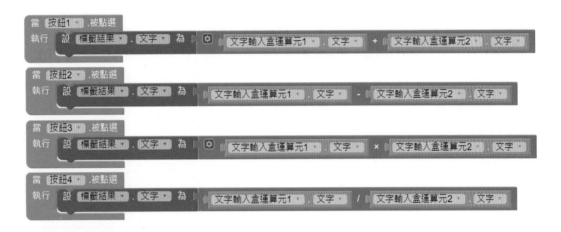

♀ 4-5-2　比較運算子

比較運算式（comparison expressions）是等於、不等於、小於、小於等於、大於和大於等於的比較運算子建立的運算式，其結果是眞（true）或假（false），可以做爲第6章條件執行和第7章重複執行的判斷條件。比較運算子積木是位在「**內置塊/數學**」，如下表所示：

比較運算式	說明	範例
 `=` ▼ 　✓ = 　　≠ 　　< 　　≤ 　　> 　　≥	等於	取得 全域 定價 ▼ `=` ▼ 100
	不等於	取得 全域 定價 ▼ `≠` ▼ 100
	小於	取得 全域 定價 ▼ `<` ▼ 100
	小於等於	取得 全域 定價 ▼ `≤` ▼ 100
	大於	取得 全域 定價 ▼ `>` ▼ 100
	大於等於	取得 全域 定價 ▼ `≥` ▼ 100

4-5-3 邏輯運算子

邏輯運算式（logical expressions）是連接一至兩個比較運算式（做為運算元）來建立複雜的條件運算式。積木是位在「**內置塊/邏輯**」，如下表所示：

邏輯運算式	說明
非	NOT運算。傳回參數運算元相反的值，true成false；false成true。
與	AND運算。連接的2個運算元都為true，運算式為true。
或	OR運算。連接的2個運算元，任一個為true，運算式為true。

邏輯運算式的真假值表，如下表所示：

運算元1	運算元2	非	與	或
false	false	true	false	false
false	true	true	false	true
true	false	false	false	true
true	true	false	true	true

在「**內置塊/邏輯**」下還有一個「等於/不等於」的積木，如下圖所示：

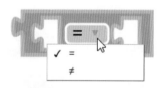

上述積木可以測試兩個參數是否相等，或不相等，其說明如下所示：

🔊 **兩個數值常數相等**：指兩個數值在數值上是相等的。例如：1和1.0在數值上是相等。

🔊 **兩個字串常數相等**：兩個字串需要相同字元、相同順序和相同大小寫才是相等。例如：Apple和apple是不相等。

🔊 **數值常數和字串常數相等**：數值常數需要和字串常數轉換成的數值是相等的。例如：數值12.0和字串常數"12"是相等的。

🔊 **兩個清單相等**：清單元素數需相等，而且對應的元素也需相等。

4-5-4 字串連接與亂數運算子

字串連接和亂數運算子也是常用的運算子,這兩個運算子在本節之前的範例都已經使用過了。因為App Inventor運算子和函數積木的分別並不明顯,這兩種運算子也可以視為是**函數**(functions)。

字串連接與亂數運算子

如果運算元的其中之一或兩者都是字串時,我們可以使用「**內置塊/文本/合併文字**」積木來連接兩個字串或數值,如下圖所示:

上述運算式可以合併兩個運算元,運算元可以是字串、變數或數值,App Inventor會自動將數值運算元轉換成字串來進行連接。如果需要合併更多字串、變數或數值,請選積木左上角的藍色小圖示,新增「**文字**」項目至嘴巴中,以新增插槽的項目。

亂數運算子

App Inventor的亂數運算子共有三個積木,位在「**內置塊/數學**」,如下表所示:

亂數運算子	說明
	隨機產生2個參數之間的整數,預設值是1~100。
	隨機產生0~1之間的浮點數。
	指定亂數種子的值,可以產生一序列不同的亂數序列。 ※請注意!如果相同的種子值,積木會產生相同的亂數序列。

本章習題

( ) 1. 請問下列哪一個App Inventor介面配置組件是可以捲動的？

    (A)水平捲動配置   (B)重疊捲動配置

    (C)垂直配置捲動   (D)表格配置捲動。

( ) 2. 請問下列哪一個App Inventor算術運算子是指數運算？

    (A)「**」   (B)「^」   (C)「?」   (D)「$」。

( ) 3. 如果AI2專案有二欄二列的4個組件需要編排，請問使用下列哪一個介面配置組件是最佳的選擇？

    (A)重疊配置   (B)水平配置   (C)表格配置   (D)垂直配置。

( ) 4. 請問下列哪一個關於介面配置組件的說明是<u>不正確</u>的？

    (A)在畫面上排列組件是開發Android App的重要工作

    (B)介面配置組件是一種容器組件

    (C)只支援三種介面配置組件

    (D)介面配置組件可以水平編排多個組件。

( ) 5. 請問下列哪一個App Inventor比較運算子是等於？

    (A)「＝」   (B)「＝＝」   (C)「＞」   (D)「＜」。

1. 請問什麼是App Inventor的介面配置組件？介面配置組件有哪幾種？

2. 請問水平捲動配置組件和水平配置組件的差異為何？

3. 如果在指定背景色彩時，找不到可用的顏色，除了使用調色盤外，請問我們可以如何自行建立所需的色彩？

4. 請問在第4-4節Step3新增標籤組件的目的是什麼？

5. 請問App Inventor支援的運算子有哪幾種？

實作題

1. 請修改ch4_2_3專案，改用水平和垂直配置組件來建立2×3共6個按鈕組件的表格編排。

2. 請參考第4-4節的說明修改ch4_5_1a專案，替使用介面加上更多色彩，和使用標籤組件來增加欄位之間的間距。

3. 請建立一個簡單的匯率計算App，在2個文字輸入盒輸入新台幣金額和美金匯率，按下按鈕，可以在標籤組件顯示兌換的美金金額。

4. 圓周長的公式是2*PI*r，PI是圓周率3.1415，請建立App輸入半徑，可以計算輸入半徑的圓周長。

5. 蛋一打是12個，請建立App輸入有幾個蛋，可以輸出有幾打，還剩下幾個蛋。

6. 請建立一個溫度轉換App，在文字輸入盒輸入華氏溫度後，按下按鈕，可以在標籤輸出轉換的攝氏溫度（請用Google查詢溫度轉換公式）。

NOTE

Chapter 5

使用者互動設計一程序

5-1 認識事件處理與程序

App Inventor建立使用者互動設計，就是建立組件的事件處理來回應使用者的操作，稱為「**事件驅動程式設計**」（event-driven programming）。事實上，**事件處理**（event handlers）就是一個**程序**（或稱為**方法**）。

💡 5-1-1 事件處理

Android App不同於傳統PC主控台應用程式的循序執行流程，Android App的操作邏輯類似Windows應用程式，需視使用者的操作來決定下一步的執行流程。

🌐 事件驅動邏輯

傳統PC的主控台應用程式是使用**循序邏輯**（sequential logic），如同工廠的生產線一般，C/C++和Java等程式執行的進入點是主程式（main()程序）的第一行程式碼，然後依序執行到最後一行，最後結束執行，使用者並不能主導程式的執行，只能單純回應程式的需求，例如：輸入資料。

Android App和Windows應用程式等圖形使用介面應用程式，是使用事件驅動程式設計，即**事件驅動邏輯**（even-driven logic），其執行流程需視使用者的操作而定。如同百貨公司開門後，需要等到客戶上門後，才會有銷售流程的產生，客戶上門就是觸發事件，程式依觸發的事件來執行適當的處理。

🌐 事件與事件處理

App Inventor建立的Android App是使用事件來與使用者進行互動，按鈕的**被點選**（Click）事件是一種由使用者觸發的事件，程式依事件執行對應的**事件處理**（event handlers），如下圖所示：

上述事件處理積木，可以在大嘴巴中建立回應使用者的積木程式。請注意！並非所有App Inventor的事件都是由使用者所觸發，例如：

(ŋ) **畫面事件（Screen events）**：App初始畫面觸發的初始化事件。

(ŋ) **計時器事件（Timer events）**：鬧鐘設定時間到時觸發的事件。

(ŋ) **動畫事件（Animation events）**：兩個組件碰撞時觸發的事件。

(ŋ) **感測器事件（Phone events）**：GPS座標更新時觸發的事件。

(ŋ) **Web事件（Web events）**：請求網頁資料到達時觸發的事件。

⊕ Android App是一個事件處理集合

簡單地說，使用App Inventor建立的Android App是一個事件處理集合，整個App就是在回應使用者觸發，或組件因為外部狀態或設定改變而自行觸發的事件，如下圖所示：

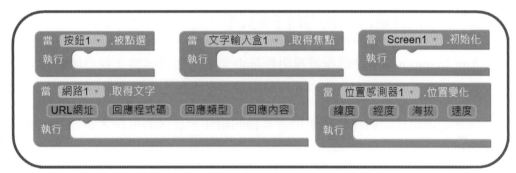

App Inventor建立的Android App

而App Inventor開發者的主要工作就是建立回應這些事件的積木程式。首先拖拉事件處理積木後，在「執行」後的大嘴巴建立積木程式來處理指定事件，這些事件處理事實上就是一個程序。

♀ 5-1-2　程序

「**程序**」（subroutines或procedures）是一個擁有特定功能的獨立程式單元，可以讓我們重複使用之前已經建立的程式碼，而不用每次都重複撰寫相同功能的程式碼。傳統程式語言會將獨立程式單元分為**程序**和**函數**二種，程序沒有傳回值；有傳回值的程序稱為「**函數**」（functions）。

App Inventor組件提供的方法和事件處理，就是一種程序。程式執行程序是將流程控制轉移到程序來繼續執行，稱為「**程序呼叫**」（subroutines call）。事

實上，我們並不需要了解程序實作的程式碼，程序如同是一個「**黑盒子**」（black box），只要告訴我們如何使用黑盒子的「**介面**」（interface）即可，如下圖所示：

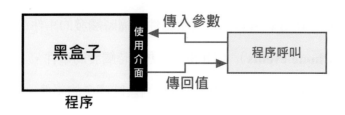

上述介面是呼叫程序的對口單位，可以傳入參數和取得傳回值。介面是程序和外部溝通的管道，一個對外的邊界。程序真正的內容是隱藏在介面之後，「**實作**」（implementation）就是在撰寫程序的程式碼。

5-2 介面組件的事件處理

在App Inventor的事件處理需視組件是否支援，到目前為止我們使用過的介面組件：按鈕、文字輸入盒和標籤中，只有按鈕和文字輸入盒擁有事件處理。

請注意！因為介面組件是與使用者互動的組件，支援的事件大多是一些使用者觸發的事件。

5-2-1 按鈕組件的事件處理

按鈕事件是用來幫助我們偵測按鈕操作，例如：點選或長按按鈕等操作。事實上，按鈕操作並不是單一事件，它會觸發一系列的按鈕事件，例如：點選按鈕操作會依序觸發「**被壓下**」、「**被鬆開**」和「**被點選**」事件。

下表所列為按鈕組件支援的六種事件說明。

事件	說明
被點選	按下按鈕且馬上放開時觸發此事件。
被長按	長按按鈕一段時間觸發此事件。
被壓下	按下按鈕時就觸發此事件。
被鬆開	鬆開按鈕時就觸發此事件。
取得焦點	按鈕取得焦點時觸發此事件。
失去焦點	按鈕失去焦點時觸發此事件。

在App Inventor新增「**按鈕**」組件後，我們可以在「程式設計」頁面，拖拉各事件的事件處理來進行按鈕操作的處理。

範例專案：ch5_2_1.aia

在Android App測試觸發的按鈕事件，我們可以測試各種按鈕操作產生的事件，在本節測試「**被壓下**」、「**被鬆開**」、「**被長按**」和「**被點選**」共四個事件，測試「**取得焦點**」和「**失去焦點**」事件請參閱第5-2-2節。

我們的第一個操作是點選按鈕操作，可以看到依序產生「**被壓下**」、「**被鬆開**」和「**被點選**」三個事件，如下圖所示：

第二個操作是長按按鈕操作，請按住按鈕一秒鐘左右再放開，可以看到依序產生「**被壓下**」、「**被長按**」和「**被鬆開**」三個事件，如下圖所示：

專案的畫面編排

在「畫面編排」頁面建立使用介面，共新增1個按鈕和1個標籤組件，如下圖所示：

編輯組件屬性

在螢幕新增組件後，請依據下表選取各組件後，在「**組件屬性**」區更改各組件的屬性值（N/A表示清除內容），如下表所示：

組件	屬性	屬性值
Screen1	標題	按鈕組件的事件處理
按鈕1	寬度, 高度	填滿, 50
按鈕1	文字	按鈕組件
標籤1	寬度	填滿
標籤1	文字	N/A

拼出積木程式

請切換至「程式設計」頁面，新增「**按鈕1**」組件的4種事件處理後，我們是在「**標籤1**」組件顯示觸發的事件名稱，如下圖所示：

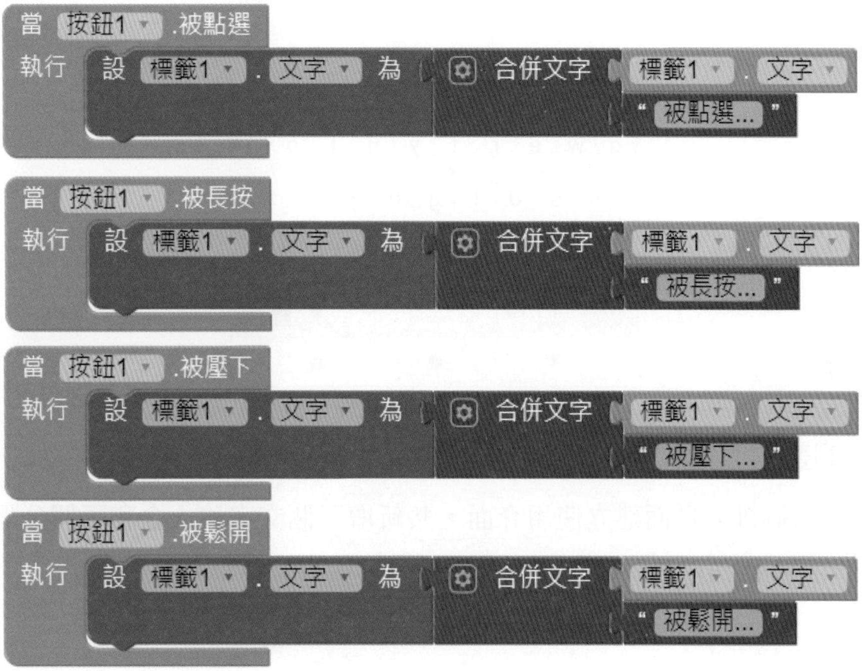

5-2-2 文字輸入盒的事件處理

文字輸入盒組件支援的事件只有兩個，是和按鈕組件相同的「**取得焦點**」和「**失去焦點**」事件，其說明如下表所示：

事件	說明
取得焦點	文字輸入盒取得焦點時觸發此事件。
失去焦點	文字輸入盒失去焦點時觸發此事件。

範例專案：ch5_2_2.aia

在Android App活用文字輸入盒的事件。當點選文字輸入盒取得焦點，就更改背景色彩成爲粉紅色；點選其他文字輸入盒會失去焦點，就將背景改爲黃色，其執行結果如下圖所示：

🌐 專案的畫面編排

在「畫面編排」頁面建立使用介面，共新增三個文字輸入盒和兩個分隔用途的標籤組件，如下圖所示：

🌐 編輯組件屬性

在螢幕新增組件後，請依據下表選取各組件，然後在「**組件屬性**」區更改各組件的屬性值，不包含分隔的標籤組件（N/A表示清除內容），如下表所示：

組件	屬性	屬性值
Screen1	標題	文字輸入盒的事件處理
文字輸入盒1~3	背景顏色	黃色
文字輸入盒1~3	寬度	填滿

🌐 拼出積木程式

請切換至「程式設計」頁面，新增「**文字輸入盒1~3**」組件的兩種事件處理後，分別更改文字輸入盒的背景色彩，如下圖所示：

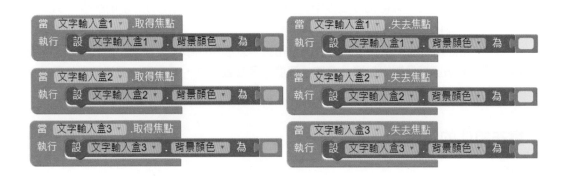

5-3 畫布組件的觸控事件 – 繪圖

Android行動裝置的最大特點是擁有**觸控螢幕**（touch screen），在App Inventor眾多組件中，只有畫布組件支援觸控事件，可以讓我們使用觸控事件在螢幕上繪圖。

🌐 認識畫布組件

畫布（Canvas）組件是位在「組件面板」區的「繪圖動畫」分類，讓我們可以建立矩形的繪圖區域，並在畫布上繪圖和建立動畫。基本上，畫布上的座標(x, y)值是以畫布組件的左上角為原點(0, 0)，x是距離畫布左緣的距離，y是上緣，其單位是**像素**（pixels）。

🌐 畫布組件的事件

事件	說明
被壓下	點擊畫布且讓手指停留，就觸發此事件。可以在事件處理方法的參數(x, y)座標取得點擊位置。
被鬆開	點擊畫布且讓手指離開，就觸發此事件。可以在事件處理方法的參數(x, y)座標取得點擊位置。
被觸碰	當點擊畫布時觸發此事件。可以在事件處理方法的參數(x, y)座標取得點擊位置。**「任意被觸碰的精靈」**參數值為true，表示有動畫組件正好在此位置。
被拖曳	當使用者在畫面上拖拉時，就觸發此事件。在事件處理方法可以使用參數(前點X, 前點Y)取得拖拉過程中，開始至結束(當前X, 當前Y)的當前座標。(起點X, 起點Y)是觸發此事件的起點座標。
被滑過	當使用者的手指在畫面上滑過畫布時，就觸發此事件。在事件處理方法的參數(x, y)座標是開始位置，參數**「速度」**是移動速度，**「方向」**是逆時針旋轉的角度，從0開始。

🌐 畫布組件的屬性

屬性	說明
線寬	存取畫筆畫線時的寬度。
畫筆顏色	存取畫筆畫線時的色彩。

🌐 畫布組件的繪圖方法

方法	說明
清除畫布()	清除畫布上繪出的圖形。
畫圓(x, y, 半徑)	在參數座標(x, y)繪出參數半徑的圓形。
畫線(x1, y1, x2, y2)	從參數座標(x1, y1)到(x2, y2)繪出一條直線。
畫點(x, y)	在參數座標(x, y)繪出一個點。
繪製文字(文字, x, y)	在參數座標(x, y)繪出參數「文字」的內容。

🔍 **範例專案：ch5_3.aia**

在Android App活用畫布的觸控事件和繪圖方法來繪圖。只需壓一下螢幕就會畫一個紅色點，因為同時觸發被觸碰事件，所以同時繪出逐漸增加半徑的藍色圓，拖拉會繪出一序列多條綠色直線，其執行結果如下圖所示：

🌐 **專案的畫面編排**

在「畫面編排」頁面建立使用介面，新增一個寬和高都填滿的畫布組件，如下圖所示：

⊕ 編輯組件屬性

在螢幕新增組件後,請依據下表選取各組件,然後在「**組件屬性**」區更改各組件的屬性值,如下表所示:

組件	屬性	屬性值
Screen1	標題	使用觸控事件繪圖
畫布1	寬度, 高度	填滿, 填滿

⊕ 拼出積木程式

請切換至「程式設計」頁面,首先新增全域變數「**半徑**」,然後新增「**畫布1.被觸碰**」事件處理,在指定畫筆顏色是藍色後,呼叫「**畫圓**」方法畫出圓形,參數依序是圓心座標和半徑,「**填滿**」參數決定是否繪出填滿圓形,最後將「**半徑**」變數加2,如下圖所示:

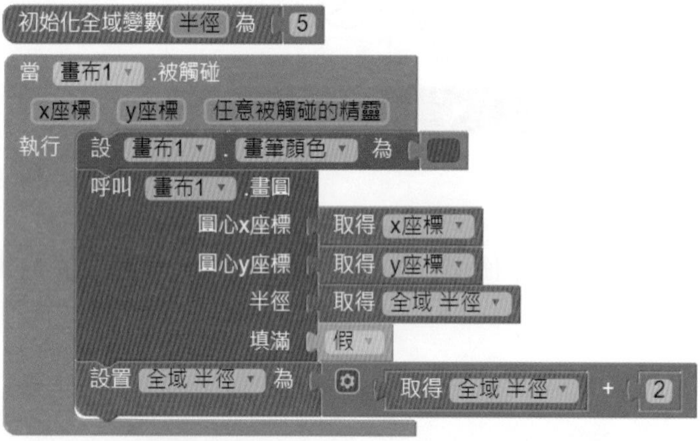

```
初始化全域變數 半徑 為  5

當 畫布1 .被觸碰
  x座標  y座標  任意被觸碰的精靈
執行  設 畫布1 .畫筆顏色 為
      呼叫 畫布1 .畫圓
            圓心x座標  取得 x座標
            圓心y座標  取得 y座標
                半徑  取得 全域 半徑
                填滿  假
      設置 全域 半徑 為     取得 全域 半徑  +  2
```

然後新增「**畫布1.被壓下**」事件處理,這是使用紅色畫筆在按壓座標繪出一個點,如下圖所示:

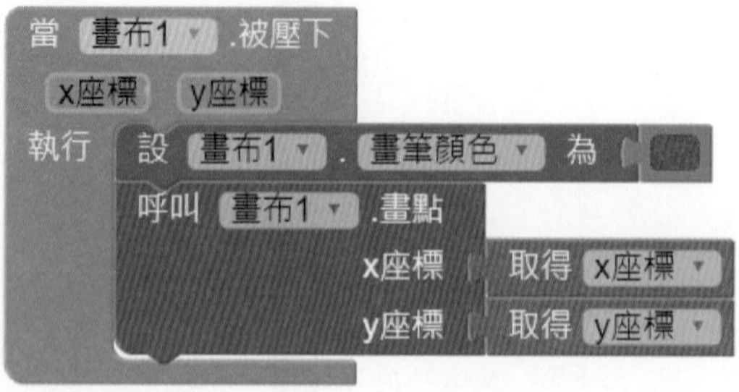

```
當 畫布1 .被壓下
  x座標  y座標
執行  設 畫布1 .畫筆顏色 為
      呼叫 畫布1 .畫點
            x座標  取得 x座標
            y座標  取得 x座標
```

　　最後新增「**畫布1.被拖曳**」事件處理，呼叫「**畫線**」方法從起點座標到當前座標繪出綠色線。因為起點座標是固定位置，所以繪出的是一序列扇形直線，如下圖所示：

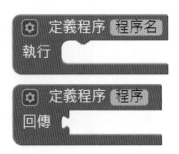

 　　我們可以將「**畫線**」方法的前兩個參數改為「**前點X座標**」和「**前點Y座標**」，此時的執行結果是依據拖拉位置繪出一條手繪線條，而不是多條扇形直線。

5-4　建立程序

　　在第5-3節我們已經實際呼叫畫布組件的方法來繪圖，也就是呼叫現成的程序。當然，我們也可以自行建立程序，在App Inventor的程序積木是位在「**內置塊/過程**」，提供兩個積木來新增程序，如下圖所示：

　　上述圖例上方的「**定義程序**」積木是建立程序，只是單純執行大嘴巴中的積木程式；下方「**定義程序-回傳**」積木因為有「回傳」插槽，建立的程序可以回傳執行結果，也稱為「**函數**」。

5-4-1 沒有參數的程序

最簡單的程序是沒有參數，單純只是將複雜程式中的重複積木程式抽出來建立成程序，以便重複呼叫相同的積木程式。記得在「工作面板」區的背包，我們可以將程序拖拉至背包，就可以在不同專案來重複使用這些現成的程序。

定義

程序的定義部分是程序的實作。例如：第3-5節的計數器程式，我們可以將處理計數加1和顯示計數值的積木程式建立成程序。首先拖拉「**過程/定義程序-執行**」積木後，更名成「**計數加1**」程序，如下圖所示：

接著拖拉計數加1的運算式和指定標籤文字屬性值的積木至「**執行**」積木的大嘴巴，就完成程序的定義。

介面

在完成程序的定義後，App Inventor會自動產生位在「**內置塊/過程**」的介面，即呼叫程序的積木，如下圖所示：

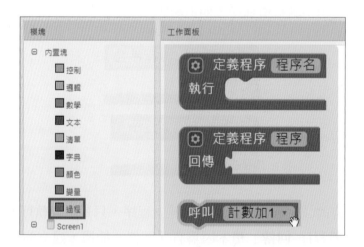

　　上述「**呼叫-計數加1**」積木是程序的介面，可以呼叫此程序。簡單地說，我們可以使用此積木代替整個定義部分的積木程式，例如：在「**按鈕1.被點選**」事件處理呼叫「**計數加1**」程序，如下圖所示：

範例專案：ch5_4_1.aia

　　這個Android App是修改第3-5節的計數器程式，改用兩個程序來將計數值加1和歸零，其執行結果如下圖所示：

　　按下方「**增加計數**」鈕，可以增加上方顯示的值；按「**重設計數**」鈕是歸零。

專案的畫面編排

　　請開啟「ch3_5」專案，執行「**專案→另存專案**」命令，另存成專案名稱「ch5_4_1」，然後在「組件屬性」區找到「App名稱」欄，將應用程式名稱改為「ch5_4_1」。

⊕ **拼出積木程式**

　　請切換至「程式設計」頁面，新增「**計數加1**」和「**計數歸零**」兩個程序，如下圖所示：

初始化全域變數 計數 為 0

定義程序 計數加1
執行 設置 全域 計數 為 取得 全域 計數 + 1
設 標籤1 . 文字 為 取得 全域 計數

定義程序 計數歸零
執行 設置 全域 計數 為 0
設 標籤1 . 文字 為 "0"

　　上述兩個程序的積木程式，就是兩個「**按鈕1~2.被點選**」事件處理的程式。然後修改「**按鈕1~2.被點選**」事件處理，改為程序呼叫，如下圖所示：

當 按鈕1 .被點選
執行 呼叫 計數加1

當 按鈕2 .被點選
執行 呼叫 計數歸零

　　基本上，程序與程序呼叫的執行過程，就是更改積木程式的執行順序。當執行到「**呼叫-計數加1**」積木，就改變執行順序，跳至定義部分的積木程式，等到執行完定義部分的積木後，再回到呼叫積木，執行此呼叫積木的下一個積木，如下圖所示：

當 按鈕1 .被點選
執行 呼叫 計數加1

定義程序 計數加1
執行 設置 全域 計數 為 取得 全域 計數 + 1
設 標籤1 . 文字 為 取得 全域 計數

💡 5-4-2　擁有參數的程序

App Inventor內建積木的方法很多都可以指定**參數**（parameters），即擁有積木之後的插槽。同樣地，我們也可以在自訂程序新增一至多個參數。事實上，參數是介面和定義之間的通訊媒介，可以使用參數來產生不同的執行結果。

例如：在第5-4-1節的「計數加1」程序並沒有參數，我們準備改名為「增量計數」程序，新增一個「增量」參數，運算式改為加上「增量」變數值，而不是加1。在程序新增參數的步驟，如下所示：

STEP 01 首先點選名稱後，直接更名為「**增量計數**」，然後選積木左上角藍色小圖示，在浮動框拖拉「**輸入**」積木至「**輸入項**」大嘴巴中來新增參數，如下圖所示：

STEP 02 在新增參數後，可以在下方程序名稱後新增同名參數，預設名稱是x，第2個是x2，以此類推。同樣方式，如果程序擁有多個參數，請重複拖拉「**輸入**」積木即可，如下圖所示：

STEP 03 點選參數x即可更名成「增量」參數,如下圖所示:

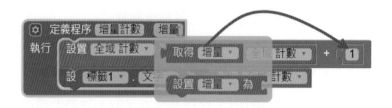

上述「增量」參數就是一個變數,可以在程序「執行」之後的積木程式使用。請將游標移至參數上,可以看到兩個積木,然後拖拉**「取得-增量」**積木取代運算式中的常數值「1」。

因為自訂程序擁有參數,所以程序呼叫就會新增「增量」插槽來連接參數值,如下圖所示:

上述積木需要連接「增量」參數的值「1」,這是傳入程序的資料。

範例專案:ch5_4_2.aia

這個Android App是修改第5-4-1節的範例,在程序新增一個名為「增量」的參數,呼叫「增量計數」程序是以參數值來增加計數,其執行結果和第5-4-1節完全相同。

專案的畫面編排

請開啟「ch5_4_1」專案,執行**「專案→另存專案」**命令,另存成專案名稱「ch5_4_2」,然後在「組件屬性」區找到「App名稱」欄,將應用程式名稱改為「ch5_4_2」。

拼出積木程式

請切換至**「程式設計」**頁面,修改「計數加1」程序的名稱和定義部分的積木程式,擁有一個參數**「增量」**,加法運算式是加上此參數的增量,如下圖所示:

　　然後修改「**按鈕1.被點選**」事件處理，改為程序呼叫和傳遞參數值1，如下圖所示：

🔆 5-4-3　程序的回傳值

　　在第5-4-1和5-4-2節是建立程序和擁有參數的程序，但是沒有回傳值。如果程序擁有回傳值，也稱為**函數**（functions）。App Inventor提供「**定義程序-回傳**」積木建立擁有回傳值的程序。

　　App Inventor擁有回傳值程序有兩種實作方式，一種是單純將單一的數學運算式獨立成程序；一種是多行積木，擁有執行積木的程序。在這一節我們準備修改第4-5-1節的BMI計算機，將計算BMI值的公式改成名為「計算BMI值」的程序。

⊕ 建立單純運算式的程序

　　如果是單純數學運算式的程序，我們可以使用「**定義程序-回傳**」積木來建立，例如：計算BMI值的「計算BMI值」程序，程序新增「身高」和「體重」兩個參數，如下圖所示：

> 定義程序　計算BMI值　身高　體重
> 回傳　　取得 體重　／　取得 身高　×　取得 身高

　　上述「計算BMI值」程序實作的積木是計算BMI值的數學公式，可以看到「回傳」插槽連接此公式的數學運算式，回傳值就是數學公式的運算結果。

⊕ 建立擁有執行積木的程序

　　如果需要多個運算式執行計算，或擁有其他積木的程式結構，我們需要使用「**控制/執行-回傳結果**」積木來建立程序的積木程式。

例如：修改「計算BMI值」程序，傳入的身高參數單位為公分，我們需要新增除法運算式先改為公尺後，才計算BMI值。因為運算式不只一個，所以需要使用「**執行-回傳結果**」積木（範例專案：ch5_4_3a.aia），如下圖所示：

一般來說，「**執行-回傳結果**」積木需要建立區域變數作為回傳值，詳見第5-5節的說明。以此例是「BMI值」，在「**執行**」積木共有兩個運算式，最下方「回傳結果」插槽是連接程序的回傳值，即區域變數「**BMI值**」。

⊕ 呼叫有回傳值的程序

因為程序擁有回傳值，我們需要使用變數取得程序呼叫的回傳值，如下圖所示：

上述「計算BMI值」程序的回傳值指定給全域變數「**BMI值**」。

📖 範例專案：ch5_4_3.aia

請修改第4-5-1節的BMI計算機，將計算BMI值的公式獨立成程序，其執行結果和第4-5-1節相同，如右圖所示：

在輸入身高（公分）和體重（公斤）後，按「**計算BMI值**」鈕，可以在下方顯示計算結果的BMI值。

專案的畫面編排

請開啟「ch4_5_1」專案，執行「**專案→另存專案**」命令，另存成專案名稱「ch5_4_3」，然後在「組件屬性」區找到「App名稱」欄，將應用程式名稱改為「ch5_4_3」。

拼出積木程式

請切換至「程式設計」頁面，修改「**按鈕計算.被點選**」事件處理，改為程序呼叫來計算BMI值，如下圖所示：

上述事件處理呼叫「計算BMI值」程序計算BMI值。「**計算BMI值**」程序如下圖所示：

5-5 在程序使用區域變數 – 滑桿組件

第3-3-3節建立的變數，是所有程序和事件處理都可以存取的**全域變數**。實務上，因為有些變數只會在程序或事件處理中使用，此時我們可以建立**區域變數**來儲存這些暫存資料。

💡 5-5-1　建立區域變數

App Inventor區域變數類似程序和事件處理積木，是一個可以在之中新增積木程式的大嘴巴，共有兩種宣告和初始區域變數的積木，如下圖所示：

上述左邊圖例的積木能夠在之中新增積木程式，而且只有這些積木可以存取區域變數「**變數名**」的值；右邊積木前有一個連接點，表示整個積木是一個運算結果，可以連接其他「**設置-為**」、「**設-為**」積木或第5-4-3節擁有執行積木的程序來指定組件的屬性或全域變數值。

🌐 宣告單一區域變數

區域變數是一種只有在積木區塊之內存取的變數。例如：在「**按鈕1.被點選**」事件處理宣告名為「**變數A**」的區域變數，且指定初值為50，其步驟如下所示：

STEP 01 請新增「ch5_5_1」專案，在「**畫面編排**」頁面新增一個「**按鈕1**」組件。

STEP 02 按「**程式設計**」鈕切換至積木程式編輯器後，選「**Screen1/按鈕1**」，拖拉「**按鈕1.被點選**」事件處理至工作面板。

STEP 03 選「**內置塊/變量**」，拖拉第1個「**初始化區域變數-為-作用範圍**」積木至「**按鈕1.被點選**」事件處理積木中。

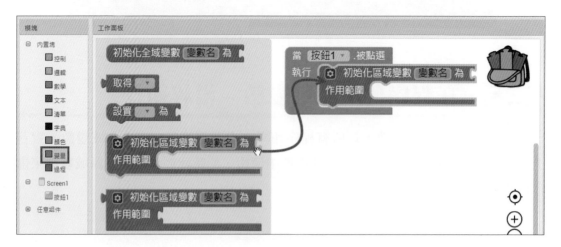

STEP 04 更改區域變數名稱「變數A」，然後拖拉「**內置塊/數學**」下的第1個數值常數
積木，連接至最後且更改值為「50」。

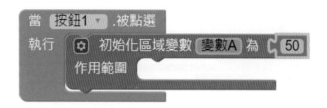

上述積木程式是在事件處理方法中宣告和初始區域變數「變數A」。

⊕ 同時宣告多個區域變數

區域變數宣告預設只有一個變數，我們可以在同一積木宣告多個區域變數，請
選「**初始化區域變數-為-作用範圍**」積木左上角藍色小圖示，可以看到浮動方框，
目前只有一個「**變數名**」積木，請再拖拉一個「**參數x**」至嘴巴中，可以看到兩個
區域變數：「變數名」和「x」，如下圖所示：

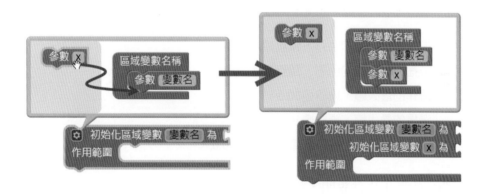

⚲ 5-5-2　使用區域變數與滑桿組件

在宣告變數和指定變數初值後，我們可以在其他積木存取變數值。對於數值變
數，App Inventor可以使用「**滑桿**」（Slider）組件來更改變數值。

⊕ 存取區域變數值的積木

區域變數和全域變數相同，也可以使用位在「**內置塊/變量**」下的「**取得**」
（get）和「**設置-為**」（set）積木來取得區域變數值，和指定區域變數值。

另一種比較簡單的方式是將游標移至區域變數宣告上，即可拖拉「**取得**」（get）和「**設置-為**」（set）積木來存取此區域變數值，如下圖所示：

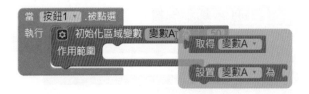

⊕ 使用滑桿組件更改變數值

滑桿組件可以使用拖拉方式更改變數值，通常是使用在全域變數，如下圖所示：

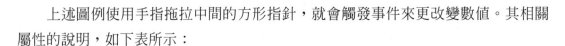

上述圖例使用手指拖拉中間的方形指針，就會觸發事件來更改變數值。其相關屬性的說明，如下表所示：

屬性	說明
左側顏色	位在指針左邊的色彩，預設值是橙色。
右側顏色	位在指針右邊的色彩，預設值是灰色。
最大值	滑桿的最大值，預設值50.0。
最小值	滑桿的最小值，預設值10.0。
指針位置	滑桿中指針所在的位置值，預設值30.0。

滑桿組件的常用事件說明，如下表所示：

屬性	說明
位置變化	當拖拉調整指針位置時觸發，事件處理方法的參數「指針位置」就是目前的位置值。

我們需要使用滑桿組件的「**位置變化**」事件處理來更新取得的指針位置值，如下圖所示：

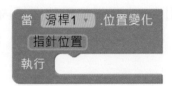

範例專案：ch5_5_2.aia

在Android App建立防疫酒精稀釋計算機，輸入的酒精濃度和容量是使用區域變數來儲存，並且使用滑桿輸入稀釋酒精濃度50~90，酒精稀釋水量的計算公式，如下所示：

稀釋水量 = (原酒精濃度 × 原酒精容量) / 稀釋酒精濃度

Android App執行結果如下圖所示：

🌐 專案的畫面編排

因為使用介面和BMI計算機類似，請開啟「ch5_4_3」專案，執行「**專案→另存專案**」命令，另存成專案名稱ch5_5_2，然後在「組件屬性」區找到「App名稱」欄，將應用程式名稱改為ch5_5_2。

接著修改身高和體重的標籤與文字輸入盒名稱成為濃度和容量，文字輸入盒的「文字」屬性分別是95和500，然後修改按鈕標題文字「計算所需的水量」後，新增「水平配置3」，和在之中新增「**標籤3**」、「**標籤調整濃度**」和「**滑桿調整濃度**」三個組件，如下圖所示：

⊕ 編輯組件屬性

在螢幕新增組件後,請依據下表選取各組件,然後在「**組件屬性**」區更改各組件的屬性值,如下表所示:

組件	屬性	屬性值
標籤1~3	寬度	30%
標籤調整濃度	寬度	10%
標籤調整濃度	文字	75
滑桿調整濃度	左側顏色	紅色
滑桿調整濃度	寬度	填滿
滑桿調整濃度	最大值	90
滑桿調整濃度	最小值	50
滑桿調整濃度	指針位置	75

拼出積木程式

　　請切換至「程式設計」頁面，更改全域變數成為「**調整濃度**」和「**水量**」，並且指定全域變數「調整濃度」的初值是75，如下圖所示：

　　然後新增「**滑桿調整濃度.位置變化**」事件處理後，可以將取得的濃度值存入全域變數，和在「**標籤調整濃度**」組件顯示輸入值，如下圖所示：

　　上述事件處理更改全域變數「**調整濃度**」成為參數「**指針位置**」值，其作法上是將游標移至上方參數上，即可拖拉「**取得-指針位置**」積木來存取參數「指針位置」的值，如下圖所示：

　　接著新增「**計算水量**」程序，可以使用前述公式來計算和回傳酒精稀釋所需的水量，如下圖所示：

最後修改「**按鈕計算.被點選**」事件處理，新增區域變數「**濃度**」和「**容量**」，初值分別是「**文字輸入盒濃度**」和「**文字輸入盒容量**」文字輸入盒的「**文字**」屬性值，然後呼叫「計算水量」程序計算所需的水量，如下圖所示：

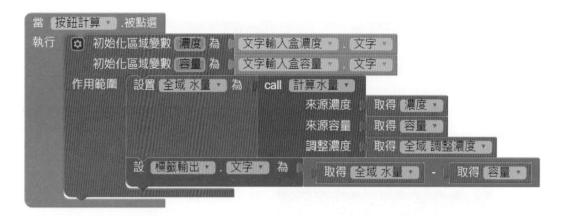

5-6 內建數學和字串函數

App Inventor內建提供數學和字串函數的積木，讓我們可以使用這些數學函數來執行運算；字串函數進行字串處理，而不用自行建立這些函數。

因為App Inventor運算子和函數積木的分別並不明顯，本節的數學和字串函數也可以視為是一種App Inventor運算子。

5-6-1 數學函數

App Inventor在「數學」分類的積木提供多種數學函數。在第4-5-4節中，筆者已經說明過亂數相關函數，其他數學函數的說明，如下表所示：

積木	說明
⚙ 位元AND ▾	位元運算AND、OR、XOR。
⚙ 最小值 ▾	取得最小值，可以切換成最大值來取得最大值。
平方根 ▾	取得平方根。
絕對值 ▾	取得絕對值。
相反數 ▾	負號。
四捨五入 ▾	取得整數，小數點下四捨五入。
無條件進位後取整數 ▾	取得大於或等於參數數值的最小整數。
無條件捨去後取整數 ▾	取得小於或等於參數數值的最大整數。
模數 ▾ ☐ 除以 ☐	模數是與第2個運算元同正負號的餘數；切換餘數是和第1個運算元同符號的餘數；商數是求商。
正弦（sin）▾ 餘弦（cos）▾ 正切（tan）▾	三角函數sin()、cos()和tan()。
反正切（atan2） y x	三角函數atan2()。
角度<—>弧度 弧度轉為角度 ▾	將徑度轉角度；或角度轉徑度。
將數字 設為小數形式‧位數	格式化顯示浮點數。
是否為數字？ ▾	判斷是否是數字。
數字進位轉換 10進位轉16進位 ▾	2、10和16進位數字之間的轉換。

5-6-2 字串函數

App Inventor在「文本」分類的積木提供多種字串函數。在第4-5-4節中,筆者已經說明過字串連接函數,其他字串函數的說明,如下表所示:

積木	說明
求文字長度	取得字串長度。
是否為空	檢查是否是空字串。
文字比較 <	比較2個字串的大小。
刪除空格	刪除字串前後的空白字元。
大寫	大寫是轉成大寫;小寫是轉小寫。
取得片段 在文字 中的起始位置	在字串找出「在文字」字串的起始位置。
檢查文字 是否包含子串 片段	在「檢查文字」字串中尋找是否包含下方的子字串、任何和所有「片段」的字串。
分解 文字 分隔符號	使用「分隔符號」字串來分割「文字」字串成為清單陣列。
用空格分解	使用空白字元來分割字串成為清單陣列。
從文字 的第 位置提取長度為 的片段	取出「從文字」字串從「的第」開始,取出「位置提取長度為」的子字串。
將文字 中的所有 片段全部取代為	將「將文字」字串中的「中的所有」字串全部取代成「片段全部取代為」的字串。
模糊文字 "█"	儲存機密文字內容,例如:API密碼等。
是否為字串? 項目	判斷「項目」是否是字串。
反向	反向排列字串。
取代所有的對應結果 在文字中 偏好 最長的字串在前 順序	輸入「取代所有的對應結果」的字典,可以「在文字中」的文字中,將符合的字典鍵字串取代成值字串,預設是以最長字串優先取代,或使用字典順序。

選擇題

( ) 1. 請問下列哪一個關於程序與函數的說明是<u>不正確</u>的？
(A)程序與函數是擁有特定功能的獨立程式單元
(B)程序沒有回傳值；函數有回傳值
(C)程序可以抽象化分成兩部分：定義和介面
(D)在App Inventor只支援程序；不支援函數。

( ) 2. 請問下列哪一個App Inventor的數學積木就是負號？
(A)「絕對值」　　　　　　　(B)「四捨五入」
(C)「相反數」　　　　　　　(D)「平方值」。

( ) 3. 請問下列哪一個App Inventor的文本積木可以取得字串長度？
(A)「用空格分解」　　　　　(B)「反向」
(C)「刪除空格」　　　　　　(D)「求文字長度」。

( ) 4. 請問下列哪一個按鈕組件的事件是按下按鈕所觸發的事件？
(A)被長按　(B)被點選　(C)失去焦點　(D)取得焦點。

( ) 5. 請問下列哪一個App Inventor組件有支援觸控事件？
(A)畫布　(B)標籤　(C)文字輸入盒　(D)按鈕。

問答題

1. 請簡單說明什麼是事件驅動程式設計？何謂事件驅動邏輯？

2. 請簡單說明什麼是區域變數？滑桿組件的用途？

3. 請舉例說明什麼是程序？AI2的程序有哪幾種？

填充題

1. 程序如果有回傳值也稱為_____。

2. App Inventor建立的App事實上是一個_____集合。

實作題

1. 請參考第5-2-1節範例專案,建立App Inventor專案來測試第5-3節畫布組件的觸控事件,可以測試各種觸控操作會觸發哪些觸控事件。

2. 請建立App Inventor專案新增「顯示姓名」程序,擁有1個「姓名」參數,然後新增1個按鈕和1個標籤組件,按下按鈕呼叫「顯示姓名」程序,可以在標籤組件顯示讀者的姓名。

3. 請修改第4章實作題3的專案,新增「匯率轉換」程序來執行匯率兌換的計算。

4. 請建立App Inventor專案新增「計算停車費用」程序,可以計算停車費用,前1小時免費,之後每1小時30元,程序傳入參數的時數後,可以回傳計算結果的停車費用。

5. 請修改第5-5-2節的範例專案,將所有的文字輸入盒都改為滑桿組件。

6. 請建立App Inventor專案新增「利息計算」程序計算利息,只需輸入本金、利率和年限,就可以計算出本利和。

7. 請建立App Inventor專案新增「運費計算」程序,輸入貨物重量(公斤),即可計算運費,前2公斤,每公斤30元;超過2公斤,每公斤10元。

8. 請修改第4章實作題6的專案,新增「溫度轉換」程序來執行溫度轉換。

Chapter 6

選擇與圖像組件—條件判斷

6-1　認識結構化程式設計

結構化程式設計是一種軟體開發方法，這是用來組織和撰寫程式碼的技術，可以幫助我們建立良好品質的程式碼。

6-1-1　結構化程式設計

「**結構化程式設計**」（structured programming）是使用**由上而下設計方法**（top-down design）找出解決問題的方法。在進行程式設計時，首先將程式分解成數個主功能，然後一一從各主功能出發，找出下一層的子功能，每一個子功能是由一至多個控制結構組成的程式碼，這些控制結構只有單一進入點和離開點。我們可以使用三種流程控制結構：**循序結構**（sequential）、**選擇結構**（selection）和**重複結構**（iteration）來組合建立出程式碼（如同三種分類的積木），如下圖所示：

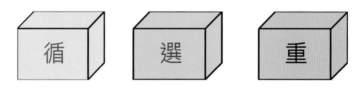

簡單來說，每一個子功能的程式碼是由三種流程控制結構連接的程式碼，也就是從一個控制結構的離開點，連接至另一個控制結構的進入點，結合多個不同的流程控制結構來撰寫程式碼。如同小朋友在玩堆積木遊戲，三種控制結構是積木方塊，進入點和離開點是積木方塊上的連接點，透過這些連接點組合出成品。例如：一個循序結構連接一個選擇結構的程式碼，如下圖所示：

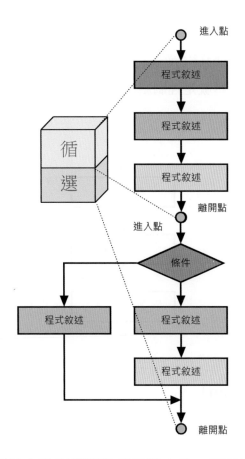

我們除了可以使用進入點和離開點連接積木外，還可以使用巢狀結構連接流程控制結構，如同積木是一個盒子，可以在盒子中放入其他積木（例如：巢狀迴圈），如下圖所示：

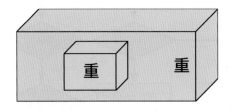

💡 6-1-2　流程控制結構

程式語言撰寫的程式碼大部分是一行指令接著一行指令循序執行，但是對於複雜的工作，為了達成預期的執行結果，我們需要使用「**流程控制結構**」（control structures）來改變執行順序。

⊕ 循序結構（sequential）

　　循序結構是程式預設的執行方式，也就是一個敘述接著一個敘述依序執行（在流程圖上方和下方的連接符號是控制結構的單一進入點和離開點，循序結構只有一種積木），如下圖所示：

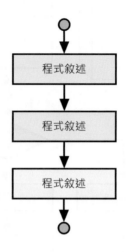

⊕ 選擇結構（selection）

　　選擇結構是一種條件判斷。這是一個選擇題，分為**是否選**、**二選一**或**多選一**三種。程式執行順序是依照關係或比較運算式的條件，決定執行哪一個區塊的程式碼（在流程圖上方和下方的連接符號是控制結構的單一進入點和離開點，從左至右依序為是否選、二選一或多選一三種積木），如下圖所示：

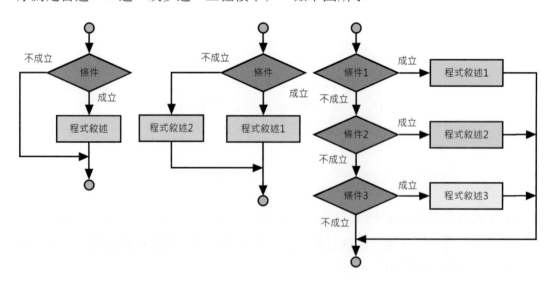

選擇結構如同從公司走路回家，因爲回家的路不只一條，當走到十字路口時，可以決定向左、向右或直走，雖然最終都可以到家，但是經過的路徑並不相同，也稱爲「**決策判斷敘述**」（decision making statements）。

🌐 重複結構（iteration）

重複結構是迴圈控制，可以重複執行一個程式區塊的程式碼，提供結束條件結束迴圈的執行。依結束條件測試的位置不同，分爲**前測式重複結構**（下圖左）和**後測式重複結構**（下圖右，App Inventor不支援後測式迴圈），如下圖所示：

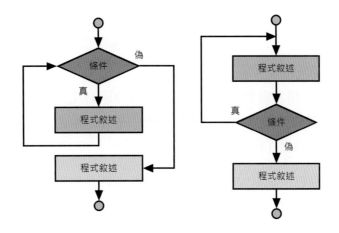

重複結構有如搭乘環狀捷運系統回家，因爲捷運系統一直環繞著軌道行走，上車後可依不同情況來決定繞幾圈才下車，上車是進入迴圈；下車是離開迴圈回家。

6-2 條件判斷

App Inventor的條件判斷積木是位在「**內置塊/控制**」分類，其使用的條件是第4-5-2節和第4-5-3節比較和邏輯運算子建立的條件運算式。在這一節中，我們準備說明「單選」和「二選一」條件判斷積木。

💡 6-2-1 單選條件判斷

「單選」在日常生活中十分常見。我們常常需要判斷氣溫較低是否需要加件衣服；如果下雨需要拿把傘；或是除法的第2個運算元不能爲0。

App Inventor的單選條件是「**控制/如果-則**」（if then）積木。在「如果」之後連接比較或邏輯運算式的條件；位在「則」後的大嘴巴是條件成立執行的積木程式，如下圖所示：

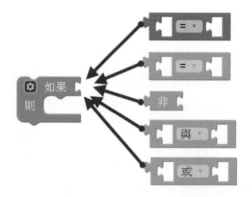

上述「**如果-則**」積木需要使用第4-5-2和4-5-3節的比較或邏輯運算子來拼出判斷的條件運算式：當條件成立為true時，就執行之下「則」之後的積木程式；條件不成立為false，並不會做任何處理。

例如：我們準備修改第4-5-1節第二個範例的四則計算機，檢查除法的第二個運算元是否為0，只有大於0才執行除法運算；否則，不做任何處理。其流程圖如下圖所示：

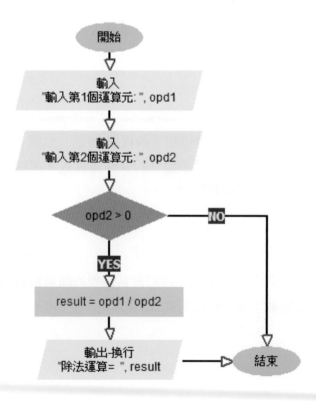

上述流程圖是執行除法運算部分的流程圖。在App Inventor可以建立單選條件的「**如果-則**」積木來判斷運算元是否大於0。

範例專案：ch6_2_1.aia

請修改第4-5-1節的四則計算機，在除法運算增加條件，當第二個運算元大於0，才執行除法運算，其執行結果如下圖所示：

在輸入二個運算元後，按下方「**/**」鈕。如果第二個運算元不是0，就顯示除法的運算結果；如果是0，就顯示錯誤訊息文字。

專案的畫面編排

開啟「ch4_6」專案（這是美化版的ch4_5_1a），執行「**專案→另存專案**」命令，另存成專案名稱「ch6_2_1」，然後在「**組件屬性**」區找到「App名稱」欄，將應用程式名稱改為「ch6_2_1」。

⊕ 拼出積木程式

請切換至「程式設計」頁面，修改「**按鈕4.被點選**」事件處理，首先在事件處理前宣告2個全域變數「**運算元2**」和「**運算結果**」，「運算元2」變數是第2個運算元的值，如下圖所示：

在上述事件處理中先指定「**標籤結果.文字**」屬性顯示錯誤訊息，此為預設值，然後使用「**如果-則**」積木判斷條件的第2個運算元是否大於0，條件成立，就執行除法運算且儲存至「運算結果」變數，最後更改「標籤結果.文字」屬性值來顯示「運算結果」變數的值。

看出來了嗎？「標籤結果.文字」屬性值最初顯示的是錯誤訊息。若下方「**如果-則**」積木條件成立，就執行除法運算更改成運算結果；反之，如果不成立，並不會執行運算，顯示的是最初的錯誤訊息文字。其執行結果相當於第6-2-2節的二選一條件判斷。

♀ 6-2-2　二選一條件判斷

在日常生活中的「二選一」判斷是一種二分法，可以將一個集合分成兩種互斥群組，例如：超過60分屬於成績及格群組；反之為不及格群組。身高超過120公分是購買全票的群組；反之是購買半票的群組。

App Inventor的「**控制/如果-則**」積木，可以建立成二選一條件的「**如果-則-否則**」（if then else）積木，如下圖所示：

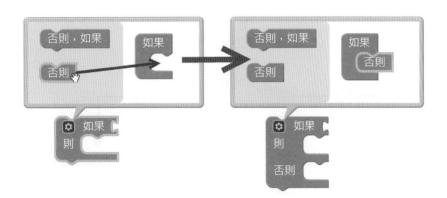

請點選積木左上角藍色小圖示，在浮動視窗拖拉「**否則**」積木至大嘴巴中，可以看到「**如果-則**」成為「**如果-則-否則**」積木，如下圖所示：

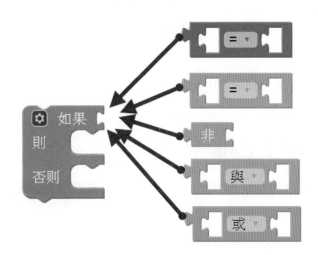

上述「**如果-則-否則**」積木一樣需要使用第4-5-2和4-5-3節的比較或邏輯運算子來拼出條件運算式。當條件成立為true時，就執行之下「則」之後的積木程式；如果條件不成立為false，就執行「否則」之後的積木程式。

例如：請修改第5-4-1節的計數器程式，改成循環顯示計數值從1至10（計數值不會顯示值11），這是使用二選一條件敘述建立1到10之間的循環顯示，當計數值大於等於10時，重設計數值成1；反之，就是將計數值加1，其流程圖如下圖所示：

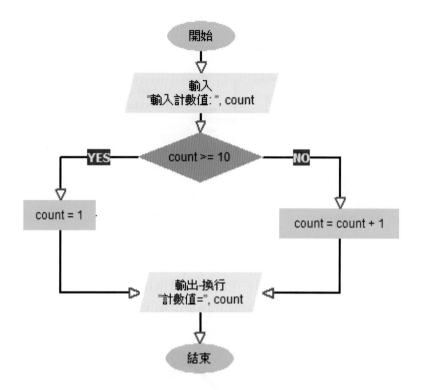

上述流程圖輸入值10時,計數值重設成1;當輸入值小於10時,例如:輸入5時,就是加1,即5+1 = 6。

範例專案:ch6_2_2.aia

請修改第5-4-1節的計數器程式,改成逢10進一方式來顯示計數值,在上方是循環顯示值1~10;下方顯示已經有幾個10的計數,其執行結果如右圖所示:

按「**增加計數**」鈕,可以看到上方計數值加1,當增加至10時,再按一次「**增加計數**」鈕,不是增加成11,而是重設成1,同時在下方增加10,顯示已經有幾個10的計數。

⊕ 專案的畫面編排

請開啓「ch5_4_1」專案,執行「**專案→另存專案**」命令,另存成專案名稱「**ch6_2_2**」,然後在「**組件屬性**」區找到「App名稱」欄,將應用程式名稱改為ch6_2_2,和在最下方新增「**標籤輸出**」組件。

⊕ 拼出積木程式

請切換至「程式設計」頁面,首先宣告全域變數「**幾十**」,然後修改「計數加1」程序,新增「如果-則-否則」二選一條件積木的條件判斷,當條件「>=10」成立時,執行「則」的積木程式,將全域變數「幾十」的值加10,全域變數「計數」值重設成1;反之,將全域變數「計數」值加1,如下圖所示:

初始化全域變數 幾十 為 0
定義程序 計數加1
執行 如果 取得 全域 計數 ≥ 10
則 設置 全域 幾十 為 取得 全域 幾十 + 10
設置 全域 計數 為 1
否則 設置 全域 計數 為 取得 全域 計數 + 1
設 標籤1 . 文字 為 取得 全域 計數
設 標籤輸出 . 文字 為 取得 全域 幾十

我們可以修改第6-2-1節的單選條件判斷,改為「**如果-則-否則**」積木,如果第二個運算元大於0,就執行除法運算;不成立,就顯示錯誤訊息(範例專案是ch6_2_1a.aia),如下圖所示:

如果 取得 全域 運算元2 > 0
則 設置 全域 運算結果 為 文字輸入盒運算元1 . 文字 / 取得 全域 運算元2
設 標籤結果 . 文字 為 取得 全域 運算結果
否則 設 標籤結果 . 文字 為 " 運算元2不能是0... "

6-2-3　單行的二選一條件

App Inventor在「**內置塊/控制**」下的二選一條件積木有兩種，如下圖所示：

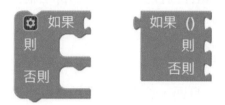

上述左邊圖例的積木是第6-2-2節使用的積木；右邊圖例的積木也是二選一，不過，這是使用在「**設-為**」積木，可以使用條件來指定變數或屬性值。

例如：我們可以修改第4-5-1節的BMI計算機，使用單行的二選一條件積木來判斷BMI值，如果大於24就顯示過重；反之顯示正常（範例專案是ch6_2_3.aia），如下圖所示：

上述事件處理使用單行的二選一條件積木來指定「**標籤輸出.文字**」屬性的值，這個二選一條件只有一行積木程式，筆者稱為單行的二選一條件積木。

6-3　選擇組件與巢狀條件判斷

App Inventor支援多種選擇組件，包含：Switch、**複選盒**（CheckBox）、**下拉式選單**（Spinner）、**清單顯示器**（ListView）和**清單選擇器**（ListPicker）。在這一節中將說明「**下拉式選單**」、「**Switch**」和「**複選盒**」組件，「**清單顯示器**」和「**清單選擇器**」組件則留待第8章與清單一併說明。

結構化程式的積木連接，可以在大盒子中擁有小盒子，換句話說，我們可以在條件判斷中擁有其他條件判斷來建立巢狀條件判斷。

6-3-1 單選的下拉式選單組件

下拉式選單（Spinner）組件是一種單選功能的選擇組件，可以搭配第6-2-1節的「**如果-則**」積木來判斷使用者的選擇，如下圖所示：

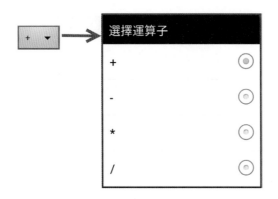

上述圖例的「**下拉式選單**」組件顯示的是目前的選擇，預設不會顯示選單，我們需要點選向下箭頭，才會顯示對話框的選單。其功能相當於Windows作業系統的選項按鈕。下拉式選單組件的屬性說明，如下表所示：

屬性	說明
元素字串	下拉式選單項目的字串，每一個項目是使用「,」符號分隔的字串。
提示	選單對話框的標題文字。
選中項	傳回目前選擇項目的字串。
選中項索引	傳回目前選擇項目的索引，值是從1開始，沒有選擇值為0。

我們可以使用「**如果-則**」積木搭配上表「**選中項**」或「**選中項索引**」屬性來判斷使用者選擇了哪一個選項，或選擇了第幾個選項，如下圖所示：

上述條件積木使用「選中項」屬性判斷是否是選"+"加法，如果是，就執行加法運算。下拉式選單組件常用的事件說明，如下表所示：

事件	說明
選擇完成	當使用者選擇項目後，就觸發此事件。在事件處理方法的「**選擇項**」參數可以取得使用者的選擇。

範例專案：ch6_3_1.aia

請修改第6-2-1節的四則計算機，新增下拉式選單組件來選擇運算子加、減、乘和除，其執行結果如下圖所示：

當輸入兩個運算元後，在第一個下拉式選單組件選擇「+」、「-」、「*」或「/」後，按之後的「**運算**」鈕，可以在下方顯示計算結果。如果第二個運算元為0且執行除法，就顯示錯誤訊息。

專案的畫面編排

在「畫面編排」頁面修改使用介面，我們準備在「水平配置3」的前方再新增一個下拉式選單和一個按鈕（按鈕5），如下圖所示：

編輯組件屬性

在螢幕新增組件後,請依據下表選取各組件,然後在「**組件屬性**」區更改各組件的屬性值,如下表所示:

組件	屬性	屬性值
下拉式選單1	元素字串	+, -, *, /
下拉式選單1	提示	選擇運算子
按鈕5	文字	運算

拼出積木程式

請切換至「程式設計」頁面,新增「**按鈕5.被點選**」事件處理,如下圖所示:

上述事件處理的四個「**如果-則**」條件判斷積木,是使用「**下拉式選單1.選中項**」屬性,依據屬性的項目名稱來執行四則運算的加、減、乘和除。最後除法的「**如果-則**」積木是巢狀條件,在「**如果-則**」積木中,擁有另一個「**如果-則-否則**」積木的二選一條件。

6-3-2 複選的複選盒和Switch組件

複選盒（CheckBox）和Switch組件都是一個開關，可以讓使用者選擇是否開啟功能或設定某些參數。如果畫面擁有多個複選盒或Switch組件，每一個組件都是獨立選項，換句話說，它允許複選，如下圖所示：

 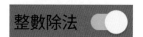

上述左圖是「複選盒」；右圖是Switch組件，複選盒和Switch組件都有2個狀態：複選盒是打勾「核取」和沒有打勾「未核取」；Switch是開和關。複選盒和Switch組件的常用屬性說明，如下表所示：

屬性	說明
選中（複選盒）	複選盒組件是否已經核取，預設是false為沒有核取；true核取。
在（Switch）	Switch組件是否開啟；預設是false關閉；true開啟。
啟用	組件是否有作用，預設true即勾選，表示有作用，反之，false是沒有作用。
文字	組件的標題文字。

我們是使用「**如果-則-否則**」二選一條件積木搭配上表的「**選中**」和「**在**」屬性來判斷使用者是否有勾選或開啟，如下圖所示：

 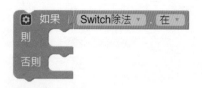

上述「**如果-則-否則**」積木當有勾選或開啟，「**選中**」和「**在**」屬性值是true，就執行「則」之後的積木程式；否則執行「否則」之後的積木程式。複選盒和Switch組件常用的事件說明，如下表所示：

事件	說明
狀態被改變	當使用者更改選擇後，就觸發此事件。

📖 範例專案：**ch6_3_2.aia、ch6-3-2a.aia**

請修改第6-2-1節的四則計算機，分別使用複選盒（ch6_3_2.aia）和Switch組件（ch6_3_2a.aia）判斷是否是整數除法，換句話說，在四則計算機新增整數除法功能，其執行結果如下圖所示：

在輸入2個運算元後，勾選或開啟「**整數除法**」，按「**/**」鈕，可以顯示整數除法的計算結果，**所以計算結果沒有小數點。**

⊕ 專案的畫面編排

在「畫面編排」頁面修改使用介面（以複選盒為例），新增一個複選盒（複選盒除法），如下圖所示：

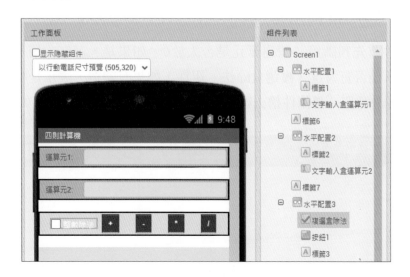

編輯組件屬性

在螢幕新增組件後，請依據下表選取各組件，然後在「**組件屬性**」區更改各組件的屬性值，如下表所示：

組件	屬性	屬性值
複選盒除法	選中	不勾選（false）
複選盒除法	啓用	勾選（true）
複選盒除法	文字	整數除法
複選盒除法	文字顏色	白色

拼出積木程式

請切換至「程式設計」頁面，修改「**按鈕4.被點選**」事件處理，如下圖所示：

上述除法的「**如果-則**」積木是巢狀條件，在「**如果-則**」積木中，擁有另一個「**如果-則-否則**」積木的二選一條件。

巢狀條件首先判斷第二個運算元是否大於0，如果是，就在內層「**如果-則-否則**」積木判斷是否有勾選「**複選盒除法**」組件，如果有勾選，表示是整數除法，所以運算結果額外呼叫「**無條件捨去後取整數**」積木來取出整數部分，如下圖所示：

6-4 多選一條件判斷

如果條件判斷的情況不只一個、兩個，而是很多個，此時可以增加「**否則，如果**」積木來建立多選一條件判斷。App Inventor的「**控制/如果-則**」積木，可以改成多選一的「**如果-則-否則，如果-則**」積木，如下圖所示：

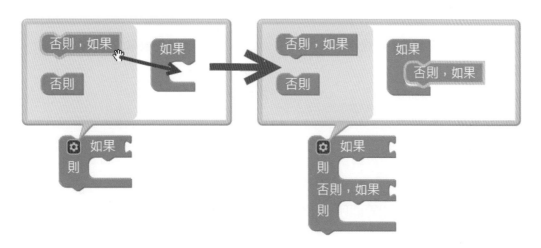

請點選積木左上角藍色小圖示，在浮動框拖拉「否則，如果」積木至大嘴巴之中，可以看到「如果-則」成為「如果-則-否則，如果-則」，現在，有兩個「如果」、兩個判斷條件。我們可以按同樣方式，依需求建立更多判斷條件，最後再拖拉「否則」至「否則，如果」之下，如下圖所示：

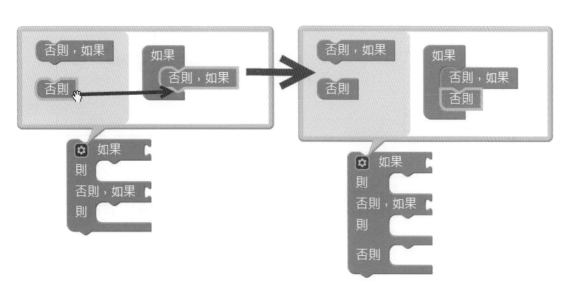

上述多選一條件共有兩個判斷和三個可能。如果第一個條件成立，就執行第一個「則」之後的積木程式；條件不成立為false，就執行「否則，如果」的第二個條件判斷，成立，就執行第二個「則」之後的積木程式；否則，執行「否則」之後的積木程式。

例如：電費計算的每度電價依不同用電量而有所不同，其條件和範圍如下表所示：

用電度數的範圍條件	每度電價
電費 <= 120度	1.63元
120度 < 電費 <= 330度	2.38元
330度 < 電費 <= 500度	3.52元
500度 < 電費 <= 700度	4.8元
電費 > 700度	5.66元

我們依據上表條件和範圍所繪出的電費計算流程圖，如下圖所示：

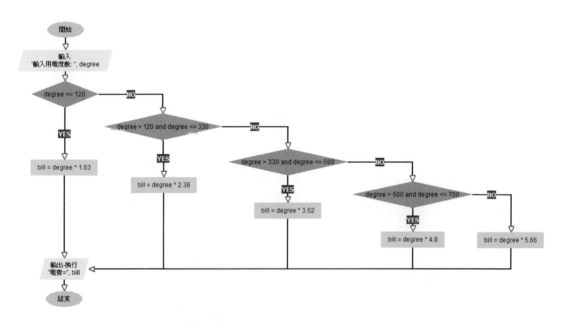

上述流程圖的最後一個範圍「電費 > 700」，就是積木最後的「否則」（else）條件。

範例專案：ch6_4.aia

請建立計算每月電費的Android App，在輸入用電量的瓦特數和每天用電時數後，就可以計算出30天的用電總度數（1度電是耗電量1,000瓦特的電器，連續使用1小時消耗的電量）。每月電費的計算公式，如下所示：

用電度數 = 用電量的瓦特數 * 每天用電時數 * 30天 / 1000

然後使用多選一條件「**如果-則-否則，如果-則**」積木判斷不同範圍的每度電價，即可計算出每月電費，其執行結果如下圖所示：

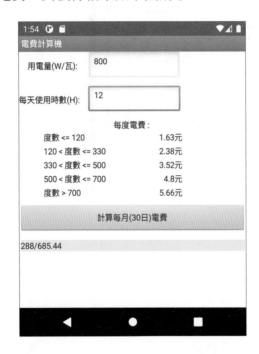

上述計算結果顯示30天的用電度數和所需付的電費。

🌐 專案的畫面編排

在「畫面編排」頁面建立使用介面，除了增加間距的標籤與顯示電價範圍的垂直配置、表格配置和多個標籤外，共新增2個水平配置、3個標籤、2個文字輸入盒和1個按鈕組件，如下圖所示：

編輯組件屬性

在螢幕新增組件後，請依據下表選取各組件後，在「**組件屬性**」區更改各組件的屬性值，如下表所示：

組件	屬性	屬性值
Screen1	標題	電費計算機
標籤1	文字	用電量(W/瓦):
文字輸入盒瓦特	文字	800
標籤2	文字	每天使用時數(H):
文字輸入盒時數	文字	12
按鈕計算	文字	計算每月(30日)電費
標籤輸出	文字	N/A
標籤輸出	背景顏色	黃色

⊕ 拼出積木程式

請切換至「程式設計」頁面，新增全域變數「**電費**」和計算每月用電量的「**度數**」後，建立「**計算度數**」程序，可以使用前述公式計算每月用電的總度數，如下圖所示：

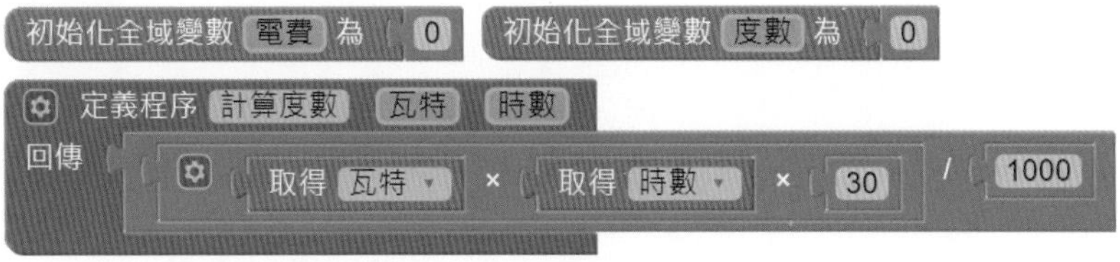

初始化全域變數 電費 為 0　　初始化全域變數 度數 為 0

定義程序 計算度數 瓦特 時數
回傳 (取得 瓦特 × 取得 時數 × 30 / 1000)

然後新增「**按鈕計算.被點選**」事件處理，使用「**如果-則-否則，如果-則**」積木的多選一條件判斷，可以依計算出的用電總度數，使用本節前每度電費的條件範圍表格來計算每月的電費，如下圖所示：

當 按鈕計算 .被點選
執行 設置 全域 度數 為 call 計算度數
　　　　　　　瓦特 文字輸入盒瓦特 . 文字
　　　　　　　時數 文字輸入盒時數 . 文字
如果 取得 全域 度數 ≤ 120
則 設置 全域 電費 為 (取得 全域 度數 × 1.63)
否則，如果 (取得 全域 度數 > 120 與 取得 全域 度數 ≤ 330)
則 設置 全域 電費 為 (取得 全域 度數 × 2.38)
否則，如果 (取得 全域 度數 > 330 與 取得 全域 度數 ≤ 500)
則 設置 全域 電費 為 (取得 全域 度數 × 3.52)
否則，如果 (取得 全域 度數 > 500 與 取得 全域 度數 ≤ 700)
則 設置 全域 電費 為 (取得 全域 度數 × 4.8)
否則 設置 全域 電費 為 (取得 全域 度數 × 5.66)
設 標籤輸出 . 文字 為 合併文字 取得 全域 度數
　　　　　　　　　　　　　"/"
　　　　　　　　　　　　取得 全域 電費

6-5 圖像組件

App Inventor的「**圖像**」（Image）組件可以顯示各種不同格式的圖檔，例如：.JPEG、.JPG或.PNG，可以讓我們在Android App顯示圖片和建立圖片相簿。

6-5-1 使用圖像組件

圖像組件沒有事件和方法，只有屬性積木。常用屬性積木說明如下表所示：

屬性	說明
圖片	存取顯示的圖檔檔名字串，包含副檔名。
動畫形式	圖片顯示的動畫。可用的動畫有：ScrollRightSlow、ScrollRight、ScrollRightFast、ScrollLeftSlow、ScrollLeft、ScrollLeftFast和Stop。
可見性	是否顯示圖片。值true是顯示；false是隱藏。
寬度百分比	圖片寬度的百分比。可以縮放圖片的寬度，值是0～100。
高度百分比	圖片高度的百分比。可以縮放圖片的高度，值是0～100。
旋轉角度	圖片的旋轉角度。

範例專案：ch6_5_1.aia

在Android App使用圖像組件顯示圖檔，可以讓我們放大/縮小圖片，並且使用複選盒組件切換是否顯示圖片（「**狀態被改變**」事件），和下拉式選單組件選擇其他圖片（「**選擇完成**」事件）。其執行結果如下圖所示：

　　按上方按鈕，分別可以放大/縮小圖片，取消勾選會隱藏圖片，最後是下拉式選單組件，可以切換顯示其他圖檔。

🌐 專案的畫面編排

　　在「畫面編排」頁面建立使用介面，共新增一個水平配置、兩個按鈕、一個複選盒和一個下拉式選單組件，如下圖所示：

🌐 專案的素材檔

　　在「圖片」屬性值顯示的圖片，需要先在「**素材**」區上傳「koala.png」和「penguins.png」兩個圖檔，如下圖所示：

⊕ 編輯組件屬性

在螢幕新增組件後,請依據下表選取各組件後,在「**組件屬性**」區更改各組件的屬性值,如下表所示:

組件	屬性	屬性值
Screen1	標題	使用圖像組件
水平配置1	寬度	填滿
按鈕1	文字	放大圖片
按鈕2	文字	縮小圖片
複選盒1	選中	勾選(true)
複選盒1	文字	顯示
下拉式選單1	元素字串	無尾熊, 企鵝
圖像1	寬度, 高度	填滿, 填滿
圖像1	圖片	koala.png

⊕ 拼出積木程式

請切換至「程式設計」頁面,新增全域變數「**尺寸百分比**」,初值是「**70**」,和「**Screen1.初始化**」事件處理,我們是使用積木程式初始「**圖像1**」組件的寬和高百分比,如下圖所示:

然後建立「**按鈕1~2.被點選**」事件處理,可以更改「圖像1」顯示圖片的顯示百分比,這是使用「**高度百分比**」和「**寬度百分比**」屬性來放大和縮小圖片尺寸,如下圖所示:

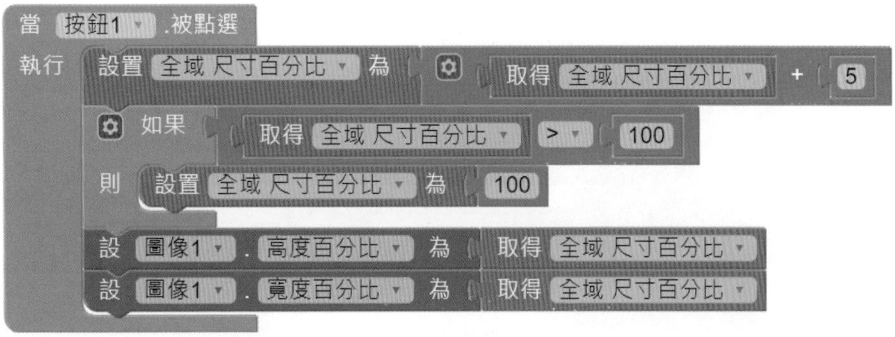

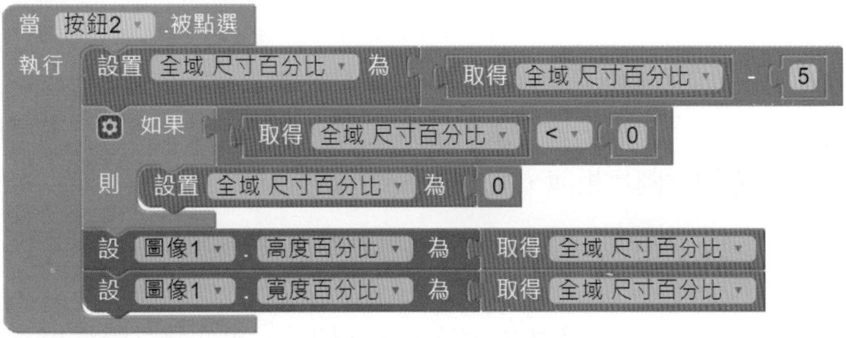

上述事件處理分別增加和減少「**尺寸百分比**」變數值，每次增減百分比為「5」。兩個「**如果-則**」單選條件判斷是否「超過100」，或「小於0」，可以避免超過範圍0~100。

接著是「**複選盒1.狀態被改變**」事件處理，使用「**如果-則-否則**」二選一條件來切換顯示或隱藏圖片，如下圖所示：

最後是「**下拉式選單1.選擇完成**」事件處理。參數「**選擇項**」是使用者選擇的選項名稱，我們使用兩個「**如果-則**」單選條件來切換顯示的圖片，將「圖片」屬性更改成字串常數值的檔案全名，就可以更改組件顯示的圖檔，如下圖所示：

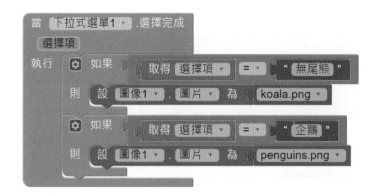

6-5-2 建立圖片相簿

在這一節中,筆者準備活用「**水平捲動配置**」和「**圖像**」組件,不用任何積木程式,就可以輕鬆建立圖片相簿,在Android行動裝置顯示圖片。

範例專案:ch6_5_2.aia

在Android App活用「**水平捲動配置**」和「**圖像**」組件建立圖片相簿,滑動螢幕即可切換顯示圖片,其執行結果如下圖所示:

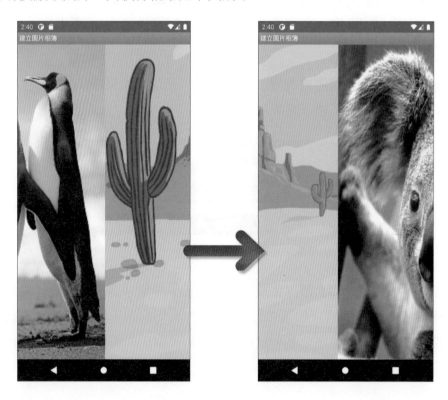

專案的畫面編排

在「畫面編排」頁面建立使用介面，共新增一個水平捲動配置和之中的四個圖像組件，如下圖所示：

專案的素材檔

在「圖片」屬性值顯示的圖片，需要先在「**素材**」區上傳圖檔「desert.png」、「koala.png」、「penguins.png」和「woods.png」，如下圖所示：

⊕ 編輯組件屬性

在螢幕新增組件後，請依據下表選取各組件，然後在「**組件屬性**」區更改各組件的屬性值，如下表所示：

組件	屬性	屬性值
Screen1	標題	建立圖片相簿
水平捲動配置1	寬度, 高度	填滿, 填滿
圖像1~4	放大/縮小圖片來適應尺寸	勾選（true）
圖像1~4	寬度, 高度	填滿, 填滿
圖像1	圖片	desert.png
圖像2	圖片	koala.png
圖像3	圖片	penguins.png
圖像4	圖片	woods.png

本章習題

選擇題

( ) 1. 請問下列哪一個屬性可以判斷Switch組件是否是開啟？
(A)選中 (B)文字 (C)啟用 (D)在。

( ) 2. 請問下列哪一個App Inventor選擇功能組件並不是單選條件？
(A)下拉式選單 (B)複選盒
(C)清單顯示器 (D)清單選擇器。

( ) 3. 請問，App Inventor並不支援下列哪一種選擇功能組件？
(A)清單選擇器 (B)複選盒 (C)下拉式選單 (D)選項按鈕。

( ) 4. 請問，到了路口，我們決定向直行、右轉或左轉的流程控制結構是下列哪一種？
(A)循序結構 (B)選擇結構 (C)重複結構 (D)樹狀結構。

( ) 5. 請問，關於結構化程式設計的說明，下列哪一個選項是不正確的？
(A)使用由下而上設計方法
(B)結構化程式設計是一種軟體開發方法
(C)流程控制結構有三種
(D)可以使用巢狀結構連接流程控制結構。

問答題

1. 請問什麼是結構化程式設計？流程控制結構有哪幾種？

2. 請問App Inventor的二選一條件和單行的二選一條件積木有什麼不同？

填充題

1. App Inventor支援複選功能的組件有：_____和_____。

2. 在AI2專案顯示圖片是使用_____組件，我們是指定_____屬性值來顯示圖檔。

實作題

1. 目前商店正在周年慶折扣，消費者消費1000元，就有8折的折扣，請建立App Inventor專案，使用文字輸入盒輸入消費金額，按下按鈕，可以在標籤組件顯示付款金額。

2. 請建立App Inventor專案來計算網路購物的運費，基本物流處理費199元，1~5公斤，每公斤50元，超過5公斤，每一公斤為30元，在文字輸入盒輸入購物重量後，按下按鈕，可以計算和在標籤組件顯示購物所需的運費+物流處理費。

3. 請建立App Inventor專案計算計程車的車資，在文字輸入盒輸入里程數（公尺）後，按下按鈕，就可以計算和在標籤組件顯示車資，里程數在1500公尺內是80元，每多跑500公尺加5元，如果不足500公尺以500公尺計。

4. 請建立App Inventor專案使用多選一條件敘述來檢查動物園的門票，120公分以下免費，120~150公分半價，150公分以上為全票。

5. 請建立App Inventor專案輸入月份（1~12），可以判斷月份所屬的季節（3-5月是春季，6-8月是夏季，9-11月是秋季，12-2月是冬季）。

6. 閏年判斷方法是以西元年份最後2位作為判斷條件，其判斷規則如下所示：
   • 西元年份最後2位為00：被400整除為閏年；否則不是閏年。
   • 西元年份最後2位不是00：被4整除為閏年；否則不是閏年。
   請建立App，在文字輸入盒輸入年份，即可在標籤顯示是否是閏年。

7. 請建立App判斷博物館門票的種類，年齡變數age是4歲以下時免費，4~15歲和65歲以上半票，15歲以上65歲以下全票。

8. 請建立猜數字遊戲App，按下按鈕開始遊戲，這是使用亂數取得1~100之間的整數，當在文字輸入盒輸入1~100之間的整數後，顯示猜測數字是太大或太小，遊戲是直到成功猜中數字為止，可以顯示猜中數字的訊息文字。

Chapter 7

訊息與對話框—迴圈結構

7-1 對話框組件

App Inventor的對話框是使用「**對話框**」（Notifier）組件來建立，這個組件提供多種方法來建立各種不同的對話框，包含：訊息框、確認對話框、資料輸入對話框和警告訊息框。

7-1-1 訊息框

對話框組件的「**顯示訊息對話框**」方法是用來建立最常使用的訊息框，擁有一個按鈕來關閉視窗，如下圖所示：

上述積木右方有三個插槽，這是方法的三個參數，其說明如下所示：

(●) **訊息：**在訊息框顯示的訊息文字。

(●) **標題：**在訊息框上方顯示的標題文字。

(●) **按鈕文字：**按鈕的標題文字。

範例專案：ch7_1_1.aia

請修改第5-4-3節的BMI計算機，將原來在標籤組件顯示的訊息文字改成使用訊息框來顯示，我們是新增一個程序來顯示BMI值，其執行結果如下圖所示：

⊕ 專案的畫面編排

請將「ch5_4_3」專案另存成專案名稱「ch7_1_1」，然後在「**組件屬性**」區找到「App名稱」欄，將應用程式名稱改為「ch7_1_1」。

因為本節範例已經不再需要「**標籤輸出**」組件，請在「組件列表」區刪除「**水平配置3**」元件，因為此元件下有兩個組件，刪除時會出現一個確認對話框，請按「**刪除**」鈕刪除，如下圖所示：

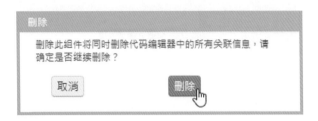

然後，請拖拉「**使用者介面/對話框**」組件至螢幕，可以在下方新增一個名為「對話框1」的非可視組件，如下圖所示：

⊕ 拼出積木程式

請切換至「程式設計」頁面，新增「**顯示BMI值**」程序，擁有一個「顯示值」參數，程序呼叫「**對話框**」組件的「**顯示訊息對話框**」方法來顯示訊息框，如下圖所示：

然後修改「**按鈕計算.被點選**」事件處理，在最後呼叫「顯示BMI值」程序來顯示計算結果的BMI值，如下圖所示：

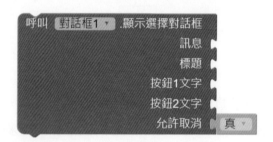

7-1-2　確認對話框

對話框組件的「**顯示選擇對話框**」方法是一種擁有選擇功能的對話框，最多可以擁有三個按鈕，我們可以使用「**選擇完成**」事件來判斷使用者到底按下了哪一個按鈕。

基本上，「顯示選擇對話框」方法最常使用在建立確認對話框。例如：在第3-4-1節的猜樸克牌點數大小遊戲，本來按「**重設樸克牌**」鈕可以重玩一次，我們可以新增確認對話框，讓使用者再次確認是否重玩，如下圖所示：

上述積木共有五個參數，其說明如下所示：

(ᵖ) **訊息**：顯示的訊息文字。

(ᵖ) **標題**：在對話框上方顯示的標題文字。

(ᵖ) **按鈕1文字**：第1個按鈕的標題文字。

(ᵖ) **按鈕2文字**：第2個按鈕的標題文字。

(ᵖ) **允許取消**：如為真，就會增加一個**取消**（Cancel）鈕。

當使用者按下確認對話框的按鈕後，就會觸發「**選擇完成**」事件，我們可以使用事件處理的參數「**選擇值**」搭配「**如果-則**」條件積木，來判斷使用者按下了哪一個按鈕。

📖 範例專案：ch7_1_2.aia

請修改第3-4-1節的猜樸克牌點數大小遊戲，在「**重設樸克牌**」鈕的事件處理新增確認對話框，可以讓使用者再次確認是否重玩，其執行結果如下圖所示：

⊕ 專案的畫面編排

請將「ch3_4_1」專案另存成專案名稱「ch7_1_2」，然後在「**組件屬性**」區找到「App名稱」欄，將應用程式名稱改為「ch7_1_2」。然後新增一個非可視組件「**對話框1**」，如下圖所示：

⊕ 拼出積木程式

請切換至「程式設計」頁面，修改「**按鈕2.被點選**」事件處理，和新增「**選擇完成**」事件處理，如下圖所示：

當 按鈕2 ▾ .被點選
執行 呼叫 對話框1 ▾ .顯示選擇對話框
　　　　　　　　　　訊息　"確認重設樸克牌..."
　　　　　　　　　　標題　"猜樸克牌點數大小"
　　　　　　　　　按鈕1文字　"確認"
　　　　　　　　　按鈕2文字　"放棄"
　　　　　　　　　允許取消　假 ▾

上述「**按鈕2.被點選**」事件處理方法改用「**對話框1.顯示選擇對話框**」方法的確認對話框，「**允許取消**」參數值是假，所以只有兩個按鈕。

在下方「**對話框1.選擇完成**」事件處理的參數「**選擇值**」是按下按鈕的標題文字，我們是使用「**如果-則**」條件積木判斷是否按下「**確認**」鈕，如果是，就重設遊戲來重玩一次，如下圖所示：

當 對話框1 ▾ .選擇完成
選擇值
執行 ⚙ 如果 　文字比較 取得 選擇值 ▾ = ▾ "確認"
　　　則 設 按鈕1 ▾ . 文字 ▾ 為 "樸克牌"
　　　　 設 按鈕1 ▾ . 啟用 ▾ 為 真 ▾

💡 7-1-3 資料輸入對話框

對話框組件的「**顯示文字對話框**」方法是一個資料輸入對話框，在對話框擁有文字輸入盒組件，可以讓我們在對話框輸入文字內容，如下圖所示：

呼叫 對話框1 ▾ .顯示文字對話框
　　　　　　　　　　訊息
　　　　　　　　　　標題
　　　　　　　　　允許取消　真 ▾

上述積木共有三個參數，其說明如下所示：

(ᵗᵖ) **訊息**：顯示的提示文字。

(ᵗᵖ) **標題**：在對話框上方顯示的標題文字。

(ᵗᵖ) **允許取消**：如為真，就會增加一個「**取消**」（Cancel）鈕。

當使用者輸入文字內容，按下按鈕後，我們可以在「**輸入完成**」事件處理，使用「**回應**」參數取得使用者輸入的資料。

📑 範例專案：**ch7_1_3.aia**

在Android App建立美金匯率換算程式，使用文字輸入盒輸入美金匯率，按下按鈕，可以使用資料輸入對話框輸入新台幣金額後，在訊息框顯示換算結果的美金金額，其執行結果如下圖所示：

上述圖例是當按下「**換算**」鈕後，顯示資料輸入對話框來輸入金額，請輸入5000後，按下「**OK**」鈕，即可看到換算的美金金額。

⊕ **專案的畫面編排**

在「畫面編排」頁面建立使用介面，共新增一個對話框、一個水平配置編排一個標籤和一個文字輸入盒（文字輸入盒匯率）組件，在下方是增加間距的標籤和按鈕組件，如下圖所示：

編輯組件屬性

請依據下表選取組件後，在「**組件屬性**」區更改組件的屬性值，如下表所示：

組件	屬性	屬性值
Screen1	標題	美金匯率換算
水平配置1	寬度	填滿
標籤1	文字	美金匯率:
文字輸入盒匯率	提示	請輸入匯率…
文字輸入盒匯率	文字	30
按鈕1	文字	換算

拼出積木程式

請切換至「程式設計」頁面，新增「**按鈕1.被點選**」事件處理，可以呼叫「**對話框1.顯示文字對話框**」方法顯示資料輸入對話框，如下圖所示：

```
當 按鈕1 ▼ .被點選
執行 呼叫 對話框1 ▼ .顯示文字對話框
                        訊息 " 請輸入新台幣金額? "
                        標題 " 匯率換算 "
                     允許取消  真 ▼
```

在下方「**對話框1.輸入完成**」事件處理的參數「**回應**」是輸入的資料，然後計算換算結果的美金金額後，在訊息框顯示計算結果，如下圖所示：

⚡ 7-1-4　警告訊息框

對話框組件的「**顯示警告訊息**」方法可以建立Android作業系統特有的警告訊息框（Windows作業系統並沒有對應的功能），如下圖所示：

呼叫 對話框1 ▾ .顯示警告訊息
　　　　　　　　　　　通知

上述積木只有一個參數「**通知**」，其值是顯示的訊息文字，這種警告訊息框是一種快閃訊息，只會停留一段時間，時間到後就自動消失。

📋 範例專案：ch7_1_4.aia

請修改第7-1-3節的匯率換算程式成為單位換算程式，例如：公分換算成英吋，其換算公式如下所示：

1 公分 = 0.393701 英吋

本來程式是在訊息框顯示計算結果，本節改用警告訊息框來顯示，輸入100公分換算成英吋的執行結果，如右圖所示：

在右述圖例下方黑色反白的文字內容，就是警告訊息框，稍等一下，就會自動消失。

專案的畫面編排

請將「ch7_1_3」專案另存成專案名稱「ch7_1_4」，然後在「**組件屬性**」區找到「App名稱」欄，將應用程式名稱改為「ch7_1_4」，接著修改組件名稱「文字輸入盒換算率」、說明文字「換算率:」和預設值「0.393701」。

拼出積木程式

請切換至「程式設計」頁面，首先修改「**對話框1.顯示文字對話框**」方法的訊息文字後，再修改全域變數名稱成為「**英吋**」和「**對話框1.輸入完成**」事件處理的積木程式，如下圖所示：

上述事件處理改呼叫「**對話框1.顯示警告訊息**」方法顯示警告訊息框。

7-2 認識迴圈結構

在第6章選擇結構的條件判斷是讓程式走不同的路，而我們回家的路還有另一種情況是繞圈圈，例如：為了達到今天的運動量，在圓環繞了3圈才回家；為了看帥哥、正妹或偶像，不知不覺繞了幾圈來多看幾次。在日常生活中，我們常常需要重複執行相同工作，如下所示：

(( )) **在畢業前 → 不停地寫作業**

(( )) **在學期結束前 → 不停地寫AI2程式**

(( )) **重複說五次"大家好!"**

(( )) **從1加到100的總和**

上述重複執行工作的四個描述中，前兩個描述的執行次數未定，因為畢業或學期結束前，到底會有幾個作業，或需寫幾個AI2程式，可能真的要到畢業後，或學期結束才會知道，我們並沒有辦法明確知道迴圈會執行多少次。

　　這種情況的重複工作是由條件來決定迴圈是否繼續執行，稱為**條件迴圈**。重複執行寫作業或寫AI2程式工作，需視是否畢業，或學期結束的條件而定。

　　而上述的後兩個描述，可以明確知道需執行五次來說"大家好!"；從1加到100，就是重複執行100次加法運算，這些已經明確知道執行次數的工作，使用的是**固定次數迴圈**。問題是，如果沒有使用固定次數迴圈，我們就需寫出冗長的加法運算式，如下所示：

$$1 + 2 + 3 + ... + 98 + 99 + 100$$

　　上述加法運算式可是非常長的運算式，在App Inventor幾乎不可能建立這種算術運算式，但利用**固定次數迴圈**，我們只需使用幾個積木，就可以輕鬆計算出1加到100的總和。所以：

　　「**迴圈的主要目的是簡化程式碼，可以將重複的複雜工作簡化成迴圈敘述，讓我們不用再寫出冗長的重複程式碼或運算式，就可以完成所需的工作。**」

7-3　固定次數迴圈

　　程式語言的重複結構就是迴圈控制，可以讓我們重複執行程式區塊，特別適合使用在那些需要重複執行的工作。如果已經知道會執行多少次，我們可以使用App Inventor的「**對每個-範圍**」迴圈積木。

7-3-1　固定次數迴圈—大樂透開獎

　　App Inventor的「**控制/對每個-範圍**」（for each）積木是一種執行固定次數的迴圈，如下圖所示：

上述迴圈是計數迴圈,可以執行固定次數來重複執行「執行」之後位在大嘴巴中的積木程式。在「**對每個**」之後的變數「**數字**」是迴圈的計數器,用來控制迴圈的執行,其初值是「**從**」插槽的「1」,每次累加「**每次增加**」插槽的值「1」後,直到「**到**」插槽的值「5」為止。

換句話說,計數器變數「數字」的值依序是從1、2、3、4到5,共執行五次到達迴圈的結束條件。即「到」插槽的值「5」,所以迴圈共可執行五次。

例如:大樂透共有六個號碼,我們可以使用「**對每個-範圍**」積木重複執行六次,每次使用亂數取得一個數字,如下圖所示:

上述「**對每個-範圍**」積木是從1執行到6,每次增加1,所以「**計數**」(count)變數值依序為1、2、3、4、5和6,共執行六次迴圈,其流程圖如下圖所示:

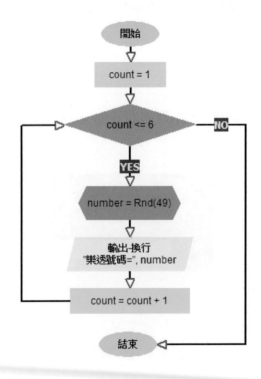

範例專案：ch7_3_1.aia

在Android App建立大樂透開獎程式，按下按鈕，可以在標籤組件顯示亂數產生的六個1~49之間的數字，其執行結果如下圖所示：

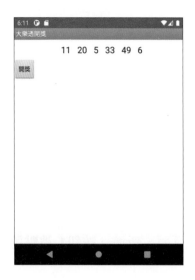

專案的畫面編排

在「畫面編排」頁面建立使用介面，共新增一個水平配置、一個按鈕和三個標籤（標籤輸出，標籤1~2是用來增加間距）組件，如下圖所示：

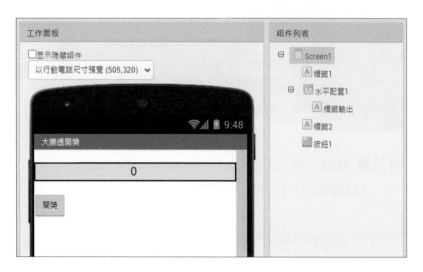

編輯組件屬性

在螢幕新增組件後，請依據下表選取各組件，然後在「**組件屬性**」區更改各組件的屬性值，如下表所示：

組件	屬性	屬性值
Screen1	標題	大樂透開獎
水平配置1	寬度	填滿
水平配置1	水平對齊	居中
標籤輸出	文字	0
標籤輸出	字體大小	20
按鈕1	文字	開獎

拼出積木程式

請切換至「程式設計」頁面，新增「**按鈕1.被點選**」事件處理，和宣告全域變數「**數字**」，如下圖所示：

上述「**對每個-範圍**」積木是從1執行到6，共六次，每次使用亂數取得1~49之間的數字後，在「**標籤輸出**」組件顯示開獎的數字。

7-3-2 固定次數迴圈—計算複利

這一節我們準備使用固定次數迴圈來進行算術計算。例如：計算一萬元五年複利1.3%的本利和，因為五年是固定的條件，所以使用固定次數迴圈來計算複利的本利和。每一年利息的計算公式，如下所示：

年息 ＝ 本金 × 年利率

依據上述公式，我們可以繪出計算複利的流程圖，如下圖所示：

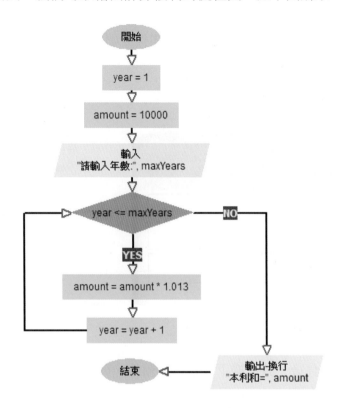

📖 範例專案：ch7_3_2.aia

在Android App建立計算複利本利和的程式，只需輸入本金、利率和年限，按下按鈕，可以在訊息框顯示本利和。其執行結果如下圖所示：

⊕ **專案的畫面編排**

　　在「畫面編排」頁面建立使用介面，共新增一個表格配置、一個垂直配置、一個按鈕、三個文字輸入盒（文字輸入盒金額、文字輸入盒利率、文字輸入盒年限）、三個標籤（標籤1~3）和一個對話框組件，如下圖所示：

⊕ **編輯組件屬性**

　　在螢幕新增組件後，請依據下表選取各組件，然後在「**組件屬性**」區更改各組件的屬性值，如下表所示：

組件	屬性	屬性值
Screen1	標題	計算複利
表格配置1	行數	3
標籤1	文字	存款金額:
文字輸入盒金額	文字	10000
標籤2	文字	年利率(%):
文字輸入盒利率	文字	1.3
標籤3	文字	年限:
文字輸入盒年限	文字	5
垂直配置1	水平對齊	居中
垂直配置1	寬度	填滿
按鈕1	文字	計算複利

⊕ 拼出積木程式

請切換至「程式設計」頁面，新增「**按鈕1.被點選**」事件處理，如下圖所示：

初始化全域變數 金額 為 0　初始化全域變數 利率 為 0　初始化全域變數 年限 為 0

當 按鈕1 被點選
執行　設置 全域 金額 為　文字輸入盒金額 文字
　　　設置 全域 利率 為　文字輸入盒利率 文字
　　　設置 全域 年限 為　文字輸入盒年限 文字
　　　對每個 年 範圍從 1
　　　　　　　到 取得 全域 年限
　　　　每次增加 1
　　　執行 設置 全域 金額 為 取得 全域 金額 × 1 + 取得 全域 利率 / 100

　　　呼叫 對話框1 顯示訊息對話框
　　　　　　訊息 合併文字 " 本利和＝ "
　　　　　　　　　　取得 全域 金額
　　　　　　標題 " "
　　　　按鈕文字 " 確定 "

上述事件處理使用全域變數取得文字輸入盒組件輸入的三個資料，然後使用「**對每個-範圍**」迴圈積木從1執行到輸入年限的年數。可以使用公式計算本利和，因為利率是百分比，所以除以100，最後在訊息框中顯示本利和。

7-4 條件迴圈

第7-3節的迴圈是已經知道會執行幾次的迴圈。但是，有些情況的迴圈需要使用條件判斷是否繼續執行迴圈，迴圈執行幾次需視條件而定，我們無法明確知道執行幾次，這種迴圈需要使用App Inventor的「**當滿足條件**」迴圈積木。

♀ 7-4-1 條件迴圈—存錢購買電腦

App Inventor的「**控制/當滿足條件**」積木是一種條件迴圈，只需符合條件，就持續執行迴圈，所以執行次數並非一個固定值，而是需視條件而定，如下圖所示：

上述「當滿足條件」迴圈之後是進入迴圈條件，條件成立就進入迴圈，重複執行「執行」之後位在大嘴巴之中的積木程式。

例如：計劃每月存2125元購買定價28650元的電腦，共需存幾個月才能存到足夠錢來購買電腦。這種情況如果沒有使用除法運算，因為只知道每月存下的金額，迴圈會執行幾次（即幾個月）才能存到足夠的錢，那就不知道了，需要實際執行才知道，所以無法使用第7-3-1節的「**對每個-範圍**」迴圈積木，而是用「**當滿足條件**」迴圈積木，如下圖所示：

上述條件迴圈的全域變數「**存款金額**」（total）是目前已經存下的存款金額，「**每月存款**」是每月可存下的金額，在「**當滿足條件**」迴圈積木的條件是檢查是否到達「**電腦定價**」，如果沒有到達，因符合條件，就繼續執行迴圈的積木程式，變數「**存款月數**」（month）記錄需多少個月，其流程圖如下圖所示：

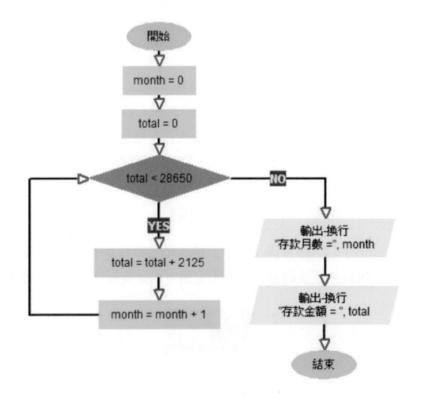

範例專案：ch7_4_1.aia

在Android App建立存款購買電腦的存錢計算程式，只需輸入電腦定價和每月的存款金額，按下按鈕，就可以在標籤組件顯示共需幾月才能存到購買電腦的金額，和總共存下了多少錢，其執行結果如下圖所示：

專案的畫面編排

在「畫面編排」頁面建立使用介面，共新增1個表格配置、1個垂直配置、1個按鈕、2個文字輸入盒（文字輸入盒定價、文字輸入盒存款）和3個標籤組件（標籤1~2、標籤結果），如下圖所示：

⊕ 編輯組件屬性

在螢幕新增組件後,請依據下表選取各組件後,在「**組件屬性**」區更改各組件的屬性值,如下表所示:

組件	屬性	屬性值
Screen1	標題	存錢購買電腦
標籤1	文字	電腦定價:
文字輸入盒定價	文字	28650
標籤2	文字	存款金額:
文字輸入盒存款	文字	2125
按鈕1	文字	計算需存幾個月
標籤結果	背景顏色	黃色

⊕ 拼出積木程式

請切換至「程式設計」頁面,新增4個全域變數和「**按鈕1.被點選**」事件處理,如下圖所示:

上述積木使用全域變數取得文字輸入盒組件輸入的電腦定價和每月存款金額,然後使用「**當滿足條件**」迴圈積木,條件是存款金額超過電腦定價,如果尚未到達,就重複執行「執行」之後的積木程式,再累加每月存款金額和將存款月數加1。

🔾 7-4-2 將固定次數迴圈改成條件迴圈

App Inventor的「**對每個-範圍**」積木拼塊是一種計數迴圈。事實上，它是一種特殊版本的條件迴圈，我們可以將「**對每個-範圍**」迴圈改成「**當滿足條件**」迴圈的版本，也就是使用「**當滿足條件**」迴圈來實作計數迴圈。

因為「**當滿足條件**」迴圈並不像「**對每個-範圍**」迴圈本身擁有計數器變數，我們需要自行在「**當滿足條件**」程式區塊中處理計數器變數值的增減，來逐次到達迴圈的結束條件。

範例專案ch7_4_2.aia是修改ch7_3_1.aia，改用「**當滿足條件**」迴圈來實作計數迴圈，其積木程式如下圖所示：

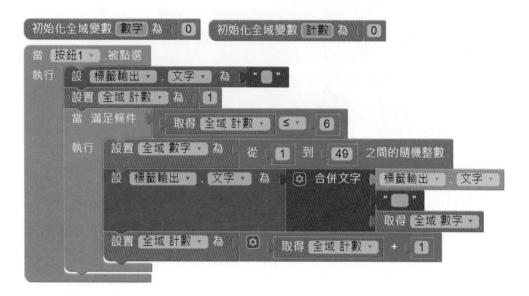

上述全域變數「**計數**」是計數器變數，在「**當滿足條件**」積木的條件是「計數 <= 6」，在迴圈中擁有運算式來處理計數器變數的增加，可以將變數「計數 + 1」，直到符合條件為止。

7-5 巢狀迴圈

因為結構化程式的積木連接可以在大盒子中擁有小盒子，換句話說，我們可以在迴圈中擁有其他迴圈來建立巢狀迴圈。

App Inventor巢狀迴圈可以有二或二層以上，例如：在「**對每個-範圍**」迴圈中擁有「**當滿足條件**」迴圈，如下圖所示：

上述迴圈共有兩層，第一層「對每個-範圍」迴圈執行9次，第二層「當滿足條件」迴圈也是執行9次，兩層迴圈共執行81次。其執行過程的變數值，如下表所示：

第一層迴圈的「計數1」值	第二層迴圈的「計數2」值									離開迴圈的「計數1」值
1	1	2	3	4	5	6	7	8	9	1
2	1	2	3	4	5	6	7	8	9	2
3	1	2	3	4	5	6	7	8	9	3
⋮										⋮
9	1	2	3	4	5	6	7	8	9	9

上述表格的每一列代表執行一次第一層迴圈，共有9次。第一次迴圈的變數「計數1」為1，第二層迴圈的每1個儲存格代表執行一次迴圈，共9次，「計數2」的值為1~9，離開第二層迴圈後的變數「計數1」仍然為1，依序執行第一層迴圈，「計數1」的值為2~9，而且每次「計數2」都會執行9次，所以共執行81次。

🔍 範例專案：ch7_5.aia

在Android App使用「**循序取-範圍**」和「**當滿足條件**」兩層巢狀迴圈來顯示九九乘法表，其執行結果如下圖所示：

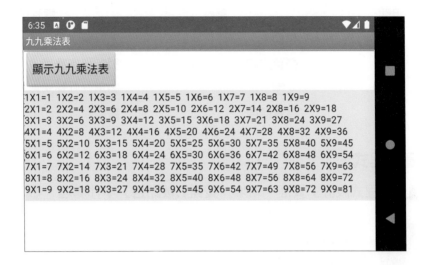

上述圖例是按**Ctrl**+向左方向鍵鍵，將模擬器改為橫向顯示，再按一次**Ctrl**+向右方向鍵鍵，可以切換回直向顯示。

⊕ 專案的畫面編排

在「畫面編排」頁面建立的使用介面，共新增一個按鈕和一個標籤（標籤輸出）組件，如下圖所示：

⊕ 編輯組件屬性

在螢幕新增組件後，請依據下表選取各組件，然後在「**組件屬性**」區更改各組件的屬性值，如下表所示：

組件	屬性	屬性值
Screen1	標題	九九乘法表
Screen1	螢幕方向	鎖定橫向畫面
按鈕1	文字	顯示九九乘法表
標籤輸出	背景顏色	黃色

⊕ 拼出積木程式

請切換至「程式設計」頁面，新增「**按鈕1.被點選**」事件處理，如下圖所示：

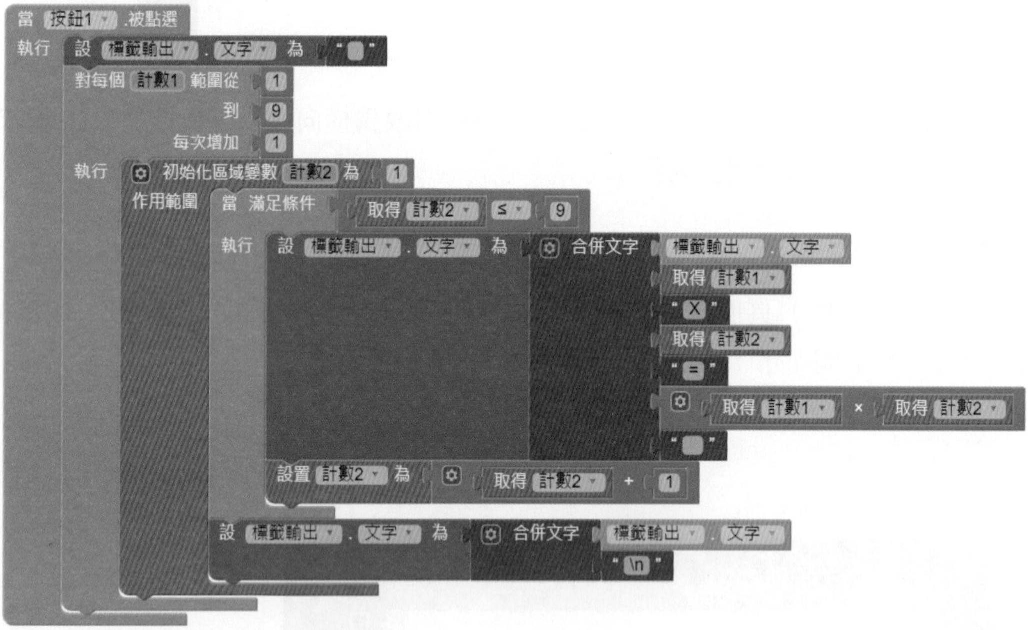

上述事件處理使用二層巢狀迴圈，外層是「**對每個-範圍**」迴圈，內層是「**當滿足條件**」迴圈，我們是使用「**\n**」字元在標籤組件顯示換行。

選擇題

( )　1.　請問下列哪一個關於迴圈的說明是不正確的？
　　　　(A)將重複工作簡化成迴圈敘述
　　　　(B)在App Inventor支援固定次數迴圈和條件迴圈
　　　　(C)在App Inventor的迴圈都是條件成立才進入迴圈
　　　　(D)當無法明確知道執行幾次時，要使用固定次數迴圈。

( )　2.　請問App Inventor對話框組件不支援建立下列哪一種對話框？
　　　　(A)訊息框　　　　　　(B)確認對話框
　　　　(C)資料輸入對話框　　(D)全部皆可。

( )　3.　請問下列哪一個不是對話框組件呼叫「顯示訊息對話框」的參數？
　　　　(A)按鈕文字　(B)標題　(C)允許取消　(D)訊息。

( )　4.　請問下列哪一個App Inventor積木可以計算需要存幾年本利和才能獲利2倍？
　　　　(A)「對每個-範圍」　　(B)「當滿足條件」
　　　　(C)「對於任意-清單」　(D)「for each-with-in dictionary」。

( )　5.　請問下列哪一個關於巢狀迴圈的說明是不正確的？
　　　　(A)在迴圈中擁有其他迴圈
　　　　(B)在「對於任意-範圍」中有「當滿足條件」迴圈
　　　　(C)在固定次數迴圈中有條件迴圈
　　　　(D)在App Inventor迴圈中只能擁有一個其他迴圈。

問答題

1. 請問App Inventor的對話框組件可以建立哪幾種對話框？

2. 請問如果需要重複執行程式的某部分，我們需要使用哪一種流程控制結構？App Inventor的固定次數迴圈和條件迴圈有什麼不同？

3. 請舉例說明什麼是巢狀迴圈？

填充題

1. 對話框組件的＿＿＿＿＿＿＿方法可以建立Android作業系統特有的警告訊息框。

2. 當對話框組件呼叫「顯示選擇對話框」方法顯示確認對話框時，最多可以顯示＿＿＿個按鈕。

實作題

1. 請建立App Inventor專案執行從1到100的迴圈，但是只顯示40~67之間的奇數，並且計算其總和。

2. 請建立App Inventor專案輸入繩索長度，例如：100後，使用迴圈計算繩索需要對折幾次才會小於20公分？

3. 請建立App Inventor專案輸入階層值N，可以計算階層函數N!的值。

4. 請建立App Inventor使用二層巢狀迴圈（都是用固定次數迴圈）在標籤組件顯示數字三角形，如下所示：

    1
    22
    333
    4444
    55555

5. 在實作題4是使用固定次數迴圈，請改用條件迴圈來顯示相同的數字三角形。

6. 雞兔同籠問題，已知雞＋兔在同一籠子共有100隻，雞有2腳；兔有4腳共有320隻腳，請問在此籠中分別有幾隻雞和幾隻兔，程式不可以使用數學公式計算，請使用迴圈建立App，按下按鈕可以在標籤顯示幾隻雞和幾隻兔。

7. 請建立App，當本金10000元和複利1.3%時，我們需要存幾年本利和才會獲利2倍，即20000元。

8. 信用卡的循環利息是年息12%，假設信用卡是以月息計算且只計算未還款的利息。請建立App計算消費1萬元，從第2月開始以每月固定金額方式還款，在輸入每月還款金額後，例如：每月還2000元，計算每月還款金額加利息，顯示共需幾月才能還完，和總共還款的金額。

NOTE

Chapter 8

清單與清單組件— 陣列

AI2

8-1 認識清單

App Inventor的「變數」可以儲存程式所需的單一資料。如果程式需要儲存大量資料，例如：六個英文單字，此時需要建立六個變數，但清單只需要一個，可以儲存六個英文單字，而每一個單字是清單的一個元素。

💡 8-1-1 程式語言的陣列

「**陣列**」（arrays）是程式語言常見的資料結構，一種循序性的資料結構。日常生活最常見的範例是一排信箱，如下圖所示：

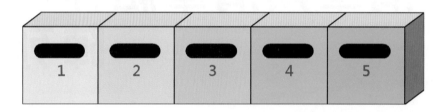

上述圖例是公寓或社區住宅的一排信箱，郵差依信箱號碼投遞郵件，住戶依信箱號碼取出郵件。

傳統程式語言的陣列，是將相同資料型態的變數集合起來，使用一個名稱代表，再以索引值存取元素，每一個元素相當於一個變數。所以，如果程式需要使用很多相同資料型態的變數時，我們可以直接宣告陣列，而不用宣告一堆變數，如下圖所示：

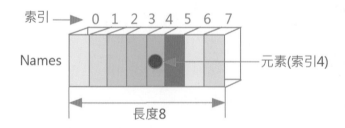

上述圖例的Names陣列是一種固定長度的結構，陣列大小在編譯階段就已經決定。每一個「**陣列元素**」（array elements）是使用「**索引**」（index）存取，索引值是從0開始，到陣列長度減1，即0~7。

8-1-2　App Inventor的清單

　　清單（list）功能類似傳統程式語言的**陣列**（array），一樣可以讓我們儲存循序資料，每一個清單項目就是一個**元素**（elements），元素是一個接著一個依序儲存，我們可以使用位置，即**索引值**（從1開始）來取出指定的元素。

　　基本上，App Inventor的清單是一種物件導向程式語言的「**集合物件**」（collections）。集合物件可以處理不定元素數的資料，讓程式設計者不用考慮記憶體配置問題，只需使用相關方法，就可以新增、刪除和插入集合物件中的元素。

　　清單與陣列的最大差異在於：

📶 傳統程式語言的陣列需要宣告陣列尺寸；清單不用宣告尺寸，有元素新增即可。

📶 傳統程式語言的陣列只能儲存同一種類型的資料；清單的元素可以儲存不同類型的資料，每一個元素都可以不同。

8-2　建立清單

　　在App Inventor建立清單的步驟一樣是宣告變數，只不過變數內容不是常數值，而是一個清單。當成功宣告清單後，我們可以使用積木來管理清單的項目，即新增、插入、刪除和走訪清單。

8-2-1　建立清單

　　在App Inventor建立清單的步驟是新增變數。同樣地，我們可以建立全域變數或區域變數的清單，例如：新增本節英文拼字測驗的英文單字清單「英文字清單」（以全域變數為例），此清單擁有四個項目的元素，其步驟如下所示：

STEP 01 請進入App Inventor開發頁面後，新增名為「ch8_2_1」的專案。

STEP 02 按「**程式設計**」鈕切換至積木編輯器後，選「**內置塊/變量**」，拖拉「**初始化全域變數-為**」積木至工作區，預設變數名稱是「變數名」。

STEP 03 請更改變數名稱為「**英文字清單**」後,拖拉「**內置塊/清單**」下的第2個「**建立清單**」積木,連接至最後,預設擁有2個插槽,可以新增清單的2個項目,即清單元素。

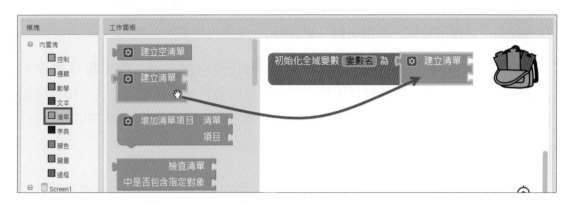

STEP 04 因為我們準備建立的清單有4個項目,請選積木左上角藍色小圖示,在浮動方框拖拉「**清單項目**」積木至「**清單**」大嘴巴中的項目清單後,可以新增一個項目,同樣方式,可以建立擁有4個項目的清單。

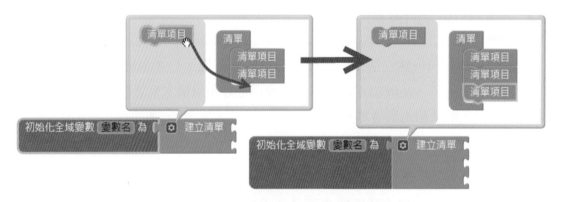

STEP 05 新增清單的每一個項目的值。請拖拉「**內置塊/文本**」下的第1個字串常數積木,連接至「**建立清單**」積木後的插槽,共四次。

STEP 06 依序更改4個字串常數為「Dog」、「Cat」、「Bat」和「Duck」後,可以看到我們建立的清單,如下圖所示:

本節清單的建立步驟，是在宣告清單變數的同時，就新增清單項目。如果準備在之後使用積木程式動態的新增項目，我們需要將清單變數初始成一個空清單，使用的是「**內置塊/清單**」下的「**建立空清單**」積木，如下圖所示：

> 初始化全域變數 中文字清單 為 🔧 建立空清單

📖 範例專案：ch8_2_1.aia

在Android App建立英文拼字測驗的小遊戲，新增兩個清單分別儲存多個中文和英文單字，測驗題目是顯示中文清單的中文字，可以讓我們在下方欄位輸入翻譯的英文單字，其執行結果如下圖所示：

請輸入英文單字，按「**回答**」鈕，可以在下方使用警告訊息框，顯示答案是正確或錯誤；按「**下一題**」鈕會使用亂數選擇和顯示下一題，如下圖所示：

⊕ 專案的畫面編排

在「畫面編排」頁面建立使用介面，共新增一個表格配置和一個水平配置組件，上方是三個標籤（標籤1~2、標籤單字）和一個文字輸入盒（文字輸入盒答案）組件，中間是增加間距的標籤3，在下方是兩個按鈕和一個對話框組件，如下圖所示：

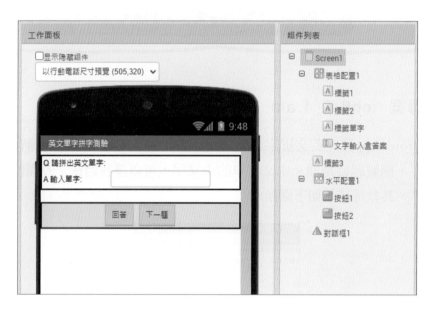

⊕ 編輯組件屬性

在螢幕新增組件後，請依據下表選取各組件，然後在「**組件屬性**」區更改各組件的屬性值，如下表所示：

組件	屬性	屬性值
Screen1	標題	英文單字拼字測驗
標籤1	文字	Q 請拼出英文單字:
標籤2	文字	A 輸入單字:
按鈕1	文字	回答
按鈕2	文字	下一題

⊕ 拼出積木程式

請切換至「程式設計」頁面，宣告全域變數「**中文字清單**」、「**英文字清單**」和「**目前的索引**」，如下圖所示：

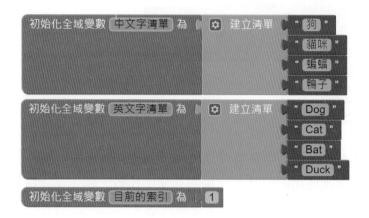

上述「中文字清單」和「英文字清單」是清單變數，「中文字清單」是題目；「英文字清單」是對應的答案，「目前的索引」是目前題目的索引值。然後新增「**Screen1.初始化**」事件處理和「**下一個問題**」程序，呼叫「下一個問題」程序可以產生新問題，如下圖所示：

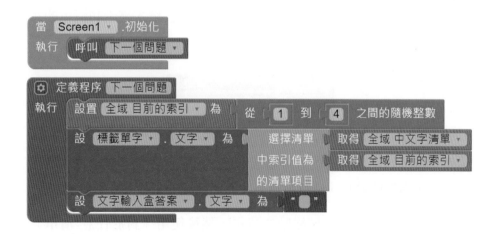

上述「下一個問題」程序是使用亂數取得1~4之間的索引值，即哪一題的索引值，然後使用「**選擇清單-中索引值為-的清單項目**」積木，從參數的清單變數，取出位置「目前的索引」變數的清單項目。接著建立「**按鈕1~2.被點選**」事件處理，如下圖所示：

當 按鈕1 ▾ .被點選
執行 ⚙ 如果 文字比較 文字輸入盒答案 ▾ . 文字 ▾ = ▾ 選擇清單 取得 全域 英文字清單 ▾
中索引值為 取得 全域 目前的索引 ▾
的清單項目
則 呼叫 對話框1 ▾ .顯示警告訊息
通知 " 答案正確... "
否則 呼叫 對話框1 ▾ .顯示警告訊息
通知 " 答案錯誤... "

當 按鈕2 ▾ .被點選
執行 呼叫 下一個問題 ▾

上述「**按鈕1.被點選**」事件處理是使用「**如果-則-否則**」條件積木檢查輸入的單字是否拼對，這裡使用的是字串比較的「**文字比較**」積木。「**按鈕2.被點選**」事件處理是呼叫「**下一個問題**」程序來產生新問題。

💡 8-2-2 使用迴圈走訪清單元素

基本上，App Inventor清單擁有一序列元素，我們可以使用第7章的「**對每個-範圍**」或「**當滿足條件**」迴圈積木，使用索引位置來一一走訪清單的每一個元素。另一種更簡單的方式，是使用「**控制/對於任意-清單**」積木來走訪清單的每一個項目，如下圖所示：

上述積木後方的插槽是連接清單變數。迴圈每執行一次，就會依序取出清單的一個項目元素，指定給變數「**清單項目**」，直到清單的最後1個項目為止。

本節的範例專案是建立全域變數的清單，然後使用「**對於任意-清單**」積木來顯示清單的六個號碼，如下圖所示：

對於任意 清單項目 清單 取得 全域 數字清單 ▾
執行 設 標籤輸出 ▾ . 文字 ▾ 為 ⚙ 合併文字 標籤輸出 ▾ . 文字 ▾
" "
取得 清單項目 ▾

上述迴圈積木可以將清單變數「**數字清單**」的項目——取出，並顯示在標籤組件中。

📇 範例專案：ch8_2_2.aia

請修改第7-3-1節的大樂透開獎程式，改用清單來儲存六個號碼，並將積木程式切割成程序，最後使用迴圈在標籤組件顯示儲存在清單的六個數字，其執行結果如右圖所示：

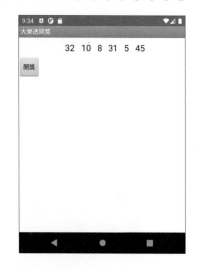

⊕ 專案的畫面編排

請將「ch7_3_1」專案另存成專案名稱「ch8_2_2」，然後在「**組件屬性**」區找到「App名稱」欄，將應用程式名稱改為「ch8_2_2」。

⊕ 拼出積木程式

請切換至「程式設計」頁面，修改「**按鈕1.被點選**」事件處理，改成程序呼叫來顯示六個數字。首先宣告全域變數「**數字清單**」，這是一個清單，使用亂數積木產生六個元素的數字，如下圖所示：

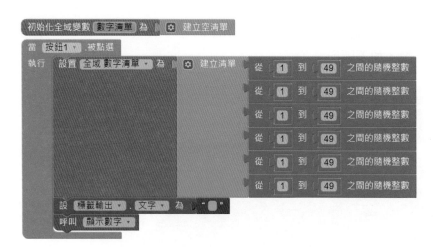

上述積木程式的最後呼叫「**顯示數字**」程序，來顯示參數清單的六個數字，這是使用「**對於任意-清單**」迴圈積木顯示六個數字，如下圖所示：

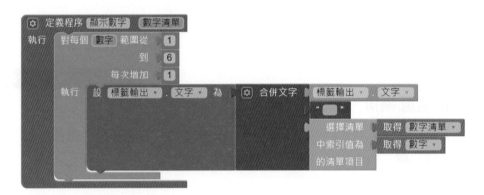

範例專案「ch8_2_2a」是使用「**對每個-範圍**」迴圈積木，顯示清單的每一個項目，改寫的「**顯示數字**」程序有加上參數，如下圖所示：

上述程序的計數迴圈是使用第8-3-1節的「**選擇清單-中索引值為-的清單項目**」積木，來取出指定索引值的清單項。

範例專案：ch8_2_2b.aia

使用「**當滿足條件**」迴圈積木顯示清單的每一個項目，改寫的「**顯示數字**」程序有加上參數，如下圖所示：

8-3 清單處理的相關積木

App Inventor關於清單處理的相關積木，是位在「**內置塊/清單**」分類，如下圖所示：

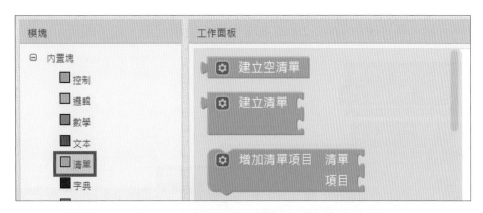

本節的範例專案是建立一個簡單的姓名管理程式，使用全域清單變數儲存姓名資料，提供按鈕進行清單管理。這是擁有四個元素名為「**姓名清單**」的清單，如下圖所示：

8-3-1 取得元素數和顯示與取出元素

範例專案：ch8_3_1

本專案可以顯示「姓名清單」的元素、清單長度、取出指定索引值的元素，和隨機取出元素，其執行結果如下圖所示：

按第一個按鈕可以顯示姓名清單，第二個按鈕顯示元素數，第三和第四個按鈕可以取出指定索引值的元素，和隨機取出元素。

顯示按鈕

在「顯示」按鈕的「**按鈕顯示.被點選**」事件處理是呼叫「**顯示清單**」程序來顯示清單元素，程序使用第8-2-2節的迴圈來顯示清單元素，如下圖所示：

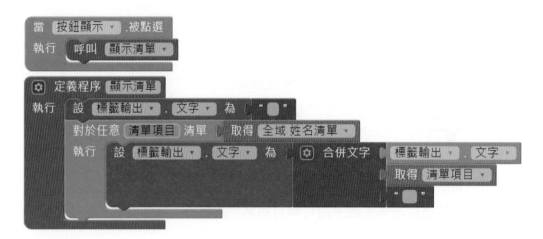

元素數按鈕

「**按鈕元素數.被點選**」事件處理是使用「**求清單的長度-清單**」積木取得清單的元素數，即項目數，如下圖所示：

取出元素按鈕

「**按鈕選擇.被點選**」事件處理是使用「**選擇清單-中索引值為-的清單項目**」積木，從參數的索引值來取得指定位置的元素，如下圖所示：

　　上述第二個插槽是在文字輸入盒輸入的索引值（從1開始），可以在「**姓名清單**」清單變數取出索引值的元素。

🌐 隨機取出元素按鈕

　　「**按鈕隨機.被點選**」事件處理是使用「**隨機選取清單項目-清單**」積木，可以使用亂數隨機取出清單中的元素，如下圖所示：

💡 8-3-2　搜尋清單元素

🔍 範例專案：ch8_3_2

　　本專案可以在欄位輸入姓名後，搜尋清單是否存在此姓名，和顯示其索引值，其執行結果如下圖所示：

🌐 搜尋按鈕

　　「**按鈕搜尋.被點選**」事件處理是使用「**檢查清單-中是否包含指定對象**」積木傳回輸入的姓名是否存在，如下圖所示：

　　上述「**中是否包含指定對象**」插槽是文字輸入盒組件輸入的項目元素，也就是我們欲搜尋的目標，找到傳回true；沒有找到傳回false。

搜尋(索引)按鈕

「**按鈕搜尋索引.被點選**」事件處理是使用「**求對象-在清單-中的索引值**」積木傳回輸入姓名的索引值,沒有找到則傳回0,如下圖所示:

8-3-3　新增、刪除、插入和取代清單元素

範例專案:ch8_3_3

本專案可以在欄位中輸入姓名後,按下按鈕來新增清單元素。輸入索引值,可以刪除指定位置的元素,在索引值的位置插入元素或取代元素,其執行結果如下圖所示:

上述圖例的左圖,表示輸入姓名後,按「**新增元素**」鈕可以在最後新增元素;右圖則為輸入姓名和索引值後,按「**取代元素**」鈕,可以在此位置取代元素。

新增元素按鈕

「**按鈕新增.被點選**」事件處理是使用「**增加清單項目-清單-item**」積木來新增元素,可以在最後新增文字輸入盒輸入的姓名,如下圖所示:

刪除元素按鈕

「**按鈕刪除.被點選**」事件處理是使用「**刪除清單-中的第-個項目**」積木來刪除元素，可以刪除第二個插槽文字輸入盒輸入索引值（從1開始）的元素，如下圖所示：

插入元素/取代元素按鈕

插入和取代清單項目的積木結構相同，如下圖所示：

上述「**在清單-的第-索引值位置插入項目**」積木是插入項目，可以在第二個插槽的索引位置插入第三個插槽的項目；「**將清單-中索引值為-的清單項目取代為**」積木是取代元素，可以在第二個插槽的索引位置取代成最後一個插槽的項目。

8-4 清單應用─數字不重複的大樂透開獎

本節範例專案是修改第8-2-2節的大樂透開獎程式,活用第8-3節清單處理的相關積木,可以使用清單來檢查亂數產生的數字是否重複。換句話說,我們大樂透開獎程式產生的六個數字一定不會重複。

範例專案:ch8_4.aia

請修改第8-2-2節的大樂透開獎程式,使用清單儲存六個號碼,可以保證產生的六個數字一定不會重複。其執行結果如下圖所示:

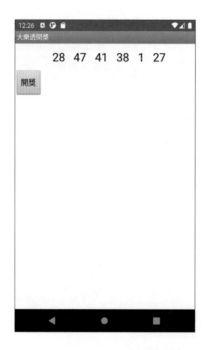

專案的畫面編排

請將「ch8_2_2」專案另存成專案名稱「ch8_4」,然後在「**組件屬性**」區找到「App名稱」欄,將應用程式名稱改為「ch8_4」。

⊕ 拼出積木程式

　　請切換至「程式設計」頁面，修改「**按鈕1.被點選**」事件處理來產生六個數字。迴圈會呼叫程序來檢查數字是否重複，和顯示六個數字，如下圖所示：

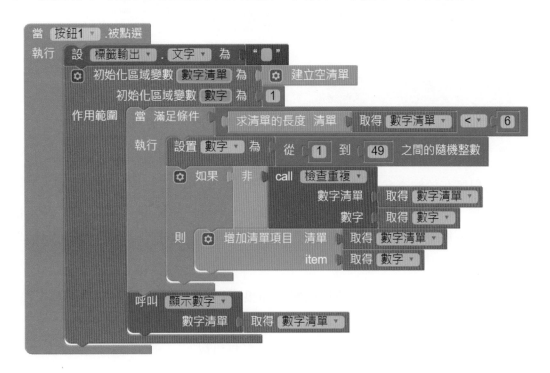

　　上述事件處理，首先建立區域變數的空清單，使用「**當滿足條件**」迴圈積木找出六個數字。這是一個條件迴圈，迴圈的結束條件是「找到六個數字」，條件是判斷「清單元素數是否小於6」。

　　當在條件迴圈使用亂數取得1~49之間的數字後，使用「**如果-則**」單選條件呼叫「**檢查重複**」程序，檢查取得數字是否已經存在清單中。「**非**」積木讓不存在成為true，因為不存在，所以新增至清單。這是使用「**增加清單項目-清單-item**」積木來新增元素，可以將數字新增至清單。

　　等到條件迴圈找到六個數字後，就結束「**當滿足條件**」迴圈。最後呼叫「**顯示數字**」程序顯示清單的六個數字。接著建立「**檢查重複**」程序的積木程式，如下圖所示：

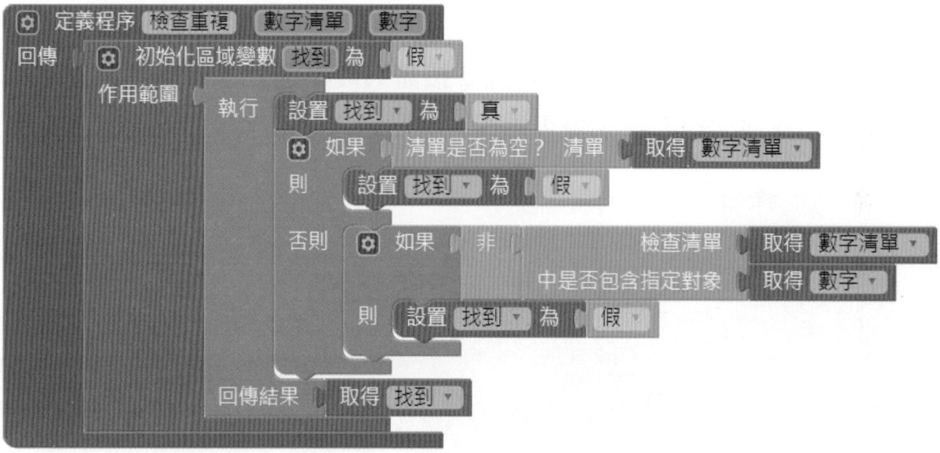

上述程序在於檢查參數「**數字**」是否在參數清單中已經存在（即重複數字）。整個程序的「**執行-回傳結果**」積木是巢狀條件，外層「**如果-則-否則**」條件積木使用「**清單是否為空?-清單**」積木檢查插槽的清單是否是空的。如果是，表示是清單的第一個元素，因為數字一定不會重複，所以傳回false。

如果不是第一個元素，就使用內層「**如果-則**」條件積木，檢查數字是否已經存在清單中。使用的是「**檢查清單-中是否包含指定對象**」積木，如果存在，傳回預設值true，表示重複；反之傳回false，數字沒有重複。

因為清單變數是區域變數，所以在「**顯示數字**」程序也有新增「**數字清單**」參數，如下圖所示：

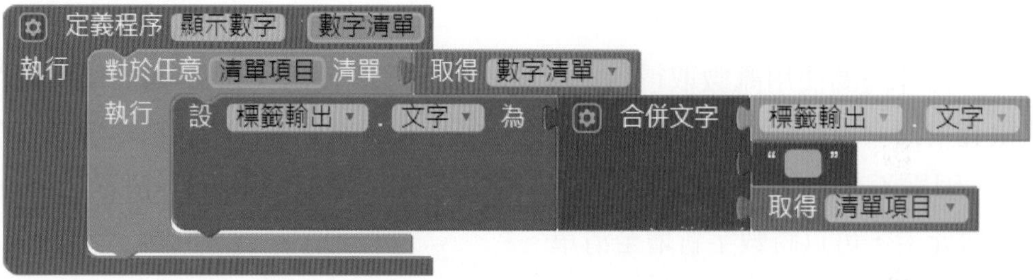

8-5　清單組件

在App Inventor可以和清單變數搭配的組件共有三種：**下拉式選單、清單顯示器**和**清單選擇器**，其項目來源都可以是字串（使用「,」符號分隔）或清單變數。

在第6章說明下拉式選單組件時，是使用字串指定項目元素。這一節準備改用清單指定項目元素，並說明另外兩種清單組件：清單顯示器和清單選擇器。

8-5-1　清單變數與下拉式選單組件

在第6-3-1節範例專案中，「**下拉式選單**」組件是在「**元素字串**」屬性指定運算子項目元素的字串，如下圖所示：

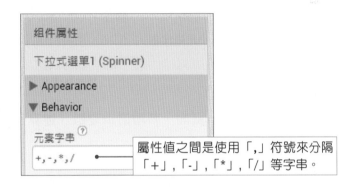

如果「**下拉式選單**」組件的項目元素是使用清單變數，我們需要使用積木程式來指定選單的項目。首先建立清單變數「**運算子清單**」，如下圖所示：

上述清單的四個項目是**加、減、乘**和**除**四個運算子，然後使用「**下拉式選單**」組件的「**元素**」屬性來指定來源的清單變數，如下圖所示：

設 下拉式選單1 . 元素 為 取得 全域 運算子清單

上述積木指定「**下拉式選單1.元素**」屬性值是清單變數。換句話說，就是使用清單變數建立下拉式選單元素的項目。

📑 範例專案：**ch8_5_1.aia**

請修改第6-3-1節的四則計算機，將下拉式選單組件改用清單變數來指定加、減、乘和除四個運算子的項目元素，其執行結果和第6-3-1節完全相同。

⊕ 專案的畫面編排

請將「ch6_3_1」專案另存成專案名稱「ch8_5_1」，然後在「**組件屬性**」區找到「**App名稱**」欄，將應用程式名稱改為「ch8_5_1」。

⊕ 編輯組件屬性

請依據下表選取組件後，在「**組件屬性**」區更改組件的屬性值（N/A表示清除內容），如下表所示：

組件	屬性	屬性值
下拉式選單1	元素字串	N/A

⊕ 拼出積木程式

請切換至「程式設計」頁面，新增清單變數「**運算子清單**」和修改「**Screen1.初始化**」事件處理，如下圖所示：

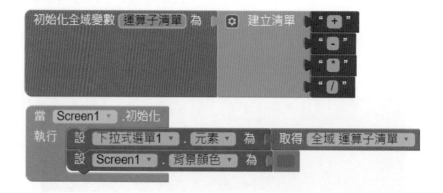

上述「**Screen1.初始化**」事件處理，指定下拉式選單組件的項目元素是清單變數「**運算子清單**」。

🔆 8-5-2　清單顯示器組件

「**清單顯示器**」（ListView）組件類似Windows作業系統的清單方塊，它和下拉式選單組件相同，也是一種單選的清單組件。我們可以改用清單顯示器組件來取代下拉式選單組件，如下圖所示：

上述清單顯示器組件顯示的外觀是一個選單，我們可以使用清單顯示器組件建立Android App的主選單，以此例是選取加、減、乘和除的四個運算子。清單顯示器組件的屬性說明，如下表所示：

屬性	說明
元素字串	清單顯示器項目的字串。每一個項目是使用「,」符號分隔。
元素	清單顯示器項目的清單變數。
選中項	傳回目前選取項目的字串。
選中項索引	傳回目前選取項目的索引。值是從1開始，沒有選擇值為0。

如同下拉式選單組件，清單顯示器組件也是使用「**選中項**」或「**選中項索引**」屬性來判斷使用者選取的是哪一個選項，或第幾個選項。

清單顯示器組件常用的事件說明，如下表所示：

事件	說明
選擇完成	當使用者選取項目後，就觸發此事件。

🔍 範例專案：ch8_5_2.aia

請修改第8-4-1節的四則計算機，將下拉式選單組件改用清單顯示器組件來選擇加、減、乘和除的四個運算子，其執行結果如下圖所示：

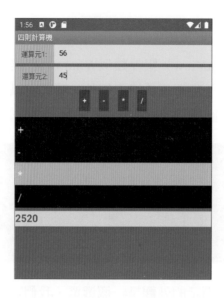

在輸入兩個運算元後，點選下方清單顯示器組件中的選項後，可以馬上在下方標籤組件顯示計算結果（不同於第8-5-1節需按下「**運算**」鈕才會執行計算）。

專案的畫面編排

請將「ch8_5_1」專案另存成專案名稱「ch8_5_2」，然後在「**組件屬性**」區找到「App名稱」欄，將應用程式名稱改為「ch8_5_2」。

在刪除四個運算子按鈕前的下拉式選單和「**運算**」鈕後，即可在下方黃色標籤元件的上方新增清單顯示器組件，如下圖所示：

⊕ 拼出積木程式

請切換至「程式設計」頁面，修改「**Screen1.初始化**」事件處理，如下圖所示：

```
當 Screen1 .初始化
執行 設 清單顯示器1 . 元素 為   取得 全域 運算子清單
     設 Screen1 . 背景顏色 為
```

上述「**Screen1.初始化**」事件處理，是指定「**清單顯示器1.元素**」屬性值為清單變數「**運算子清單**」。

接著新增「**清單顯示器1.選擇完成**」事件處理，如下圖所示：

```
當 清單顯示器1 .選擇完成
執行 設置 全域 運算元1 為 文字輸入盒運算元1 . 文字
     設置 全域 運算元2 為 文字輸入盒運算元2 . 文字
     如果  清單顯示器1 . 選中項索引 = 1
     則  設 標籤結果 . 文字 為  取得 全域 運算元1 + 取得 全域 運算元2
     如果  清單顯示器1 . 選中項索引 = 2
     則  設 標籤結果 . 文字 為  取得 全域 運算元1 - 取得 全域 運算元2
     如果  清單顯示器1 . 選中項索引 = 3
     則  設 標籤結果 . 文字 為  取得 全域 運算元1 × 取得 全域 運算元2
     如果  清單顯示器1 . 選中項索引 = 4
     則  如果  取得 全域 運算元2 > 0
         則  設 標籤結果 . 文字 為  取得 全域 運算元1 / 取得 全域 運算元2
         否則 設 標籤結果 . 文字 為 "運算元2不能是0..."
```

上述四個「**如果-則**」條件積木判斷「**清單顯示器1.選中項索引**」屬性值的選項索引位置（從1開始），可以判斷出使用者的選擇：1是加法、2是減法、3是乘法和4是除法。

8-5-3　清單選擇器組件

「**清單選擇器**」（ListPicker）組件的顯示方式有兩個階段。在第一階段是一個按鈕，按下按鈕，才會顯示第二階段全螢幕的「**清單選擇器**」組件，如下圖所示：

上述清單選擇器組件的顯示外觀和清單顯示器組件相同。清單選擇器組件的屬性說明，如下表所示：

屬性	說明
元素字串	清單選擇器項目的字串。每一個項目是使用「,」符號分隔。
元素	清單選擇器項目的清單變數。
選中項	傳回目前選取項目的字串。
選中項索引	傳回目前選取項目的索引。值是從1開始，沒有選擇值為0。
文字	清單選擇器組件按鈕的標題文字。

如同下拉式選單和清單顯示器組件，清單選擇器組件也是使用「**選中項**」或「**選中項索引**」屬性來判斷使用者選取的是哪一個選項，或第幾個選項。清單選擇器組件常用的事件說明，如下表所示：

事件	說明
準備選擇	在使用者選取項目前，就觸發此事件。
選擇完成	當使用者選取項目後，就觸發此事件。

清單選擇器組件的方法說明，如下表所示：

方法	說明
開啟選取器	開啟清單選擇器組件的選單，即顯示全螢幕的清單顯示器組件。

範例專案：ch8_5_3.aia

在Android App建立支援多種形狀的面積計算程式，可以使用清單選擇器組件來選擇形狀，然後依不同形狀顯示不同的輸入介面（使用「**可見性**」屬性切換顯示），按下按鈕，就可以執行長方形、圓形或直角三角形的面積計算，其執行結果如下圖所示：

 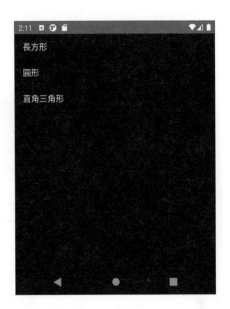

按「**請選擇形狀**」鈕，可以看到全螢幕選單，在選取「直角三角形」形狀後，可以看到上方標題改為直角三角形，和顯示輸入長度和寬度的使用介面（右圖是圓形面積計算的使用介面），如下圖所示：

在輸入長度、寬度或半徑後，按「**計算面積**」鈕，可以在下方標籤顯示計算面積的結果。

⊕ 專案的畫面編排

　　在「畫面編排」頁面建立使用介面，共新增3個水平配置、2個標籤（標籤1~2）、2個文字輸入盒（文字輸入盒長度或半徑和文字輸入盒寬度），1個清單選擇器（清單選擇器選擇形狀）、1個按鈕（按鈕計算）和1個標籤（標籤輸出）組件，標籤3~5是增加間距的組件，如下圖所示：

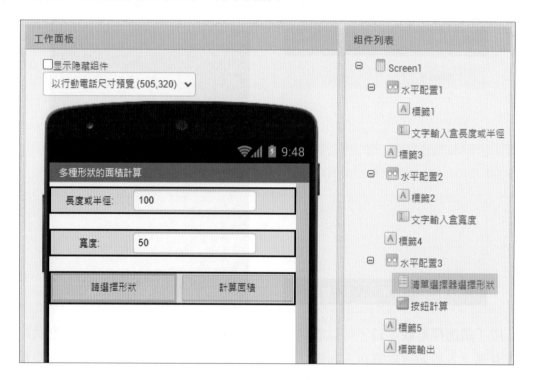

編輯組件屬性

請依據下表選取組件後，在「**組件屬性**」區更改組件的屬性值（N/A表示清除內容），如下表所示：

組件	屬性	屬性值
Screen1	標題	多種形狀的面積計算
標籤1	文字	長度或半徑:
文字輸入盒長度或半徑	文字	100
文字輸入盒長度或半徑	僅限數字	勾選（true）
標籤2	文字	寬度:
文字輸入盒寬度	文字	50
文字輸入盒寬度	僅限數字	勾選（true）
清單選擇器選擇形狀	文字	請選擇形狀
按鈕計算	文字	計算面積
標籤輸出	文字	N/A
標籤輸出	字體大小	20

拼出積木程式

請切換至「程式設計」頁面，首先新增全域變數「**面積**」、「**長度或半徑**」和「**寬度**」，然後建立「**形狀清單**」清單變數，初值有3個項目，即三種形狀，如下圖所示：

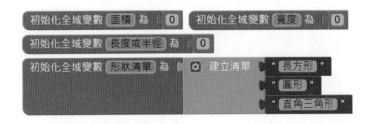

接著新增「**Screen1.初始化**」事件處理，指定水平配置1~2組件的「**可見性**」屬性是false（假）來隱藏使用介面，和停用「**按鈕計算**」組件，即指定「**啟用**」屬性值是false（假），如下圖所示：

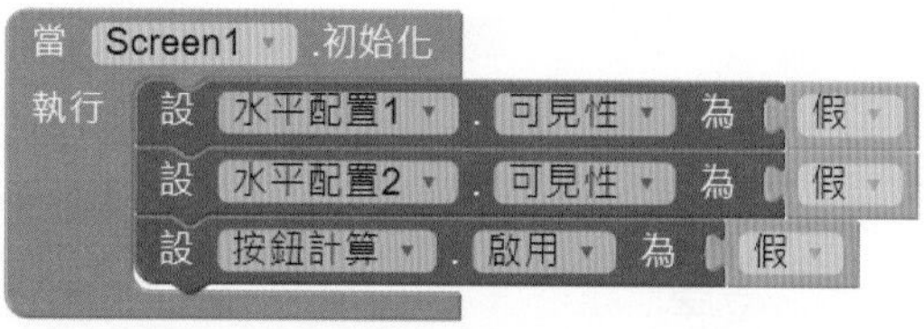

```
當 [Screen1 ▾].初始化
執行    設 [水平配置1 ▾].[可見性 ▾] 為 [假 ▾]
        設 [水平配置2 ▾].[可見性 ▾] 為 [假 ▾]
        設 [按鈕計算 ▾].[啟用 ▾] 為 [假 ▾]
```

然後新增清單選擇器組件的「**清單選擇器選擇形狀.準備選擇**」事件處理，指定「**清單選擇器選擇形狀.元素**」屬性值是「**形狀清單**」清單變數，如下圖所示：

```
當 [清單選擇器選擇形狀 ▾].準備選擇
執行    設 [清單選擇器選擇形狀 ▾].[元素 ▾] 為 [取得 [全域 形狀清單 ▾]]
```

接著新增「**清單選擇器選擇形狀.選擇完成**」事件處理，使用多選一條件積木判斷「**清單選擇器選擇形狀.選中項索引**」屬性值的選項索引位置（從1開始），即可依選擇形狀來顯示不同的使用介面，如下圖所示：

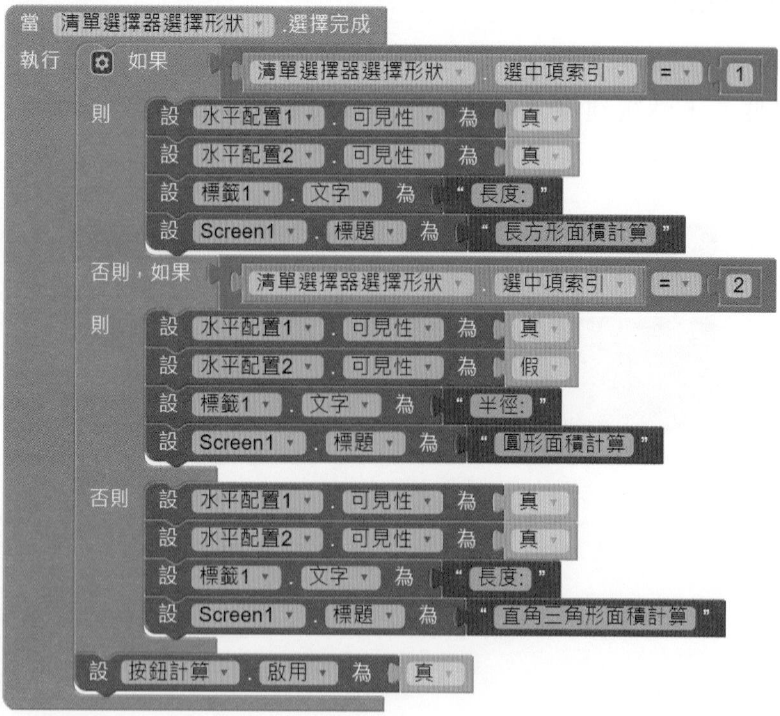

```
當 [清單選擇器選擇形狀 ▾].選擇完成
執行  ⚙ 如果     [清單選擇器選擇形狀 ▾].[選中項索引 ▾] [= ▾] [1]
      則    設 [水平配置1 ▾].[可見性 ▾] 為 [真 ▾]
            設 [水平配置2 ▾].[可見性 ▾] 為 [真 ▾]
            設 [標籤1 ▾].[文字 ▾] 為 [" 長度: "]
            設 [Screen1 ▾].[標題 ▾] 為 [" 長方形面積計算 "]
      否則，如果  [清單選擇器選擇形狀 ▾].[選中項索引 ▾] [= ▾] [2]
      則    設 [水平配置1 ▾].[可見性 ▾] 為 [真 ▾]
            設 [水平配置2 ▾].[可見性 ▾] 為 [假 ▾]
            設 [標籤1 ▾].[文字 ▾] 為 [" 半徑: "]
            設 [Screen1 ▾].[標題 ▾] 為 [" 圓形面積計算 "]
      否則  設 [水平配置1 ▾].[可見性 ▾] 為 [真 ▾]
            設 [水平配置2 ▾].[可見性 ▾] 為 [真 ▾]
            設 [標籤1 ▾].[文字 ▾] 為 [" 長度: "]
            設 [Screen1 ▾].[標題 ▾] 為 [" 直角三角形面積計算 "]
      設 [按鈕計算 ▾].[啟用 ▾] 為 [真 ▾]
```

上述積木程式顯示組件是將「**可見性**」屬性設為true；隱藏是設為false，並且更改不同的標籤內容與標題文字，最後啟用「**按鈕計算**」組件。最後新增「**按鈕計算.被點選**」事件處理，首先取得輸入的形狀資料，即長度、寬度和半徑，如下圖所示：

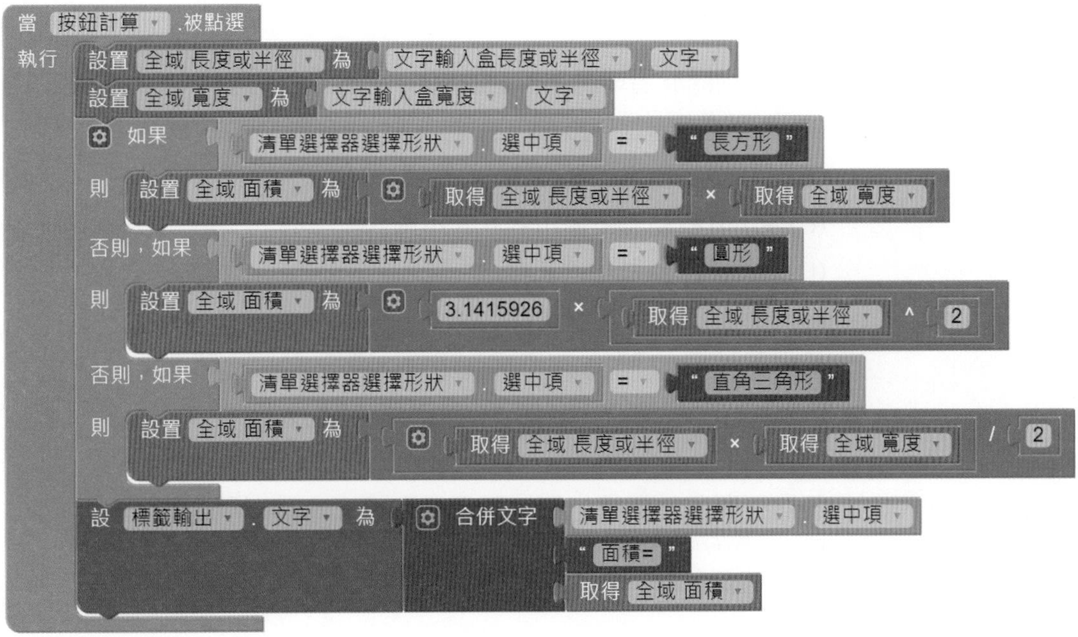

上述多選一條件積木判斷「**清單選擇器選擇形狀.選中項**」屬性值的形狀名稱，可以判斷是計算長方形、圓形或直角三角形的面積。

選擇題

( ) 1. 請問下列關於清單選擇器的說明哪一個是正確的？
(A)清單選擇器是直接顯示選單
(B)清單選擇器沒有提供方法
(C)顯示外觀和清單顯示器元件不同
(D)清單選擇器是單選元件。

( ) 2. 在註冊表單選擇性別是使用下拉式選單，請問積木程式可以使用下列哪一個屬性來取得使用者的選擇？
(A)元素字串　　　　　　　(B)選中項
(C)提示　　　　　　　　　(D)寬度。

( ) 3. 請問下列哪一個積木可以不用索引值來走訪清單的每一個項目？
(A)「對於任意-清單」
(B)「當滿足條件」
(C)「對每個-範圍」
(D)「for each-with-in dictionary」。

( ) 4. 請問下列哪一個關於清單和陣列的說明是不正確的？
(A)陣列需要宣告陣列尺寸
(B)清單不用宣告尺寸
(C)清單可以儲存不同類型的資料
(D)陣列也可以儲存不同類型的資料。

( ) 5. 請問下拉式選單組件可以使用下列哪一個屬性指定項目來源是清單變數？
(A)元素字串　　　　　　　(B)元素
(C)選中項　　　　　　　　(D)項目。

問答題

1. 請問什麼是App Inventor的清單？App Inventor是如何新增清單？清單元素需要如何增加項目？

2. 請問App Inventor可以和清單變數搭配的清單組件有哪幾種？

填充題

1. App Inventor清單項目的開始索引值是_____。

2. 在App Inventor的清單組件中，_____組件的顯示方式共分成兩個階段，_____組件可以用來建立App主選單介面。

實作題

1. 請修改第8-2-2節的專案範例，改用「當滿足條件」迴圈積木來顯示清單的6個數字。

2. 在第8-2-1節的專案範例是使用亂數選擇清單元素，亂數產生的是索引值，請修改專案改用第8-3-1節的「隨機選取清單項目」積木來建立下一個問題，至於答案的索引值請使用第8-3-2節的積木來搜尋。

3. 請修改第8-2-2節的範例專案，首先建立一個空清單，然後使用迴圈和第8-3-3節的積木以亂數來新增清單的6個數字。

4. 請修改第8-5-2節的範例專案，改用「選中項」屬性來判斷使用者選擇了哪一個運算子。

5. 請修改第8-5-2節的範例專案，改用清單選擇器組件來選擇運算子。

6. 請建立學生成績登錄App，使用介面擁有1個文字輸入盒和1個按鈕，使用文字輸入盒輸入4筆學生成績資料，按下按鈕就存入清單，等到輸入4位學生成績後，按鈕標題改為計算，按下按鈕可以在對話框計算結果的總分和平均。

7. 請建立App使用2個清單List1和List2，其初值如下所示，然後建立Result清單，使用迴圈計算List1和List2相同索引元素的和，將它存入Result清單，最後在唯讀多行文字輸入盒顯示清單內容，其格式如下所示：

索引	List1		List2		Result
0	2	+	3	=	5
1	34	+	56	=	90
2	33	+	10	=	43
3	23	+	20	=	43
4	67	+	73	=	140

8. 請修改第8-5-3節的AI2專案，改用下拉式選單組件來選擇形狀。

Chapter 9

多螢幕Android App 與日期/時間組件

9-1 認識螢幕組件

App Inventor的「**螢幕**」（Screen）組件是對應手機行動裝置上看到的螢幕畫面，原生Android App稱為「**活動**」（Activity）。

🌐 Screen1螢幕組件

同一Android App可能擁有一至多個螢幕，或稱畫面，每一個螢幕對應App Inventor的一個螢幕組件。當我們在App Inventor新增專案，預設新增名為**Screen1**的螢幕組件，如下圖所示：

上述圖例是名為Screen1組件。請注意！Screen1螢幕名稱並無法更改，我們只能更改「**標題**」屬性。在第一個下拉式選單可以顯示專案新增的螢幕組件，以此例是Screen1，按後面的「**新增螢幕**」鈕可以新增螢幕組件；按「**刪除螢幕**」鈕是刪除螢幕組件。

🌐 螢幕組件的屬性

屬性	說明
應用說明	螢幕描述的說明文字。
水平對齊	螢幕所有組件的水平對齊方式。值可以是居左、居中和居右。
垂直對齊	螢幕所有組件的垂直對齊方式。值可以是居上、居中和居下。
關閉螢幕動畫	關閉螢幕回到前一個螢幕的動畫特效。值可以是預設效果、淡出效果、縮放效果、水平滑動、垂直滑動和無動畫效果。
背景圖片	螢幕背景顯示的圖片檔。
圖示	Android App應用程式的圖示。
開啟螢幕動畫	開啟螢幕顯示下一個螢幕的動畫特效。值可以是預設效果、淡出效果、縮放效果、水平滑動、垂直滑動和無動畫效果。

屬性	說明
螢幕方向	螢幕顯示方向是直向或橫向。屬性值可以是未指定方向（系統自動判斷）、鎖定直式畫面（直向顯示）、鎖定橫向畫面（橫向顯示）、根據感測器（依感測器判斷）和使用者設定。
允許捲動	勾選可以在螢幕顯示垂直捲動軸。
標題	顯示在螢幕上方的標題文字。

🌐 螢幕組件的事件

事件	說明
初始化	初始螢幕時觸發此事件。在本章前我們已經使用過此事件處理。
按下返回	當行動裝置按下「**返回**」（Back）鍵時觸發此事件。
發生錯誤	當螢幕執行出現錯誤時觸發此事件。我們可以從參數取得進一步的錯誤資訊。
螢幕方向改變	當螢幕方向改變時觸發此事件。
關閉螢幕	當關閉其他螢幕時，就會觸發此事件。事件處理的「**其他螢幕名稱**」參數是關閉的螢幕名稱；「**返回結果**」是回傳的資料。

9-2 在專案新增螢幕組件

在了解App Inventor螢幕組件後，我們準備在專案新增螢幕組件，並且分別新增按鈕組件來切換兩個螢幕。

🌐 在App Inventor專案新增螢幕組件

在App Inventor專案新增螢幕組件的步驟，如下所示：

STEP 01 請新建名為「ch9_2」的專案，在App Inventor的「工作面板」區上方按「**新增螢幕**」鈕新增螢幕組件。

STEP 02 在「新增螢幕」對話框的「螢幕名稱」欄輸入螢幕組件名稱,預設是 Screen2(可自行更改英文名稱,名稱並不支援中文,而且一旦決定名稱就無法更改),按「**確定**」鈕新增螢幕組件。

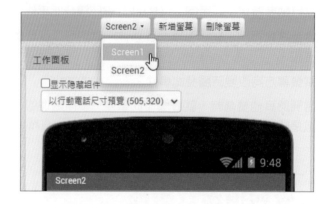

STEP 03 我們可以看到目前是在第二個螢幕組件。選第一個下拉式選單的選項,可以切換回第一個Screen1組件,如下圖所示:

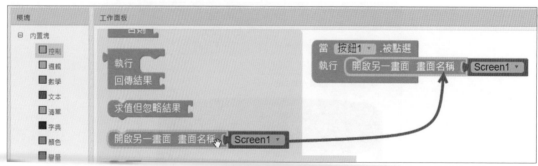

STEP 04 請分別在Screen1和Screen2螢幕中,各新增一個「**按鈕**」組件。

開啟專案的其他螢幕

App Inventor需要使用「**控制/開啟另一畫面-畫面名稱**」積木來開啟專案的其他螢幕,其步驟如下所示:

STEP 01 請切換至**Screen1**螢幕,按「**程式設計**」鈕切換至程式設計頁面。

STEP 02 在新增「**按鈕1.被點選**」事件處理後,拖拉「**控制/開啟另一畫面-畫面名稱**」積木至事件處理,如下圖所示:

STEP 03 然後選畫面名稱「**Screen2**」，如下圖所示：

🔍 範例專案：ch9_2.aia

在Android App建立螢幕切換功能。專案共有兩個螢幕組件，各擁有一個按鈕組件，按下按鈕，可以從Screen1切換至Screen2，另一個按鈕是從Screen2切換至Screen1，其執行結果如下圖所示：

⊕ 專案的畫面編排

在「畫面編排」頁面建立使用介面，Screen1螢幕新增一個按鈕組件；Screen2也新增一個按鈕組件。

⊕ 編輯組件屬性

在螢幕新增組件後，請依據下表選取各組件，然後在「**組件屬性**」區更改各組件的屬性值，如下表所示：

組件	屬性	屬性值
按鈕1（Screen1）	文字	開啟第2個螢幕
按鈕1（Screen2）	文字	開啟第1個螢幕

⊕ 拼出積木程式

請選**Screen1**切換至「程式設計」頁面,新增「**按鈕1.被點選**」事件處理來開啟第二個螢幕,如下圖所示:

上述事件處理是使用「**控制/開啟另一畫面**」積木,參數「**畫面名稱**」是欲切換的螢幕名稱字串。請在上方選**Screen2**切換至Screen2組件後,新增「**按鈕1.被點選**」事件處理來開啟第一個螢幕,如下圖所示:

9-3 在多螢幕之間交換資料

App Inventor建立的多螢幕程式,除了切換螢幕外,也可在螢幕之間交換資料,將資料傳遞至開啟螢幕,或是在關閉螢幕時,回傳資料至開啟螢幕。

♀ 9-3-1 將資料傳遞至開啟螢幕

第一種資料交換是單向資料交換。例如:從Screen1螢幕傳遞「**初始值**」資料至開啟的BMI螢幕,如下圖所示:

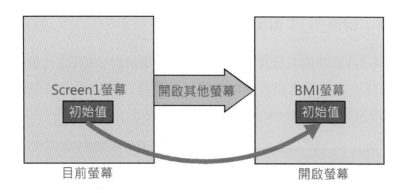

傳遞資料至開啓螢幕

App Inventor是使用「**控制/開啓其他畫面並傳值**」積木,將資料傳遞至開啓螢幕,如下圖所示:

上述積木程式的「**畫面名稱**」插槽是欲開啓的螢幕名稱字串。以此例是名為「BMI」的螢幕,可以傳遞「**初始值**」插槽的值至開啓螢幕。

在開啓螢幕取得傳遞資料

在「BMI」螢幕是使用「**控制/取得初始值**」積木取得傳遞的資料,如下圖所示:

回到Screen1螢幕

在第9-2節中,我們是使用「**開啓另一畫面-畫面名稱**」積木開啓指定螢幕。如果不是開啓螢幕,而是回到前一頁螢幕,我們可以直接使用「**關閉畫面**」積木。因為關閉了目前螢幕,換句話說,就是回到前一頁的Screen1螢幕,如下圖所示:

🖳 **範例專案：ch9_3_1.aia**

　　請修改第4-5-1節的BMI計算機，新增名為「BMI」的第二頁螢幕，在計算出BMI值後，開啟第二頁螢幕和傳遞BMI值，我們是在第二頁螢幕顯示計算結果的BMI值，請記得先切換至Screen1螢幕後，再執行程式。其執行結果如下圖所示：

　　當輸入身高（公分）和體重（公斤）後，按「**計算BMI值**」鈕，可以在「BMI」螢幕顯示計算結果的BMI值。按「**回到主螢幕**」鈕，則返回上一頁。

🌐 **專案的畫面編排**

　　請開啟「ch4_5_1」專案另存成專案名稱「ch9_3_1」，然後在「**組件屬性**」區找到「App名稱」欄，將應用程式名稱改為「ch9_3_1」，即可新增名為BMI的螢幕，如下圖所示：

　　首先在Screen1螢幕刪除「水平配置3」的組件。我們準備在BMI螢幕（「標題」屬性值預設是螢幕名稱）重建這些組件，並在下方新增一個按鈕組件，如下圖所示：

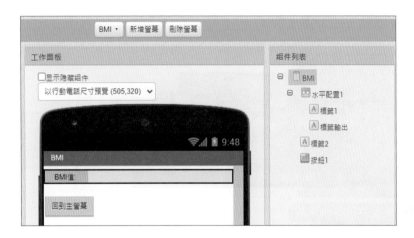

🌐 編輯組件屬性（BMI螢幕）

　　在BMI螢幕新增組件後，請依據下表選取各組件，然後在「**組件屬性**」區更改各組件的屬性值（N/A表示清除內容），如下表所示：

組件	屬性	屬性值
水平配置1	垂直對齊	居中
水平配置1	背景顏色	橙色
標籤1	文字	BMI值:
標籤1	文字對齊	居中
標籤輸出	背景顏色	黃色
標籤輸出	文字	N/A
按鈕1	文字	回到主螢幕

🌐 拼出積木程式

　　請切換至Screen1螢幕的「程式設計」頁面，修改「**按鈕計算.被點選**」事件處理，如下圖所示：

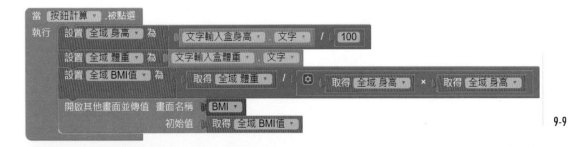

上述積木程式計算出BMI值後，使用「**開啟其他畫面並傳值**」積木開啟BMI螢幕，和傳遞BMI值至此螢幕。

請切換至BMI螢幕的「程式設計」頁面，新增「**BMI.初始化**」和「**按鈕1.被點選**」兩個事件處理，如下圖所示：

當 [BMI ▼] .初始化
執行　設 [BMI ▼] . [背景顏色 ▼] 為 [　]
　　　設 [按鈕1 ▼] . [文字顏色 ▼] 為 [　]
　　　設 [按鈕1 ▼] . [背景顏色 ▼] 為 [合成顏色 [⚙ 建立清單 [97]
　　　　　　　　　　　　　　　　　　　　　　　　　　　　　　 [31]
　　　　　　　　　　　　　　　　　　　　　　　　　　　　　　 [153]]
　　　設 [標籤輸出 ▼] . [文字 ▼] 為 [取得初始值]

當 [按鈕1 ▼] .被點選
執行　[關閉畫面]

上述「**BMI.初始化**」事件處理在設定色彩後，使用「**取得初始值**」積木取得傳遞的BMI值，最後在標籤組件顯示BMI值；「**按鈕1.被點選**」事件處理，則是關閉螢幕回到Screen1螢幕。

⚲ 9-3-2 關閉螢幕回傳資料

在第9-3-1節的資料傳遞是單方向，也就是從目前螢幕傳遞至開啟螢幕。事實上，螢幕之間的資料傳遞可以是雙向的，當我們關閉開啟螢幕時，可以將資料回傳至上一頁螢幕，如下圖所示：

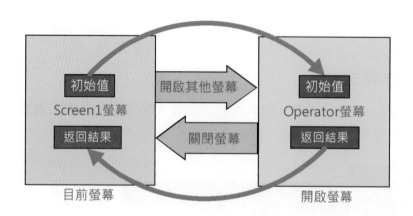

⊕ 在螢幕之間傳遞多個資料

在第9-3-1節是將計算結果的BMI值傳遞至「BMI」螢幕，只有單一值。如果我們需要傳遞多個資料，請改用**清單**來傳遞資料，如下圖所示：

上述積木程式開啟「Operator」螢幕，同時傳遞兩個運算元值的清單至開啟螢幕。

⊕ 在開啓螢幕回傳資料

開啟螢幕在關閉螢幕時可以指定回傳資料。例如：本節範例是將運算結果回傳至Screen1螢幕，使用的是「**控制/關閉目前的畫面並回傳值-回傳值**」積木，如下圖所示：

上述積木的插槽是回傳值，可以回傳至上一頁螢幕，以此例就是Screen1螢幕。

⊕ 在Screen1螢幕取得回傳資料

Screen1螢幕是在「**Screen1.關閉螢幕**」事件處理取得關閉螢幕的回傳值，當關閉Operator螢幕時就會觸發此事件。我們可以使用條件積木來判斷是否是關閉Operator螢幕，如果是，就使用「**返回結果**」參數取得關閉螢幕的回傳值，如下圖所示：

範例專案：ch9_3_2.aia

請修改第8-5-2節的四則計算機，新增「Operator」螢幕，且將清單顯示器組件改置於「Operator」螢幕來選擇加、減、乘和除的四個運算子，並將運算結果回傳至Screen1螢幕顯示。其執行結果如下圖所示：

 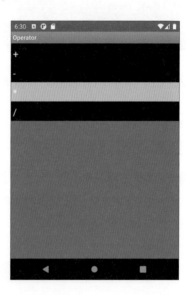

在輸入兩個運算元後，按「**選擇運算子**」鈕開啟Operator螢幕的清單顯示器。在點選運算子後，就會關閉螢幕回傳運算結果，可以在下方標籤組件顯示計算結果，如下圖所示：

🌐 專案的畫面編排

請將「ch8_5_2」專案另存成專案名稱「ch9_3_2」，然後在「組件屬性」區找到「App名稱」欄，將應用程式名稱改為「ch9_3_2」。

首先在Screen1螢幕刪除清單顯示器組件，並且在水平配置3新增一個名為「選擇運算子」的按鈕組件，如下圖所示：

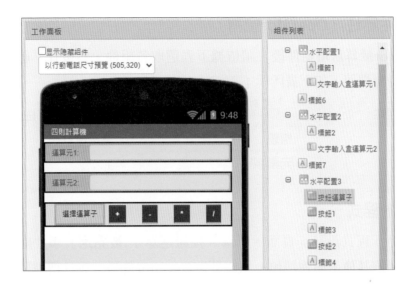

然後新增名為Operator的螢幕,並在Operator螢幕新增一個清單顯示器組件,如下圖所示:

🌐 編輯組件屬性(Screen1螢幕)

在Screen1螢幕修改組件後,請依據下表選取各組件,然後在「**組件屬性**」區更改各組件的屬性值,如下表所示:

組件	屬性	屬性值
按鈕運算子	文字	選擇運算子

⊕ 編輯組件屬性（Operator螢幕）

在Operator螢幕新增組件後，請依據下表選取各組件，然後在「**組件屬性**」區更改各組件的屬性值，如下表所示：

組件	屬性	屬性值
Operator	標題	選擇運算子
清單顯示器1	元素字串	+,-,*,/

⊕ 拼出積木程式

請切換至「程式設計」頁面，新增「**按鈕運算子.被點選**」事件處理。事件處理是使用「**開啟其他畫面並傳值**」積木開啟Operator螢幕，並且傳遞兩個運算元的值。積木程式如下圖所示：

然後新增「**Screen1.關閉螢幕**」事件處理，使其可取得關閉Operator螢幕的回傳值，參數「**其他螢幕名稱**」是關閉的螢幕；「**返回結果**」就是回傳值。積木程式如下圖所示：

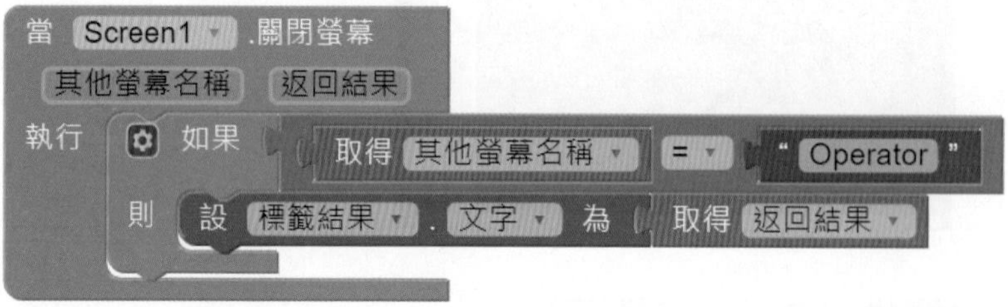

請切換至Operator螢幕的程式設計頁面。首先新增兩個全域變數來儲存從Screen1螢幕傳遞的兩個運算元，並新增「**Operator.初始化**」事件處理，如下圖所示：

上述事件處理是使用「**取得初始值**」積木取得傳遞的清單，並且依序指定第一個和第二個元素給全域變數「**運算元1**」和「**運算元2**」。

最後新增「**清單顯示器1.選擇完成**」事件處理，如下圖所示：

上述四個「**如果-則**」條件積木判斷「**清單顯示器1.選中項索引**」屬性值的選項索引位置（從1開始），可以判斷使用者的選擇：1是加法、2是減法、3是乘法和4是除法，最後使用「**關閉目前的畫面並回傳值**」積木來回傳運算結果。

9-4 日期/時間選擇器組件

如果Android App需要讓使用者輸入日期或時間資料，我們可以使用**日期/時間選擇器**組件來選擇日期/時間資料，並不用讓使用者自行輸入日期/時間資料。

9-4-1 輸入日期/時間

App Inventor在「使用者介面」分類提供兩個組件來選擇日期和時間，即**日期選擇器**（DatePicker）和**時間選擇器**（TimePicker）組件。如果Android App的使用介面需要輸入日期/時間，我們可以使用這兩個選擇器來輸入資料。

⊕ 日期選擇器組件

日期選擇器組件取得選取日期的相關屬性，如下表所示：

屬性	說明
年度	選擇的年份。
月份	選擇的月份。
日期	選擇的日期。

我們是在「**日期選擇器1.完成日期設定**」事件處理取得使用者選擇的日期，如下圖所示：

⊕ 時間選擇器組件

時間選擇器組件取得選取時間的相關屬性，如下表所示：

屬性	說明
小時	選擇的小時。
分鐘	選擇的分鐘。

我們是在「**時間選擇器1.時間設定完成**」事件處理取得使用者選擇的時間，如下圖所示：

當　時間選擇器1　▼　.時間設定完成
執行

範例專案：ch9_4_1.aia

在Android App輸入日期判斷是否是閏年（ch9_4_1.aia，使用第6章實作題6的公式）；輸入時間可以自動轉換成12小時制（ch9_4_1a.aia），這是使用日期/時間選擇器組件來輸入日期/時間資料，其執行結果如下圖所示：

按「**選擇日期**」鈕選擇日期（ch9_4_1.aia）後，按「**OK**」鈕設定日期，可以顯示此年是否是閏年，按「**選擇時間**」鈕選擇時間（ch9_4_1a.aia）後，因為輸入24小時制，就會自動轉換輸出成12小時制的時間。

⊕ 專案的畫面編排

在「畫面編排」頁面建立使用介面，因為2個專案的介面相似，只以ch9_4_1.
aia為例，在介面共新增2個水平配置、1個日期選擇器（ch9_4_1a.aia是1個時間選擇
器）、標籤1是說明、標籤2是增加間距和標籤日期是輸出（ch9_4_1a.aia是標籤時
間），如下圖所示：

⊕ 編輯組件屬性

在螢幕新增組件後，請依據下表選取各組件，然後在「**組件屬性**」區更改各組
件的屬性值（N/A表示清除內容），主要屬性如下表所示：

組件	屬性	屬性值
Screen1（ch9_4_1.aia）	標題	日期選擇器組件-閏年判斷
Screen1（ch9_4_1a.aia）	標題	時間選擇器組件-轉換成12小時制
水平配置1	水平對齊	居中
日期選擇器1（ch9_4_1.aia）	文字	選擇日期
時間選擇器1（ch9_4_1a.aia）	文字	選擇時間
標籤2（ch9_4_1.aia）	文字	選擇日期:
標籤日期	文字	N/A
標籤2（ch9_4_1a.aia）	文字	選擇時間:
標籤時間	文字	N/A

⊕ 拼出積木程式

　　請切換至「程式設計」頁面，新增「**日期選擇器1.完成日期設定**」事件處理，可以在「**標籤日期**」顯示選擇的年、月和日，如下圖所示：

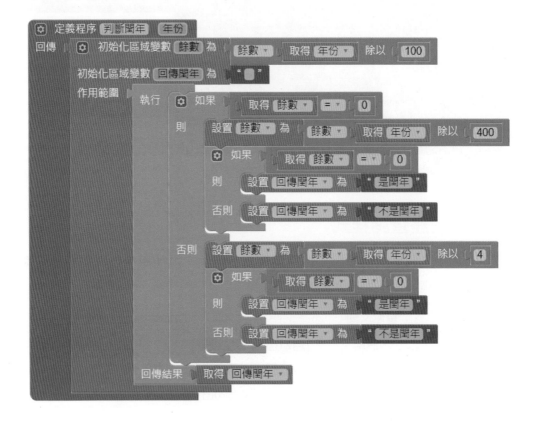

　　上述事件處理最後呼叫「**判斷閏年**」程序來判斷年份是否是閏年，「判斷閏年」程序如下圖所示：

上述程序使用區域變數「**餘數**」儲存除以100、400和4的餘數，閏年判斷公式請參閱第6章的實作題6，這是二層的巢狀條件判斷，可以回傳參數「**年份**」是否是閏年的字串。

範例專案「ch9_4_1a.aia」是新增「**時間選擇器1.時間設定完成**」事件處理，使用二選一條件判斷來轉換成12小時制，可以在「**標籤時間**」顯示選擇的時和分，如下圖所示：

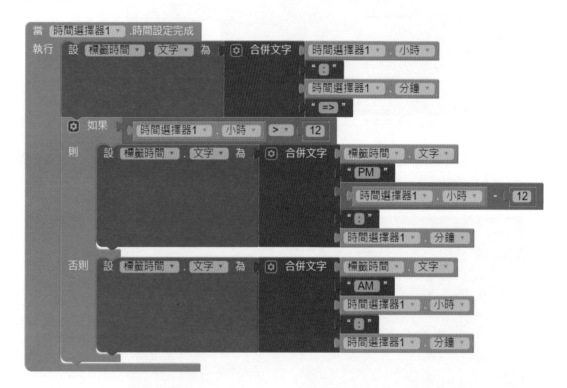

☝ 9-4-2　星座查詢程式

在這一節中，我們準備使用「**日期選擇器**」組件，讓使用者選擇生日後，顯示此生日所屬的星座。星座的日期範圍如下表所示：

星座編號	星座名稱	日期範圍
1	水瓶座	1月21日～2月20日
2	雙魚座	2月21日～3月20日
3	牡羊座	3月21日～4月20日
4	金牛座	4月21日～5月20日
5	雙子座	5月21日～6月20日

星座編號	星座名稱	日期範圍
6	巨蟹座	6月21日 ～ 7月20日
7	獅子座	7月21日 ～ 8月20日
8	處女座	8月21日 ～ 9月20日
9	天秤座	9月21日 ～ 10月20日
10	天蠍座	10月21日 ～ 11月20日
11	射手座	11月21日 ～ 12月20日
12	魔羯座	12月21日 ～ 1月20日

從觀察上表的日期範圍可以找出星座的規則，如下所示：

「每一個月的日期是以21日為分野，之後是目前編號的星座；21日之前是前一個編號的星座。如果是1月，前一個編號是12月。」

範例專案：ch9_4_2.aia

在Android App建立星座查詢程式。使用日期選擇器組件來輸入生日，可以顯示所屬的星座，其執行結果如下圖所示：

⊕ 專案的畫面編排

在「畫面編排」頁面建立使用介面，共新增一個水平配置、一個日期選擇器和三個標籤（標籤2是說明；標籤1是增加間距；標籤輸出是輸出），如下圖所示：

⊕ 編輯組件屬性

在螢幕新增組件後，請依據下表選取各組件，然後在**「組件屬性」**區更改各組件的屬性值（N/A表示清除內容），主要屬性如下表所示：

組件	屬性	屬性值
Screen1	標題	星座查詢程式
日期選擇器1	寬度	填滿
日期選擇器1	文字	選擇出生年月日
標籤2	文字	你的星座是:
標籤輸出	文字	N/A

拼出積木程式

請切換至「程式設計」頁面，新增全域變數「**星座名稱**」，這是一個清單，項目元素就是星座名稱，索引是之前的星座編號，如下圖所示：

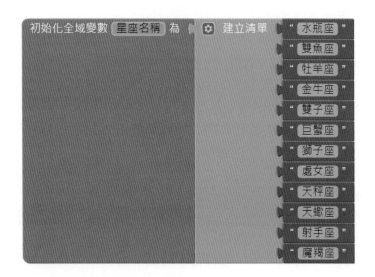

然後新增「**日期選擇器1.完成日期設定**」事件處理。我們是使用全域變數「**索引**」來取出清單元素，其值就是取得的月份，如下圖所示：

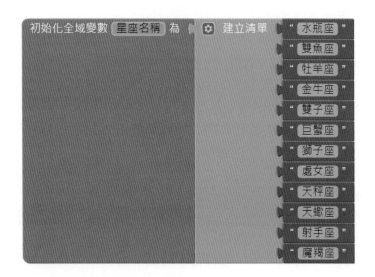

上述事件處理使用兩層巢狀條件判斷取得的日期。外層判斷是否是在21日前，如果是，在內層判斷變數「**索引**」的月份是否是1月，如果是，就指定成12（即12月）；如果不是，就是前一個月，所以將索引值減1，最後取出索引值位置的清單元素，這就是此日期所屬的星座。

9-5 計時器組件

計時器（Clock）組件可以使用行動裝置的內建時鐘，定時在間隔時間到時觸發事件，和提供相關方法來取得目前的日期/時間。

9-5-1 取得目前的日期/時間

在App Inventor的「畫面編排」頁面，可以拖拉「**感測器/計時器**」來新增計時器組件，這是一個非可視組件。在新增計時器組件後，我們可以呼叫計時器組件的方法來取得目前的日期/時間，如下圖所示：

上述積木程式中，首先呼叫「**取得當下時間**」方法取得目前的時刻，此值是從1970年至現在的毫秒數，然後再呼叫「**時間格式**」方法轉換成我們看得懂的時間。同理，呼叫「**日期格式**」方法是轉換成看得懂的日期，如下圖所示：

計時器組件的方法

方法	說明
取得當下時間()	傳回目前日期與時間值。其值是從1970年至現在的毫秒數，稱為時刻。
日期時間格式(時刻, pattern)	將參數時刻轉換成日期與時間的字串。第2個參數是轉換的格式字串。
日期格式(時刻, pattern)	將參數時刻轉換成日期字串。第2個參數是轉換的格式字串。
時間格式(時刻)	將參數時刻轉換成時間字串。
持續時間(開始時間, 結束時間)	計算兩個參數之間的時間間隔，單位是毫秒。
取得年份(時刻)、取得月份(時刻)、取得日期(時刻)	可以傳回參數時刻的年份、月份和是一個月中的第幾日。
取得小時(時刻)、取得分鐘(時刻)、取得秒值(時刻)	可以傳回參數時刻的小時、分鐘和秒數。

🔍 **範例專案：ch9_5_1.aia**

在Android App建立顯示現在日期/時間的小程式，按下按鈕，可以在下方顯示現在的日期與時間。其執行結果如下圖所示：

🌐 **專案的畫面編排**

在「畫面編排」頁面建立使用介面，共新增一個水平配置、一個按鈕、兩個標籤（標籤日期、標籤時間）和一個計時器組件，如下圖所示：

⊕ 編輯組件屬性

在螢幕新增組件後，請依據下表選取各組件，然後在「**組件屬性**」區更改各組件的屬性值（N/A表示清除內容），主要屬性如下表所示：

組件	屬性	屬性值
Screen1	標題	取得目前的日期/時間
Screen1	水平對齊	居中
按鈕1	文字	取得目前的日期/時間
水平配置1	水平對齊	居中
標籤日期	文字	N/A
標籤時間	文字	N/A

⊕ 拼出積木程式

請切換至「程式設計」頁面，新增「**按鈕1.被點選**」事件處理，呼叫計時器組件的方法來取得目前的日期與時間，如下圖所示：

💡 9-5-2　建立小時鐘

在第9-5-1節是使用計時器組件的方法來取得現在的日期/時間。如果需要定時在間隔時間到時觸發事件，例如：建立一個真的可以走的小時鐘，我們就需要使用「**計時器1.計時**」事件處理，如下圖所示：

我們可以指定計時器組件的屬性來更改間隔時間，和是否啟用計時器等。

⊕ 計時器組件的屬性

屬性	說明
持續計時	程式位在背景也持續地定時觸發事件。值true是持續計時（預設值）；反之為false。
啟用計時	啟用計時器來定時觸發事件。值true是啟用（預設值）；false是停用。
計時間隔	存取觸發事件的間隔時間。單位是毫秒，預設值是1000。

⊕ 計時器組件的事件

事件	說明
計時	當指定的間隔時間到時，就觸發此事件。

🗔 範例專案：ch9_5_2.aia

　　在Android App建立可走的小時鐘，按「**開始計時**」鈕，可以在下方顯示小時鐘的時間，並且持續計時，按「**停止計時**」鈕停止計時，其執行結果如下圖所示：

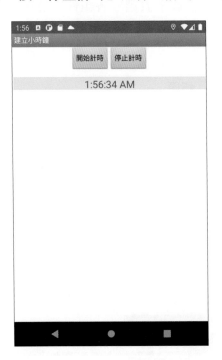

專案的畫面編排

在「畫面編排」頁面建立使用介面，共新增一個水平配置、兩個按鈕、兩個標籤（標籤1、標籤計時）和一個計時器組件，如下圖所示：

編輯組件屬性

在螢幕新增組件後，請依據下表選取各組件，然後在「**組件屬性**」區更改各組件的屬性值（N/A表示清除內容），主要屬性如下表所示：

組件	屬性	屬性值
Screen1	標題	建立小時鐘
水平配置1	水平對齊	居中
按鈕1	文字	開始計時
按鈕2	文字	停止計時
標籤計時	文字	N/A
計時器1	啟用計時	取消勾選（false）

拼出積木程式

請切換至「程式設計」頁面，新增「**按鈕1~2.被點選**」事件處理，如下圖所示：

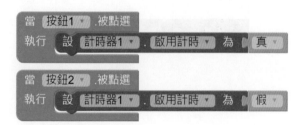

上述兩個按鈕的事件處理，是分別指定「**啓用計時**」屬性值爲true來啓用計時器組件；和false來停用計時器組件。

接著新增「**計時器1.計時**」事件處理。在預設間隔時間1000毫秒來持續地觸發事件，可以執行事件處理來更新時間，所以小時鐘才會走，如下圖所示：

💡 9-5-3　定時更換圖片的圖片相簿

現在，我們可以活用計時器組件來修改第6-5-2節專案的圖片相簿，讓計時器定時更換圖片，如同是一個自動播放圖片的簡報。

📖 範例專案：ch9_5_3.aia

在Android App建立定時更換圖片的圖片相簿，可以在每一秒自動換一張圖片，其執行結果如下圖所示：

🌐 專案的素材檔

在「圖片」屬性值顯示的圖片，需先在「**素材**」區上傳圖檔「desert.png」、「koala.png」、「penguins.png」和「woods.png」，如下圖所示：

🌐 專案的畫面編排

在「畫面編排」頁面建立使用介面，共新增一個圖像和一個計時器組件，如下圖所示：

⊕ 編輯組件屬性

在螢幕新增組件後，請依據下表選取各組件，然後在「**組件屬性**」區更改各組件的屬性值（N/A表示清除內容），如下表所示：

組件	屬性	屬性值
Screen1	標題	定時更換圖片的圖片相簿
圖像1	寬度, 高度	填滿, 填滿

⊕ 拼出積木程式

請切換至「程式設計」頁面，新增全域變數「**圖檔清單**」和「**圖檔索引**」，分別是圖檔名稱清單，和目前顯示圖檔的清單索引，如下圖所示：

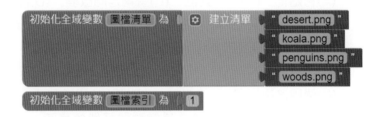

然後新增「**計時器1.計時**」事件處理，使用「**如果-則-否則**」二選一條件積木判斷是否小於圖檔清單的長度，如果是，就更新變數「**圖檔索引**」值，即每一次觸發事件就加1；否則重設為1，如下圖所示：

上述事件處理最後使用變數「**圖檔索引**」值來更新圖像組件顯示的圖檔。

選擇題

( ) 1. 請問App Inventor專案可以新增幾個螢幕組件？

(A)2 (B)3 (C)4 (D)以上皆可。

( ) 2. 我們準備建立2個螢幕的App，在第2個螢幕關閉後會回傳資料至第1個螢幕，請問需要在第1個螢幕的哪一個螢幕事件取得回傳資料？

(A)初始化 (B)按下返回 (C)螢幕方向改變 (D)關閉螢幕。

( ) 3. 如果需要從Test螢幕傳遞2個資料至Output螢幕，請問下列哪一種是最佳的方法？

(A)使用2個全域變數　　　　　(B)使用2個區域變數

(C)使用清單變數　　　　　　(D)使用2個常數值。

( ) 4. 請問下列哪一個螢幕事件是當關閉其他螢幕時，所觸發的事件？

(A)初始化 (B)關閉螢幕 (C)螢幕方向改變 (D)按下返回。

( ) 5. 請問下列哪一個關於App Inventor螢幕組件的說明是<u>不正確</u>的？

(A)一個Android App可以有多個螢幕

(B)螢幕在原生Android App稱為活動（Activity）

(C)專案的Screen1螢幕名稱是可以更改的

(D)螢幕的標題屬性是顯示在螢幕上方的標題文字。

問答題

1. 請簡單說明什麼是App Inventor的螢幕組件？

2. 請舉例說明如何在App Inventor專案新增螢幕？如何從第1個螢幕傳遞資料至第2個螢幕？如果需要傳遞3個資料，我們需如何做？

3. 請簡單說明App Inventor關於2個螢幕之間的雙向資料交換，當從第1個螢幕傳遞資料至第2個螢幕後，關閉第2個螢幕，如何從第2個螢幕回傳資料至第1個螢幕。

填充題

1. AI2專案預設的第1個螢幕名稱是＿＿＿＿＿＿＿。

2. App Inventor輸入日期/時間的組件是＿＿＿＿＿＿和＿＿＿＿＿＿。如果需要取得現在的日期/時間，我們需要使用＿＿＿＿＿＿組件。

實作題

1. 請修改第4-5-1節的四則計算機，新增第2個螢幕，然後在第2個螢幕顯示計算結果。

2. 請修改第6章實作題6的溫度轉換App，新增第2個螢幕後，改在第2個螢幕顯示溫度轉換的結果。

3. 請建立擁有2個螢幕的App Inventor專案，第1個螢幕有一個標籤和名為「取得英文月份」的按鈕組件，按下按鈕可以開啟第2個螢幕，我們可以在第2個螢幕的文字輸入盒輸入1~12數字的月份，按下按鈕可以取得輸入月份的英文名稱（使用清單建立），並且回傳至第1個螢幕的標籤組件來顯示。

4. 請建立App Inventor專案使用日期選擇器輸入日期資料，程式可以判斷輸入年份是否是閏年，輸入的月份有28、29、30或31天。

5. 請建立App Inventor專案新增1個按鈕組件，然後使用計時器組件來定時更改按鈕的背景色彩。

6. 請修改ch9_5_3.aia專案，新增2個上一張/下一張按鈕，改為使用按鈕來更換圖片，如果到了最後1張，下一張是第1張；第1張時，前一張就是最後1張。

NOTE

Chapter 10

啟動內建App、網路與地圖組件

10-1 如何啓動內建App

基本上，原生開發的Android App是由一或多個**活動**（Activity）組成，每一個活動可以建立與使用者互動的使用介面，類似Web網站的HTML表單網頁，對比App Inventor就是螢幕組件。

10-1-1 使用意圖啓動內建App

App Inventor可以使用「**意圖**」（intents）啓動內建App。簡單地說，意圖是一個啓動其他Android App的系統訊息，一種使用抽象方式來描述希望執行的操作，可以告訴Android作業系統我想做什麼？執行什麼動作？而不用指明啓動哪一個內建App。

換句話說，意圖可以讓我們只需指出欲執行的動作類型和資料，Android作業系統就能夠在目前安裝的程式中，自行找出可以完成此工作的App，並且啓動此App，如下圖所示：

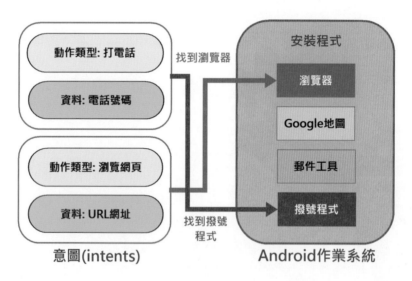

上述圖例一共建立兩個意圖，動作類型分別是「打電話」和「瀏覽網頁」。當我們送出意圖啓動程式後，Android作業系統的操作過程描述，如下所示：

打電話動作類型： Android作業系統找到「撥號」程式可以打電話，所以啓動此程式，並且將資料的電話號碼傳入程式，我們可以看到「撥號」程式的撥號螢幕，撥出的是傳入的電話號碼。

((ı)) **瀏覽網頁動作類型：** Android作業系統找到「瀏覽器」程式可以瀏覽網頁，所以啓動此程式，並且將資料的URL網址傳入程式，我們可以看到「瀏覽器」程式顯示URL網址的網頁。

🖋 10-1-2　意圖的動作類型與資料URI

App Inventor是使用Activity啓動器組件來建立意圖和啓動App，因此我們需要指定Activity啓動器組件的動作類型和資料來建立所需的意圖，以便啓動可以完成操作的內建App。

🌐 動作類型

意圖包含一些預先定義的動作類型。啓動內建App的常用動作類型說明，如下表所示：

動作類型	說明
android.intent.action.VIEW	顯示資料給使用者檢視。
android.intent.action.EDIT	顯示資料給使用者編輯。
android.intent.action.DIAL	顯示撥號。
android.intent.action.CALL	打電話。
android.intent.action.PICK	選取URI目錄下的資料。
android.intent.action.SENDTO	寄送電子郵件。
android.intent.action.WEB_SEARCH	Web搜尋。
android.intent.action.MAIN	啓動如同是執行主程式。

🌐 指定動作類型所需的資料URI

使用意圖時，除了指定意圖使用的動作類型外，還需指定目標的**資料**（Data）是誰。一般來說，我們是使用**萬用資源識別URI**（Universal Resource Identifier）來定位Android系統的資源，幫助意圖的動作類型取得或找到操作的資料。Android常用的URI，如下所示：

((ı)) **URL網址：** URI可以直接使用URL網址。

例如：http://www.google.com/

((ı)) **地圖位置：** GPS定位的(緯度, 經度)座標（GeoPoint格式）。

例如：geo:25.04692437135412,121.5161783959678

⁽ᵠ⁾ **電話號碼：** 指定撥打的電話號碼。

　　例如：tel:+1234567

⁽ᵠ⁾ **寄送郵件：** 寄送郵件至指定的電子郵件地址。

　　例如：mailto:hueyan@ms2.hinet.net

10-2 Activity啓動器組件

　　Activity啓動器（ActivityStarter）組件位在「**通訊**」（Connectivity）分類，其主要目的是啓動內建Android App，例如：瀏覽器、撥號程式和Google地圖等。

💡 10-2-1　使用Activity啓動器組件

　　在App Inventor的「畫面編排」頁面，可以拖拉「**通訊/Activity啓動器**」來新增Activity啓動器組件，這是一個非可視組件。然後我們可以建立第10-1節說明的意圖來啓動內建App，例如：啓動內建Google地圖，如下圖所示：

　　上述積木程式中，指定Activity啓動器組件的「**動作**」屬性，即動作類型；「**資料URI**」屬性是動作類型的URI資料，最後呼叫「**啓動Activity**」方法啓動內建App，以此例是啓動內建Google地圖。

🌐 Activity啓動器組件的屬性

屬性	說明
動作	指定使用哪一種動作類型來啓動App。
資料URI	資料URI（Uniform Resource Identifier）是動作類型所需的資料。

Activity啓動器組件的方法

方法	說明
處理Activity()	傳回啓動的活動名稱。
啓動Activity()	啓動活動。

Activity啓動器組件的事件

事件	說明
呼叫Activity完成	當返回啓動新活動的螢幕時，就觸發此事件，可以在事件處理的參數取得「**返回結果**」值。

範例專案：ch10_2_1.aia

在Android App建立啓動內建Google地圖，我們只需輸入座標，按下按鈕，即可啓動內建Google地圖來顯示座標附近的地圖，其執行結果如下圖所示：

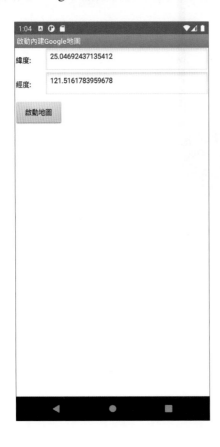
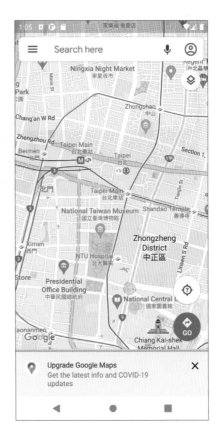

專案的畫面編排

在「畫面編排」頁面建立使用介面，共新增1個垂直配置、2個水平配置、3個標籤、2個文字輸入盒（文字輸入盒緯度、文字輸入盒經度）、1個按鈕（按鈕顯示）和1個Activity啟動器組件，如下圖所示：

編輯組件屬性

在螢幕新增組件後，請依據下表選取各組件，然後在「**組件屬性**」區更改各組件的屬性值，如下表所示：

組件	屬性	屬性值
Screen1	標題	啓動內建Google地圖
標籤1	文字	緯度:
文字輸入盒緯度	文字	25.04692437135412
標籤2	文字	經度:
文字輸入盒經度	文字	121.5161783959678
按鈕顯示	文字	啓動地圖

拼出積木程式

請切換至「程式設計」頁面，新增「**按鈕移至.被點選**」事件處理，可以使用Activity啓動器組件來啓動內建Google地圖程式，如下圖所示：

當 按鈕顯示 .被點選
執行 設 Activity啟動器1 . 動作 為 " android.intent.action.VIEW "
設 Activity啟動器1 . 資料URI 為 合併文字 " geo: "
文字輸入盒緯度 . 文字
" , "
文字輸入盒經度 . 文字
呼叫 Activity啟動器1 .啟動Activity

10-2-2 啓動內建瀏覽器、打電話和寄送電子郵件

除了使用意圖啓動內建Google地圖外，我們也可以啓動內建程式來瀏覽網頁、打電話和寄送電子郵件。

啓動瀏覽器

啓動內建瀏覽器也是使用android.intent.action.VIEW動作類型，URI爲URL網址，我們準備使用文字輸入盒來輸入URL網址，如下圖所示：

設 Activity啟動器1 . 動作 為 " android.intent.action.VIEW "
設 Activity啟動器1 . 資料URI 為 文字輸入盒網址 . 文字
呼叫 Activity啟動器1 .啟動Activity

⊕ 打電話

啟動內建撥號程式是使用android.intent.action.DIAL動作，URI是電話號碼，如下圖所示：

設 [Activity啟動器1▼] . [動作▼] 為 " android.intent.action.DIAL "
設 [Activity啟動器1▼] . [資料URI▼] 為 ⊙ 合併文字 " tel:+ "
　　　　　　　　　　　　　　　　　　　　　　　[文字輸入盒電話▼] . [文字▼]
呼叫 [Activity啟動器1▼] .啟動Activity

⊕ 寄送電子郵件

我們可以使用android.intent.action.SENDTO動作類型啟動內建電子郵件工具來寄送郵件，URI是收件者的電子郵件地址，如下圖所示：

設 [Activity啟動器1▼] . [動作▼] 為 " android.intent.action.SENDTO "
設 [Activity啟動器1▼] . [資料URI▼] 為 ⊙ 合併文字 " mailto: "
　　　　　　　　　　　　　　　　　　　　　　　[文字輸入盒電郵▼] . [文字▼]
呼叫 [Activity啟動器1▼] .啟動Activity

🗔 範例專案：ch10_2_2.aia

在Android App啟動內建瀏覽器、打電話和寄送電子郵件，只需輸入URL網址後，按「**瀏覽器**」鈕，可以啟動瀏覽器程式顯示此URL網址的網頁內容，其執行結果如下圖所示：

按「**打電話**」鈕，可以啟動撥號程
式和看到我們輸入的電話號碼，如右圖
所示：

在App Inventor的Android模擬器中，需要先點選下圖左的「**Add an email
address**」設定電子郵件地址後，才能測試寄送電子郵件，如下圖右所示：

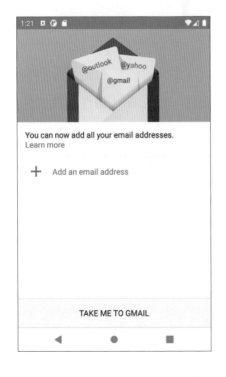
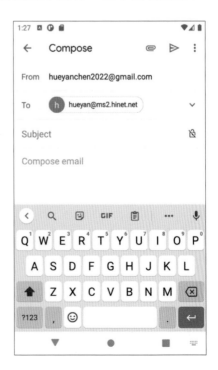

⊕ 專案的畫面編排

在「畫面編排」頁面建立使用介面，共新增3個水平配置、6個標籤、3個文字輸入盒（文字輸入盒網址、文字輸入盒電話和文字輸入盒電郵）、3個按鈕和1個Activity啟動器組件，如下圖所示：

⊕ 編輯組件屬性

在螢幕新增組件後，請依據下表選取各組件，然後在「**組件屬性**」區更改各組件的屬性值，主要屬性如下表所示：

組件	屬性	屬性值
Screen1	標題	啓動瀏覽器、打電話和寄送電子郵件
標籤1	文字	URL網址:
文字輸入盒網址	文字	https://www.google.com
按鈕1	文字	瀏覽器
標籤2	文字	電話號碼:
文字輸入盒電話	文字	1234567
按鈕2	文字	打電話
標籤3	文字	郵件地址:
文字輸入盒電郵	文字	hueyan@ms2.hinet.net
按鈕3	文字	寄郵件

⊕ 拼出積木程式

請切換至「程式設計」頁面，新增「**按鈕1~3.被點選**」事件處理，如下圖所示:

上述積木程式分別使用Activity啓動器組件來啓動內建瀏覽器、撥號程式和郵件工具。

10-3 網路瀏覽器組件

在App Inventor支援兩種網路組件：**網路瀏覽器**和**網路**組件。我們可以使用**網路瀏覽器**組件，在螢幕建立自己的Web瀏覽器；和使用**網路**組件送出HTTP請求，來下載資料。

網路瀏覽器（WebViewer）組件是位在「**使用者介面**」（User Interface）分類的組件，可以顯示指定URL網址的Web網頁內容。此組件並沒有事件，我們是呼叫「**開啟網址**」方法來載入參數URL網址的網頁，如下圖所示：

上述積木的插槽是URL網址。雖然，我們可以在網路瀏覽器組件顯示網頁內容和點選超連結，也可以輸入表單欄位內容，不過，此組件並非全功能Web瀏覽器，仍然有部分功能並沒有支援。

🌐 網路瀏覽器組件的屬性

屬性	說明
當前頁標題	取得目前檢視網頁的標題文字。
當前網址	取得目前檢視網頁的URL網址。
首頁地址	存取組件初始開啟網頁的URL網址。

🌐 網路瀏覽器組件的方法

方法	說明
開啟網址(URL網址)	在組件載入參數「**URL網址**」的網頁內容。
可否回到上一頁()	檢查是否有前一頁瀏覽過的網頁。
可否進入下一頁()	檢查是否有下一頁瀏覽過的網頁。
回到上一頁()	瀏覽前一頁網頁。
進入下一頁()	瀏覽下一頁網頁。
回首頁()	回到首頁網頁。

範例專案：ch10_3.aia

在Android App建立一個簡單的瀏覽器程式，只需輸入網址，按下圖像按鈕，就可以顯示網頁內容。其執行結果如右圖所示：

專案的素材檔

圖像按鈕顯示的圖像需要先在「素材」區上傳圖檔「arrow1-a.png」，如右圖所示：

專案的畫面編排

在「畫面編排」頁面建立使用介面，共新增一個水平配置、兩個標籤、一個文字輸入盒（文字輸入盒網址）、一個按鈕（按鈕移至）和一個網路瀏覽器組件，如下圖所示：

⊕ 編輯組件屬性

在螢幕新增組件後,請依據下表選取各組件,然後在「**組件屬性**」區更改各組件的屬性值(N/A表示清除內容),如下表所示:

組件	屬性	屬性值
Screen1	標題	使用網路瀏覽器組件
標籤1	文字	網址:
文字輸入盒網址	文字	http://www.google.com
文字輸入盒網址	寬度	填滿
按鈕移至	圖像	arrow1-a.png
按鈕移至	文字	N/A

⊕ 拼出積木程式

請切換至「程式設計」頁面,新增全域變數「**網址**」以及「**按鈕移至.被點選**」事件處理,如下圖所示:

上述事件處理是使用「**如果-則-否則**」條件積木判斷是否有輸入URL網址。如果沒有輸入,即空字串,就指定成預設URL網址:http://www.chwa.com.tw。接著呼叫網路瀏覽器組件的「**開啟網址**」方法,參數的插槽是URL網址的全域變數「**網址**」。

10-4 網路組件

網路（Web）組件提供HTTP通訊協定的GET、POST、PUT和DELETE請求，可以讓我們從Web取得資料，或上傳資料至Web。

10-4-1　使用網路組件

在App Inventor的「畫面編排」頁面，可以拖拉「**通訊/網路**」來新增網路組件，這是一個非可視組件。網路組件的基本操作分成兩大部分，如下所示：

⊕ 第一部分

在指定「**網址**」屬性值後，呼叫方法送出HTTP請求，主要是使用GET請求，如下圖所示：

⊕ 第二部分

我們需要新增「**網路1.取得文字**」或「**網路1.取得檔案**」事件處理來取得請求成功後，送回的文字資料或檔案，如下圖所示：

上述事件處理參數可以判斷是否請求成功。如果成功，就使用「**回應內容**」參數取得回傳字串；「**檔案名稱**」參數取得回傳的檔案名稱。

這一節的範例專案是建立HTML標籤檢視器，可以讀取指定URL網址的HTML標籤字串；下一節將說明如何使用網路組件來下載圖檔。

網路組件的屬性

屬性	說明
網址	Web請求的URL網址。
儲存回應訊息	是否將回應訊息儲存成檔案。
回應檔案名稱	如果指定將回應訊息儲存成檔案，就是使用此屬性取得檔案名稱。

網路組件的方法

方法	說明
建立資料請求(清單)	將參數鍵值清單轉換成POS請求的送出資料。
執行GET請求()	使用「網址」屬性值的URL網址來執行HTTP GET請求，如果「儲存回應訊息」屬性值是false，就會觸發「取得文字」事件。
執行POST檔案請求(路徑)	使用「網址」屬性值的URL網址來執行HTTP POST請求，送出的資料是參數「路徑」的檔案。
執行POST文字請求(文字)	使用「網址」屬性值的URL網址來執行HTTP POST請求，送出的資料是參數「文字」的字串內容。
解碼JSON文字(JSON文字)	解碼參數的JSON文字，JSON清單解碼成清單，物件解碼成擁有2個清單的巢狀清單。
解碼HTML文字(HTML文字)	解碼HTML文字內容，可以將無法顯示的字元，轉換成適當的字元。

網路組件的事件

事件	說明
取得檔案	當Web請求結束時，就觸發此事件。可以在事件處理方法的「回應程式碼」參數判斷是否成功，值200是成功，然後使用「檔案名稱」參數取得回應資料的檔案。
取得文字	當Web請求結束時，就觸發此事件。可以在事件處理方法的「回應程式碼」參數判斷是否成功，然後使用「回應內容」參數取得回應資料。

範例專案：ch10_4_1.aia

　　在Android App建立HTML標籤碼檢視器，只需輸入網址，按「**查詢**」鈕，稍等一下，就可以在下方多行文字輸入盒顯示網頁的HTML原始程式碼，如右圖所示：

專案的畫面編排

　　在「畫面編排」頁面建立使用介面，共新增一個水平配置、兩個標籤、兩個文字輸入盒（文字輸入盒網址、文字輸入盒輸出）、一個按鈕（按鈕查詢）和一個網路組件，如下圖所示：

編輯組件屬性

在螢幕新增組件後，請依據下表選取各組件，然後在「**組件屬性**」區更改各組件的屬性值（N/A表示清除內容），如下表所示：

組件	屬性	屬性值
Screen1	標題	使用網路組件
標籤1	文字	網址:
文字輸入盒網址	文字	https://fchart.github.io/test.html
文字輸入盒網址	寬度	填滿
按鈕查詢	文字	查詢
文字輸入盒輸出	寬度, 高度	填滿, 填滿
文字輸入盒輸出	允許多行	勾選（true）
文字輸入盒輸出	文字	N/A

拼出積木程式

請切換至「程式設計」頁面，新增「**按鈕查詢.被點選**」事件處理，如下圖所示：

上述事件處理指定網路組件的「**網址**」屬性為輸入的文字輸入盒內容後，呼叫「**執行GET請求**」方法送出HTTP GET請求。

接下來，我們需要新增「**網路1.取得文字**」事件處理，可以取得請求成功回傳的字串，如下圖所示：

上述事件處理使用「**如果-則-否則**」二選一條件積木，判斷參數「**回應程式碼**」的值是否是200。如果是，表示請求成功，我們可以使用參數「**回應內容**」取得回傳的文字內容，這是一個字串常數；如果不是，就顯示錯誤訊息文字。

🔅 10-4-2　下載與顯示圖檔

在第10-4-1節送出的HTTP GET請求可以回傳文字內容，這一節我們準備回傳圖檔，換句話說，就是下載檔案。因為我們需要儲存下載檔案，在送出HTTP請求前，別忘了指定「**儲存回應訊息**」屬性值為**真**，如下圖所示：

因為儲存檔案，所以新增的是「**網路1.取得檔案**」事件處理。

🗂 範例專案：ch10_4_2.aia

在Android App建立簡單的圖檔下載程式，可以讓我們輸入圖像的URL網址後，按「**下載**」鈕，稍等一下，即可在下方顯示下載的圖檔；如果輸入URL網址的檔名有錯誤，就會顯示訊息框的錯誤訊息文字，如下圖所示：

⊕ 專案的畫面編排

　　在「畫面編排」頁面建立使用介面，共新增一個水平配置、兩個標籤、一個文字輸入盒（文字輸入盒網址）、一個按鈕（按鈕下載）、一個圖像、一個對話框和一個網路組件，如下圖所示：

⊕ 編輯組件屬性

　　在螢幕新增組件後，請依據下表選取各組件，然後在「**組件屬性**」區更改各組件的屬性值，如下表所示：

組件	屬性	屬性值
Screen1	標題	下載與顯示圖檔
標籤1	文字	網址:
文字輸入盒網址	文字	https://fchart.github.io/img/Butterfly.png
文字輸入盒網址	寬度	填滿
按鈕下載	文字	下載
圖像1	寬度, 高度	填滿, 填滿

⊕ 拼出積木程式

請切換至「程式設計」頁面，新增「**按鈕下載.被點選**」事件處理，如下圖所示：

上述事件處理指定網路組件的「**儲存回應訊息**」屬性為**真**；「**網址**」屬性值是輸入的文字輸入盒內容，然後呼叫「**執行GET請求**」方法送出HTTP GET請求。

接著，我們需要新增「**網路1.取得檔案**」事件處理，可以取得請求成功回傳的圖檔名稱，如下圖所示：

上述事件處理使用「**如果-則-否則**」二選一條件積木，判斷參數「**回應程式碼**」的值是否是200。如果是，表示請求成功，就指定「**圖像**」組件顯示的圖片為參數「**檔案名稱**」回傳下載的圖檔名稱；如果有錯誤，就呼叫「**對話框1.顯示訊息對話框**」方法來顯示錯誤訊息框。

10-5 地圖組件

App Inventor在「地圖」分類提供和Google地圖相同的地圖功能,使用的是 Open Street Map地圖,我們只需在Screen1螢幕新增「**地圖**」組件,就可以在之下 新增「**標記**」組件來標示地圖。

在這一節我們準備建立一個簡單的景點導覽App,使用下拉式選單選擇景點 後,可以使用地圖組件顯示景點導覽地圖,和標示3個景點位置。

範例專案:ch10_5.aia

在Android App使用地圖組件建立台北市景點導覽,可以使用下拉式選單選擇 景點來顯示附近地圖,和標示主要景點,其執行結果如下圖所示:

上述第一個景點是大安森林公園,可以看到3個不同色彩的標記,點選標記可 以顯示說明文字的浮動框,點選上方的下拉式選單,可以切換顯示的景點導覽地 圖。

⊕ 專案的畫面編排

在「畫面編排」頁面建立使用介面，共新增1個下拉式選單、1個地圖組件，在地圖組件下有3個標記組件，如下圖所示：

⊕ 編輯組件屬性

在螢幕新增組件後，請依據下表選取各組件，然後在「**組件屬性**」區更改各組件的屬性值（N/A表示清除內容），如下表所示：

組件	屬性	屬性值
Screen1	標題	台北市景點導覽
下拉式選單景點	元素字串	大安森林公園, 國父紀念館
地圖景點	高度, 寬度	填滿, 填滿
標記2	填色	藍色
標記3	填色	黃色

⊕ **拼出積木程式**

　　請切換至「程式設計」頁面，新增全域變數「**目前索引**」與「**景點資訊**」，分別用來記錄目前顯示的景點索引，和在標記組件顯示的訊息文字，這是一個巢狀清單，如下圖所示：

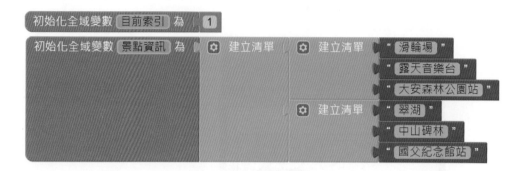

　　接著建立「**設定大安森林公園**」和「**設定國父紀念館**」二個程序來設定地圖和標記組件，以「**設定大安森林公園**」程序為例，如下圖所示：

　　上述「設定大安森林公園」程序首先指定目前索引是1，然後指定「**地圖景點.中心字串**」屬性，這是地圖組件顯示中心點的GPS座標，接著呼叫「**標記1~3.設定位置**」方法，指定3個標記組件的GPS座標，最後指定「**地圖景點.縮放程度**」屬性的縮放大小，值愈大；地圖愈大。

接著新增「**Screen1.初始化**」和下拉式選單的「**下拉式選單景點.選擇完成**」事件處理，如下圖所示：

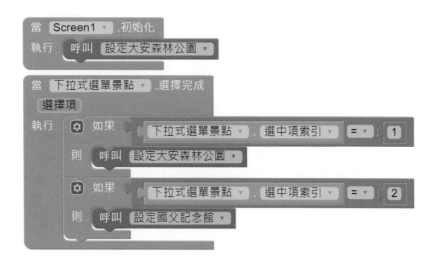

上述「Screen1.初始化」事件處理呼叫「設定大安森林公園」程序來設定地圖和標記組件的座標是顯示大安森林公園，「下拉式選單景點.選擇完成」事件處理使用2個「如果-則」條件判斷是哪一個景點，然後呼叫對應方法來設定地圖和標記組件的座標。

最後，我們需要新增「**標記1~3.被點選**」事件處理來顯示當使用者點選標記時，顯示訊息文字的浮動視窗，以「**標記1.被點選**」事件處理為例，如下圖所示：

上述「**標記1.被點選**」事件處理是使用全域變數「**目前索引**」，從「**景點資訊**」巢狀清單的第1層使用「**選擇清單-中索引值為-的清單項目**」積木取出是哪一個景點，然後重複在第2層取出是哪一個標記組件顯示的訊息文字，即「**標記1.標題**」屬性值，最後呼叫「**標記1.展示資訊框**」方法來顯示浮動資訊框。

選擇題

( ) 1. 請問下列哪一個App Inventor組件可以建立類似內建Google地圖的功能?

(A)網路　(B)地圖　(C)網路瀏覽器　(D)音樂播放器。

( ) 2. 請問下列哪一個是Activity啟動器組件支援的事件?

(A)呼叫Activity完成　　　　(B)取消Activity

(C)處理Activity　　　　　　(D)啟動Activity。

( ) 3. 緊急通知App需要使用意圖發送簡訊,請問可以使用下列哪一個萬用資源識別URI?

(A)「tel:+1234567」

(B)「sms:1234567」

(C)「mailto:hueyan@ms2.hinet.net」

(D)「geo:25.046,121.516」。

( ) 4. 在Activity啟動器組件指定相關屬性後,就可以呼叫下列哪一個方法來啟動內建App?

(A)啟動意圖　　　　　　(B)啟動App

(C)啟動Activity　　　　　(D)啟動Activity啟動器。

( ) 5. 在Android App需要啟動內建地圖來顯示位置,請問App Inventor是使用下列哪一個組件來啟動?

(A)位置感測器　　　　　(B)網路瀏覽器

(C)音效　　　　　　　　(D)Activity啟動器。

問答題

1. 請舉例說明Android作業系統的意圖是什麼？

2. 請問意圖的參數主要有哪2個？App Inventor是使用什麼組件來建立啟動內建App的意圖？

3. 請問App Inventor的網路組件有哪幾種？

4. 請問網路組件的基本操作分成哪二大部分？

5. 請問什麼是地圖和標記組件？

實作題

1. 請建立App Inventor專案新增1個按鈕組件，按下按鈕可以使用意圖啟動內建瀏覽器程式，顯示貴公司或學校的網頁。

2. 請先使用Google地圖找出101大樓（或85大樓）的GPS座標，然後建立App Inventor專案新增1個按鈕組件，可以使用地圖組件顯示附近的地圖。

3. 請修改習題1的專案，新增1個網路瀏覽器和1個按鈕組件，按下新增的按鈕是在網路瀏覽器組件顯示網頁內容。

4. 請修改第6-4節的BMI計算機，首先使用Google搜尋1頁解決體重肥胖和1頁解決體重過輕問題的網頁，共2頁，當輸入計算的BMI值是肥胖或過輕時，就分別切換至第2頁螢幕，顯示2頁網頁內容。

5. 使用App Inventor建立早餐或飲料店的手機點餐系統，可以選擇3項餐點或飲料，輸入數量，按下按鈕顯示訂單總價，同時提供按鈕可以分別撥號服務電話，和使用地圖組件在第2頁螢幕顯示早餐或飲料店的位置。

6. 請建立App Inventor專案可以下載和顯示學校網站的一張圖檔。

NOTE

Chapter 11

綜合應用一
繪圖、動畫與多媒體

11-1 聲音組件

App Inventor建立繪圖、動畫與多媒體時，需要使用「**圖像**」、「**畫布**」、「**計時器**」和「**聲音**」組件。在本章前我們已經說明過「**圖像**」、「**畫布**」和「**計時器**」組件，在這一節將介紹聲音組件。

App Inventor的聲音組件是位在「**組件面板**」區的「**多媒體**」分類，主要有三個組件，而這三個都是非可視組件，其簡單說明如下：

((ρ)) **錄音機組件：**可以使用行動裝置的麥克風進行錄音。

((ρ)) **音樂播放器組件：**適用在需要播放長時間音樂和控制音樂的播放，此組件也支援震動。

((ρ)) **音效組件：**適用在只會播一次的音效，此組件也支援震動。

🔆 11-1-1 錄音機

錄音機（SoundRecorder）組件是一種多媒體組件，可以使用行動裝置的麥克風來進行錄音。

⊕ 錄音機組件的屬性

屬性	說明
儲存記錄	聲音檔儲存的路徑。

⊕ 錄音機組件的方法

方法	說明
開始()	開始錄音。
停止()	停止和結束錄音。

⊕ 錄音機組件的事件

事件	說明
錄製完成	當錄製完成聲音檔後觸發此事件，可以在事件處理的「**聲音**」參數取得聲音檔的路徑。
開始錄製	錄音開始時，就觸發此事件。
停止錄製	錄音停止時，就觸發此事件。

🔆 11-1-2　音樂播放器

音樂播放器（Player）組件是可以播放聲音檔和控制行動裝置震動的多媒體組件。

⊕ 音樂播放器組件的屬性

屬性	說明
播放狀態	傳回聲音檔是否在播放中，true是播放中。
只能在前景運行	是否只有在前景可見時，才播放聲音檔。
循環播放	是否循環播放，true是循環播放。
來源	存取播放聲音檔的檔名字串，包含副檔名。
音量	存取播放的音量大小，值是0～100之間。

⊕ 音樂播放器組件的方法

方法	說明
開始()	開始播放聲音檔。
停止()	停止播放聲音檔。
暫停()	暫停播放聲音檔。
震動(毫秒數)	讓行動裝置震動，參數是毫秒數的震動時間。

⊕ 音樂播放器組件的事件

事件	說明
已完成	當聲音檔播放完畢時，就會觸發此事件。

🔆 11-1-3　音效

音效（Sound）組件也是播放聲音檔和控制行動裝置震動的多媒體組件。

⊕ 音效組件的屬性

屬性	說明
來源	存取播放聲音檔的檔名字串，包含副檔名。
最小間隔	存取播放聲音檔之間的最小間隔時間，單位是毫秒。

⊕ 音效組件的方法

音效組件除了支援音樂播放器組件所有方法外，還多了一個方法，其說明如下表所示：

方法	說明
回復()	當暫停播放聲音檔時，回復播放。

11-2 綜合應用：行動小畫家

行動小畫家是第5-3節「**畫布**」組件觸控事件的繪圖應用，可以讓我們使用按鈕指定畫筆的色彩和筆寬，並可在矩形畫布上塗鴉繪圖。

☐ 步驟一：開啟和執行App Inventor專案

請啟動瀏覽器進入App Inventor，然後開啟和執行「**paint.aia**」專案，可以看到執行結果，如下圖所示：

上方圓形色彩按鈕可以切換畫筆色彩；點選畫面是畫點、拖拉可以畫線；在右下方可以使用按鈕和滑桿調整畫筆寬度；按左下方「**清除**」鈕清除畫布內容，按「**儲存**」鈕可以儲存成圖檔，並在對話框中顯示儲存的圖檔路徑。

步驟二：建立使用介面的畫面編排

　　行動小畫家的畫面編排是使用「**畫布**」組件建立繪圖區域，「**按鈕**」組件提供線寬和色彩的調整，或使用「**滑桿**」組件來調整線寬。

使用介面的畫面編排

　　在Screen1螢幕建立使用介面，共新增九個按鈕、兩個水平配置、兩個標籤、一個畫布、一個滑桿和一個對話框組件，如下圖所示：

介面組件的屬性設定

　　在畫面新增組件後，位在最上方的工具列是五個圓形色彩按鈕，依序是「**按鈕紅色**」、「**按鈕綠色**」、「**按鈕藍色**」、「**按鈕黃色**」和「**按鈕黑色**」，如下圖所示：

　　在「背景顏色」屬性依序指定對應色彩後，按鈕組件相同的屬性設定（N/A表示清除內容）如下表所示：

屬性	屬性值
形狀	橢圓形
文字	N/A
寬度	30像素
高度	30像素

然後請依據下表選取各組件後，在「**組件屬性**」區更改各組件的屬性值，如下表所示：

組件	屬性	屬性值
Screen1	標題	行動小畫家
標籤1	文字	畫筆色彩:
畫布1	寬度	填滿
畫布1	高度	填滿
按鈕清除	文字	清除
按鈕儲存	文字	儲存
按鈕增加線寬	文字	+1
標籤線寬	文字	5
按鈕減少線寬	文字	-1
滑桿1	最大值	10
滑桿1	最小值	1
滑桿1	指針位置	5

步驟三：拼出專案的積木程式

在完成使用介面設計的畫面編排後，我們可以開始建立積木程式。

宣告全域變數

在積木程式宣告一個全域變數「**畫筆線寬**」，其值是目前畫筆的線寬，如下圖所示：

初始化全域變數 畫筆線寬 為 5

⊕ 「Screen1.初始化」事件處理

在「Screen1.初始化」事件處理初始程式狀態，指定畫筆線寬是全域變數「**畫筆線寬**」，指定畫筆顏色為**黑色**，如下圖所示：

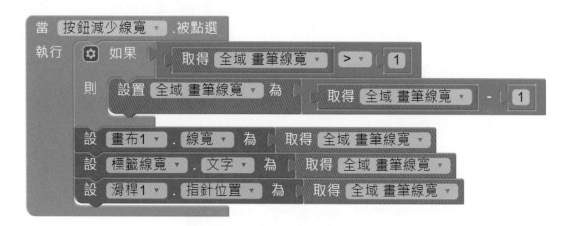

⊕ 「按鈕減少線寬.被點選」事件處理

「按鈕減少線寬.被點選」事件處理是減少線寬。使用「**如果-則**」條件積木判斷是否大於1，如果是，表示可以減少，所以將全域變數「**畫筆線寬**」減1，如下圖所示：

因為全域變數「**畫筆線寬**」減1，所以需要更新畫布的畫筆線寬，和在「**標籤線寬**」組件顯示線寬和滑桿的線寬位置。

「按鈕增加線寬.被點選」事件處理

「按鈕增加線寬.被點選」事件處理是增加線寬,使用「**如果-則**」條件積木判斷是否小於10,如果是,表示可以增加,所以將全域變數「**畫筆線寬**」加1,如下圖所示:

當 [按鈕增加線寬 ▾] .被點選
執行　⚙ 如果　　取得 [全域 畫筆線寬 ▾] [< ▾] [10]
　　　 則　　設置 [全域 畫筆線寬 ▾] 為　⚙　取得 [全域 畫筆線寬 ▾] [+] [1]
　　　 設 [畫布1 ▾] . [線寬 ▾] 為　取得 [全域 畫筆線寬 ▾]
　　　 設 [標籤線寬 ▾] . [文字 ▾] 為　取得 [全域 畫筆線寬 ▾]
　　　 設 [滑桿1 ▾] . [指針位置 ▾] 為　取得 [全域 畫筆線寬 ▾]

因為全域變數「**畫筆線寬**」加1,所以需要更新畫布的畫筆線寬,和在「**標籤線寬**」組件顯示線寬和滑桿的線寬位置。

5個色彩按鈕的事件處理

色彩按鈕的事件處理是更改畫筆的色彩。5個事件處理分別指定成紅、綠、黃、藍和黑色,如下圖所示:

當 [按鈕紅色 ▾] .被點選
執行　設 [畫布1 ▾] . [畫筆顏色 ▾] 為 [　　]

當 [按鈕綠色 ▾] .被點選
執行　設 [畫布1 ▾] . [畫筆顏色 ▾] 為 [　　]

當 [按鈕黃色 ▾] .被點選
執行　設 [畫布1 ▾] . [畫筆顏色 ▾] 為 [　　]

當 [按鈕藍色 ▾] .被點選
執行　設 [畫布1 ▾] . [畫筆顏色 ▾] 為 [　　]

當 [按鈕黑色 ▾] .被點選
執行　設 [畫布1 ▾] . [畫筆顏色 ▾] 為 [　　]

「畫布1.被拖動」事件處理

「畫布1.被拖動」事件處理是畫線。呼叫「**畫線**」方法繪出直線，其座標是從參數（前點X座標, 前點Y座標）繪至（當前X座標, 當前Y座標），如下圖所示：

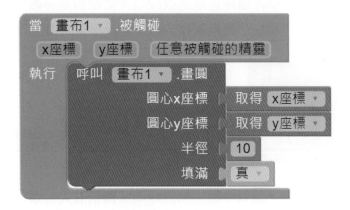

「畫布1.被觸碰」事件處理

「畫布1.被觸碰」事件處理是畫點。呼叫「**畫圓**」方法繪出填滿圓形，圓心座標是參數（x座標, y座標），可以繪出參數「**半徑**」值10的圓，如下圖所示：

「按鈕清除.被點選」事件處理

「按鈕清除.被點選」事件處理是呼叫「**清除畫布**」方法來清除畫布內容，如下圖所示：

⊕ 「按鈕儲存.被點選」事件處理

在「按鈕儲存.被點選」事件處理可以將畫布儲存成檔案，我們是在訊息框顯示儲存的圖檔路徑，如下圖所示：

上述「**訊息**」參數值是呼叫「**畫布1.儲存**」方法儲存圖檔，因為其傳回值就是圖檔路徑字串，也就是訊息框顯示的文字內容。

⊕ 「滑桿1.位置變化」事件處理

「滑桿1.位置變化」事件處理也是更改線寬，更改值是參數「**指針位置**」，需要更新畫布的畫筆線寬，和在「**標籤線寬**」組件顯示線寬，如下圖所示：

上述參數「**指針位置**」值有小數，所以呼叫「**四捨五入**」函數取得整數的線寬值。

11-3 綜合應用：認識動物

認識動物是「**圖像**」、「**音效**」、「**音樂播放器**」和「**錄音機**」組件的整合應用，可以使用按鈕切換動物圖像和英文單字，按下按鈕可以播放動物叫聲，下方按鈕提供錄音功能，可以讓使用者自行試著模仿動物叫聲。

步驟一：開啟和執行App Inventor專案

請啟動瀏覽器進入App Inventor，開啟並執行「**animal.aia**」專案，可以看到執行結果，如右圖所示：

按上方兩個箭頭鈕可以切換顯示不同動物；按中間的「**叫聲**」鈕播放動物叫聲；按位在下方按鈕列的第一個按鈕是錄音，再按一下停止錄音，之後是播放錄音檔的控制按鈕，可以播放和停止錄音的播放。

> 錄音功能請用實機或夜神模擬器來測試。

步驟二：建立使用介面的畫面編排

認識動物的畫面編排是使用「**圖像**」組件顯示動物圖像，按鈕組件來切換、播放叫聲和控制錄音與播放。

🌐 使用介面的畫面編排

在Screen1螢幕建立使用介面，共新增六個按鈕、一個圖像和八個標籤組件，最後是非可視的音效、錄音機和音樂播放器組件，如右圖所示：

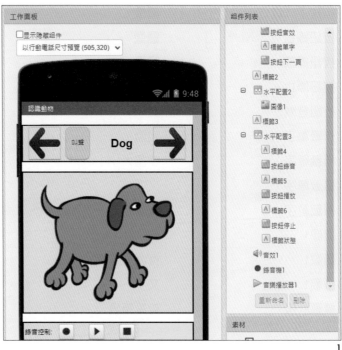

⊕ 上傳素材檔案

在「素材」區需要上傳專案所需的動物圖像、按鈕圖像和音樂檔,如右圖所示:

dog1.wav、horse.wav和meow.wav是動物叫聲檔,arrow1-a.png、arrow1-b.png、startrecord.png、stoprecord.png、play.png和stop.png是按鈕圖像,其他3張是動物圖像。

⊕ 介面組件的屬性設定

在螢幕新增組件後,請依據下表選取各組件,然後在「**組件屬性**」區更改各組件的屬性值(N/A表示清除內容),如下表所示:

組件	屬性	屬性值
Screen1	標題	認識動物
按鈕前一頁、按鈕下一頁、按鈕錄音、按鈕播放、按鈕停止、標籤狀態	文字	N/A
按鈕前一頁	圖像	arrow-1b.png
按鈕下一頁	圖像	arrow-1a.png
按鈕錄音	圖像	startrecord.png
按鈕播放	圖像	play.png
按鈕停止	圖像	stop.png
按鈕音效	文字	叫聲
標籤單字	粗體	勾選(true)
標籤單字	字體大小	24
標籤單字	文字	Dog
標籤單字	寬度	100像素
圖像1	圖片	dog2-a.png
圖像1	寬度,高度	250,250像素
標籤1	文字	錄音控制:
標籤狀態	背景顏色	黃色

步驟三：拼出專案的積木程式

在完成使用介面設計的畫面編排後，我們可以開始建立積木程式。

宣告全域變數

在積木程式共宣告了四個全域變數。第一個變數是目前圖像編號的「**目前索引**」，然後是儲存動作圖像、音效和單字的三個清單變數，如下圖所示：

「Screen1.初始化」事件處理

在「Screen1.初始化」事件處理首先新增三個清單變數的各三個元素，即圖檔、單字和音效檔名字串，如下圖所示：

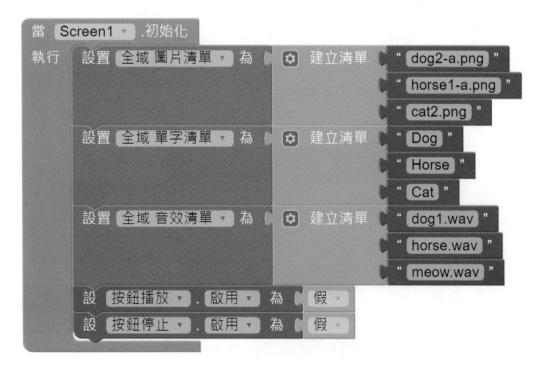

接著指定「**按鈕播放**」和「**按鈕停止**」組件是否啟用。因為尚未錄音，所以「**按鈕播放**」和「**按鈕停止**」都不可用。

⊕ 「按鈕下一頁.被點選」事件處理

「按鈕下一頁.被點選」事件處理是顯示下一張動物圖像。使用「**如果-則**」條件積木判斷是否有下一張（即小於3），如果有，就將全域變數「**目前索引**」加1後，顯示索引的圖檔和單字，如下圖所示：

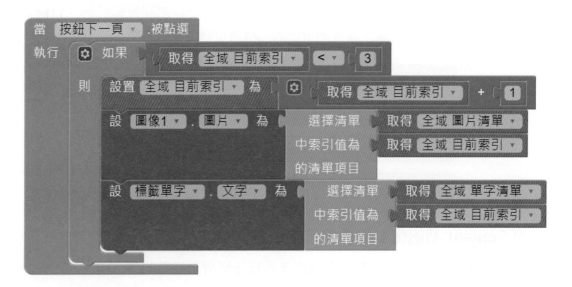

⊕ 「按鈕前一頁.被點選」事件處理

「按鈕前一頁.被點選」事件處理是顯示前一張動物圖像。使用「**如果-則**」條件積木判斷是否有前一張（即大於1），如果有，就將全域變數「**目前索引**」減1後，顯示索引的圖檔和單字，如下圖所示：

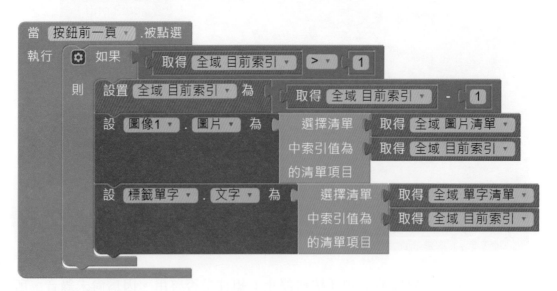

⊕ 「按鈕音效.被點選」事件處理

「按鈕音效.被點選」事件處理是從清單中取出目前索引的音效檔來指定來源文件後，呼叫「**音效1.播放**」方法播放動物叫聲，如下圖所示：

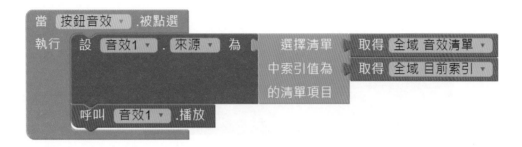

⊕ 「按鈕錄音.被點選」事件處理

「按鈕錄音.被點選」事件處理是使用「**如果-則-否則**」條件積木，判斷目前是錄音中或停止錄音，條件是按鈕顯示的圖像，如果是startrecord.png，就更改按鈕圖像，並呼叫「**開始**」方法開始錄音；如果不是，就更改按鈕圖像，並呼叫「**停止**」方法停止錄音，如下圖所示：

當　按鈕錄音▼　.被點選
執行　⚙ 如果　文字比較　按鈕錄音▼　圖像▼　=▼　" startrecord.png "
　　　　則　設　按鈕錄音▼　圖像▼　為　stoprecord.png ▼
　　　　　　設　標籤狀態▼　文字▼　為　" 錄音中...... "
　　　　　　呼叫　錄音機1▼　開始
　　　　否則　設　按鈕錄音▼　圖像▼　為　startrecord.png ▼
　　　　　　設　標籤狀態▼　文字▼　為　" 結束錄音...... "
　　　　　　呼叫　錄音機1▼　停止

⊕ 「錄音機.錄製完成」事件處理

「錄音機.錄製完成」事件處理是當錄音完成後呼叫，可以在此方法指定「**音樂播放器1**」組件的「**來源**」屬性值為參數「**聲音**」，和啟用「**按鈕播放**」組件來播放錄音，如下圖所示：

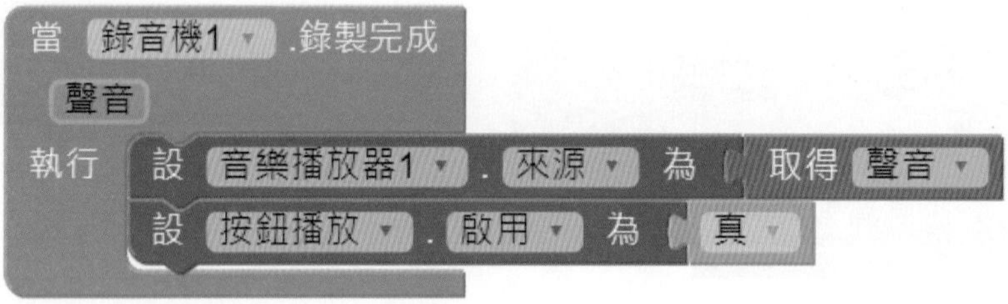

```
當 錄音機1 ▼ .錄製完成
   聲音
執行   設 音樂播放器1 ▼ . 來源 ▼ 為 取得 聲音 ▼
       設 按鈕播放 ▼ . 啟用 ▼ 為 真 ▼
```

⊕ 「按鈕播放.被點選」事件處理

在「按鈕播放.被點選」事件處理更改按鈕的啟用狀態及標籤內容後，呼叫「**開始**」方法播放錄音，如下圖所示：

```
當 按鈕播放 ▼ .被點選
執行   設 按鈕播放 ▼ . 啟用 ▼ 為 假 ▼
       設 按鈕停止 ▼ . 啟用 ▼ 為 真 ▼
       設 標籤狀態 ▼ . 文字 ▼ 為 " 錄音播放中……"
       呼叫 音樂播放器1 ▼ .開始
```

⊕ 「按鈕停止.被點選」事件處理

在「按鈕停止.被點選」事件處理更改按鈕的啟用狀態及標籤內容後，呼叫「**停止**」方法停止播放錄音，如下圖所示：

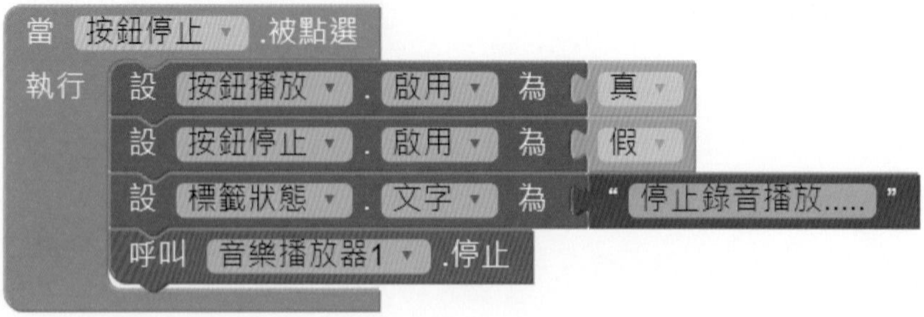

```
當 按鈕停止 ▼ .被點選
執行   設 按鈕播放 ▼ . 啟用 ▼ 為 真 ▼
       設 按鈕停止 ▼ . 啟用 ▼ 為 假 ▼
       設 標籤狀態 ▼ . 文字 ▼ 為 " 停止錄音播放……"
       呼叫 音樂播放器1 ▼ .停止
```

11-4 綜合應用：鯊魚碼表

　　鯊魚碼表是「**畫布**」、「**音效**」和「**計時器**」組件的整合應用，這是一個倒數計時1分鐘的碼表，並且在下方顯示鯊魚圖像的動畫。

步驟一：開啓和執行App Inventor專案

　　請啓動瀏覽器進入App Inventor，然後開啓和執行「**sharktimer.aia**」專案，可以看到執行結果，如下圖所示：

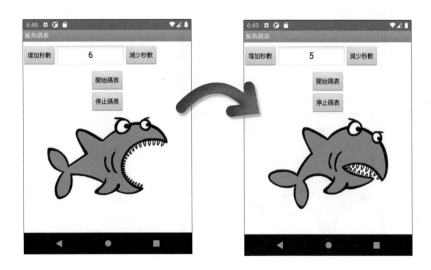

　　上方按鈕可以調整秒數，最多60秒，按中間的「**開始碼表**」鈕開始倒數計時，同時在下方看到鯊魚圖像張嘴和閉嘴動畫，等到時間到時，就會聽到鬧鐘聲，按「**停止碼表**」鈕停止計時和鬧鐘聲。

步驟二：建立使用介面的畫面編排

　　鯊魚碼表的畫面編排是使用按鈕和文字輸入盒建立計時器介面，下方則是使用一個「**畫布**」組件用來建立動畫。

🌐 使用介面的畫面編排

在Screen1螢幕建立使用介面，共新增四個按鈕、一個文字輸入盒和一個畫布組件，最後是非可視的音效和兩個計時器組件，如下圖所示：

🌐 上傳素材檔案

在「**素材**」區需要上傳專案所需的圖像和音樂檔，如下圖所示：

AlarmClock.wav是鬧鐘聲，shark-a.png和shark-b.png是鯊魚的2張圖像。

介面組件的屬性設定

在螢幕新增組件後，請依據下表選取各組件，然後在「**組件屬性**」區更改各組件的屬性值（N/A表示清除內容），如下表所示：

組件	屬性	屬性值
Screen1	標題	鯊魚碼表
按鈕增加	文字	增加秒數
文字輸入盒秒數	文字	10
文字輸入盒秒數	字體大小	20
按鈕減少	文字	減少秒數
按鈕開始	文字	開始碼表
按鈕停止	文字	停止碼表
水平配置2	寬度	填滿
水平配置2	水平對齊	居中
畫布1	背景圖像	shark-a.png
音效1	來源	AlarmClock.wav
計時器鯊魚	計時間隔	500

步驟三：拼出專案的積木程式

在完成使用介面設計的畫面編排後，我們可以開始建立積木程式。

「Screen1.初始化」事件處理

在「Screen1.初始化」事件處理初始程式狀態，首先停用兩個計時器組件後，指定兩個計時器的「計時間隔」屬性，第一個是1秒；第二個是半秒，如下圖所示：

⊕ 「按鈕增加.被點選」和「按鈕減少.被點選」事件處理

「按鈕增加.被點選」和「按鈕減少.被點選」事件處理可以分別增減「**文字輸入盒秒數**」組件的倒數秒數。我們是使用「**如果-則**」條件積木限制秒數在1~60秒，如下圖所示：

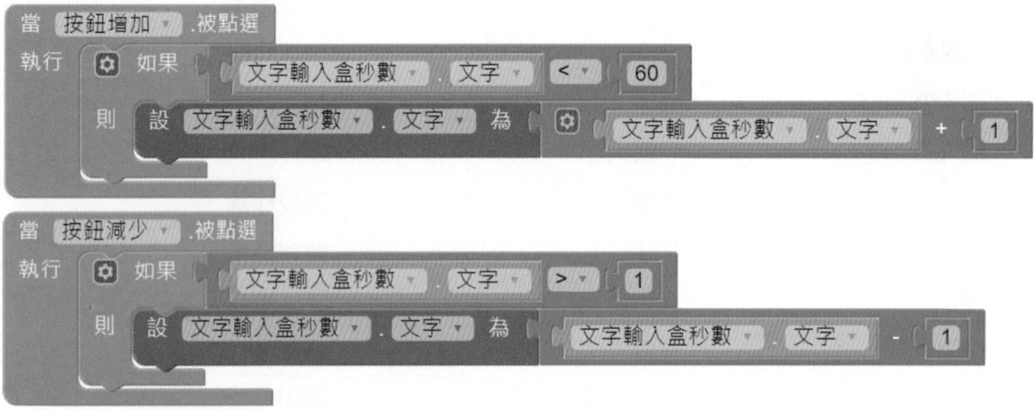

⊕ 「按鈕開始.被點選」事件處理

在「按鈕開始.被點選」事件處理啟動碼表，也就是啟用兩個計數器組件，如下圖所示：

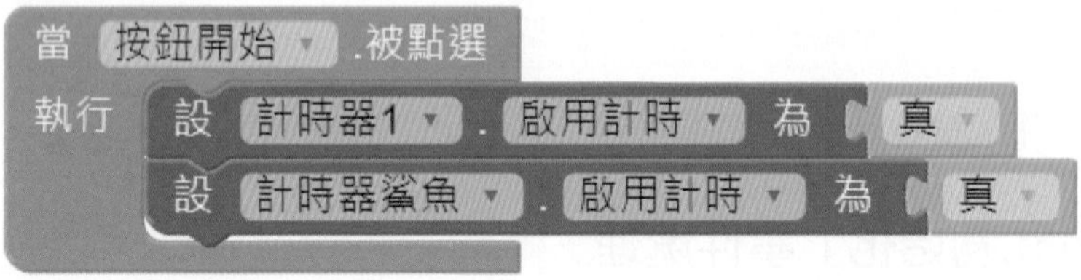

⊕ 「按鈕停止.被點選」事件處理

「按鈕停止.被點選」事件處理是停止碼表，在依序停用兩個計時器組件後，停止音效的播放，如下圖所示：

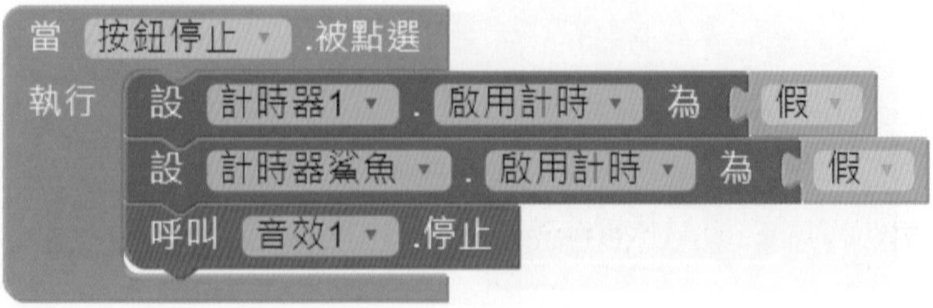

「計時器1.計時」事件處理

「計時器1.計時」事件處理是每一秒觸發一次，所以每一次將「**文字輸入盒秒數.文字**」屬性的秒數減1，如下圖所示：

上述「**如果-則**」條件積木判斷是否秒數為0，如果是，就停用「**計時器1**」組件和播放鬧鐘音效。

「計時器鯊魚.計時」事件處理

「計時器鯊魚.計時」事件處理是用來顯示動畫，也就是每半秒鐘切換顯示shark-a.png和shark-b.png圖像，如下圖所示：

NOTE

Chapter 12

綜合應用一
遊戲程式設計

AI2

12-1 認識遊戲程式設計

　　App Inventor遊戲程式設計是動畫和計時器的延伸，我們需要使用「**球形精靈**」和「**圖像精靈**」組件來建立動畫效果，也就是建立遊戲程式設計的角色。

12-1-1　精靈組件

　　App Inventor在「**繪圖動畫**」分類下提供建立動畫的兩種精靈組件：**球形精靈**（Ball）和**圖像精靈**（Image Sprite）。這兩種精靈組件基本上是相同的，主要差異只在顯示外觀，球形精靈是不同半徑和色彩的圓形；圖像精靈可以顯示圖檔。

　　球形精靈和**圖像精靈**這兩種精靈組件一定需要位在「**畫布**」組件之中，我們可以指定組件屬性來讓這兩種精靈組件移動，例如：讓精靈組件在畫布中每半秒鐘向上移動5像素，只需指定「**間隔**」屬性值為500毫秒；「**指向**」屬性為90；「**速度**」屬性是5，然後指定「**啟用**」屬性為true，就可以建立精靈組件移動的動畫效果。

🌐 精靈組件的屬性

屬性	說明
啟用	是否啟用精靈。值true是啟用，當「**速度**」屬性不為0時，就會移動精靈；反之false是停用。
指向	存取移動方向。其值是逆時鐘方向的角度，0度是向右；90度是向上；180度是向左；270（-90）度是向下。
間隔	存取移動精靈的間隔時間，單位是毫秒。
速度	移動精靈的速度，單位是像素。
X座標、Y座標、Z座標	精靈位置的X和Y座標，Z座標是圖層，數值愈高在愈上層。
半徑	球形精靈專屬，存取圓形的半徑。
畫筆顏色	球形精靈專屬，存取圓形的填滿色彩。
圖片	圖像精靈專屬，存取精靈顯示的圖像。
旋轉	圖像精靈專屬，精靈圖像是否可旋轉以符合其方向。值true是可以；反之為false。

⊕ 精靈組件的方法

方法	說明
移動到邊界()	當精靈組件移動超過畫布邊緣時，將它移回畫布之中。
反彈(邊緣數值)	將精靈組件依參數「**邊緣數值**」進行反彈，例如：本來向右；就反彈向左。
碰撞偵測(其他精靈)	檢查精靈組件是否與參數「**其他精靈**」碰撞。
移動到邊界	將精靈組件移動至畫布的邊界。
移動到指定位置(x座標, y座標)	將精靈組件移動至參數的座標。
轉到指定方向(x座標, y座標)	將精靈組件轉向面向參數的座標。
轉向指定對象(目標精靈)	將精靈組件轉向面向參數的目標精靈。

⊕ 精靈組件的事件

事件	說明
碰撞	當精靈組件碰到參數「**其他精靈**」時，就觸發此事件。
被拖曳	當精靈組件拖拉時，就觸發此事件，可以取得起點、前點和目前的座標。
到達邊界	當精靈組件到達畫布的邊界時，就觸發此事件。參數「**邊緣數值**」的值 1是北；2是東北；3是東；4是東南；-1是南；-2是西南；-3是西；-4是西北。
被滑過	當手指滑過精靈組件時，就觸發此事件，可以產生組件加速猛衝的效果。
結束碰撞	當精靈組件不再與參數「**其他精靈**」碰到時，就觸發此事件。
被壓下	當使用者按住精靈組件一段時間，就觸發此事件。
被鬆開	當使用者停止按住精靈組件，就觸發此事件。
被觸碰	當使用者按住精靈組件且馬上離開，就觸發此事件。

12-1-2　App Inventor遊戲程式設計

　　基本上，App Inventor遊戲程式設計共有五種方法來移動球形精靈和圖像精靈組件，也就是建立動畫效果，我們只需在動畫加入使用者控制。事實上，加入使用者控制的動畫，就是在App Inventor建立遊戲的基礎，因為大部分遊戲就是一種使用者控制的動畫，如下所示：

- **方法一**：使用精靈組件的屬性。我們可以更改精靈組件的「**指向**」和「**速度**」屬性來建立移動組件的動畫效果。

- **方法二**：使用計時器組件定時移動精靈組件來建立動畫效果。不只可以定時更換圖像，也可以更改精靈組件的X和Y座標來移動精靈組件。

- **方法三**：使用按鈕組件的事件處理。按下，就更改組件的X和Y座標來移動組件。

- **方法四**：使用組件手勢的觸控事件。我們可以使用精靈組件的「**被拖曳**」或「**被滑過**」事件來建立動畫效果。

- **方法五**：使用「**加速度感測器**」偵測加速的改變。我們可以傾斜行動裝置來更改精靈組件的方向和速度，進一步說明請參閱第14章。

12-2 綜合應用：打磚塊遊戲

　　打磚塊遊戲是非常經典的小遊戲，這一節我們首先使用按鈕組件移動橫桿來反彈乒乓球，然後將它修改成類似打磚塊的打水果遊戲，改用觸控的「**被拖曳**」事件來移動橫桿。

💡 12-2-1　乒乓球遊戲

　　乒乓球遊戲是「**畫布**」、「**球形精靈**」、「**圖像精靈**」和「**音效**」組件的整合應用。擁有球形精靈的反彈球，可以使用按鈕控制圖像精靈的橫桿，將球反彈回去，如果沒有接到球，遊戲就結束。

🕐 步驟一：開啟和執行App Inventor專案

　　請啟動瀏覽器進入App Inventor，然後開啟和執行「**pong.aia**」專案，可以看到執行結果，如下圖所示：

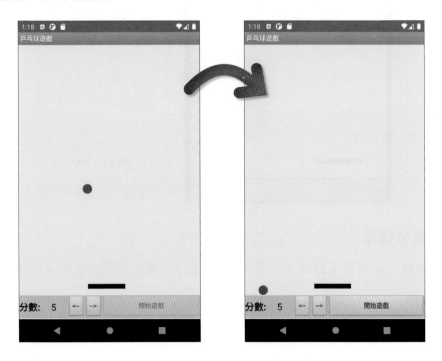

　　按「**開始遊戲**」鈕開始遊戲後，請按「**<--**」和「**-->**」鈕移動下方黑色橫桿將球反彈回去，每反彈一次得1分，如果球落至下方邊界成為紅色，遊戲就結束。

↺ 步驟二：建立使用介面的畫面編排

乒乓球遊戲的畫面編排主要是用畫布組件建立反彈球動畫，在下方標籤和按鈕組件是用來控制遊戲的進行和顯示得分。

⊕ 使用介面的畫面編排

在Screen1螢幕建立使用介面，共新增一個畫布、一個水平配置、三個按鈕、兩個標籤組件，在畫布之中是一個球形精靈和圖像精靈，最後是非可視的音效組件，如下圖所示：

⊕ 上傳素材檔案

在「**素材**」區需要上傳專案所需的「bar.png」圖像和「pop.wav」音樂檔，如下圖所示：

⊕ 介面組件的屬性設定

在螢幕新增組件後，請依據下表選取各組件，然後在「**組件屬性**」區更改各組件的屬性值（N/A表示清除內容），如下表所示：

組件	屬性	屬性值
Screen1	標題	乒乓球遊戲
畫布1	寬度, 高度	填滿, 填滿
畫布1	背景顏色	黃色
圖像精靈橫桿	圖片	bar.png
水平配置1	背景顏色	橙色
水平配置1	垂直對齊	居中
標籤1	文字	分數:
標籤1	粗體	勾選（true）
標籤1、標籤成績	字體大小	20
標籤成績	文字	N/A
標籤成績	寬度	60像素
按鈕向左	文字	<--
按鈕向右	文字	-->
按鈕開始	文字	開始遊戲
按鈕開始	寬度	填滿
音效1	來源	pop.wav

↺ 步驟三：拼出專案的積木程式

在完成使用介面設計的畫面編排後，我們可以開始建立積木程式。

⊕ 宣告全域變數

在積木程式宣告1個全域變數「**分數**」，其值是遊戲得分，如下圖所示：

初始化全域變數 分數 為 0

「Screen1.初始化」事件處理

在「Screen1.初始化」事件處理中，首先調整「**畫布1**」組件的高度，使用運算式「**Screen1.高度 - 100**」來填滿螢幕可用高度（需扣除水平配置和標題列的尺寸），然後計算「**圖像精靈橫桿**」組件的Y座標，位在畫布下方邊界上方25像素的位置，如下圖所示：

請注意！因為畫面編排有指定「**畫布1**」組件高度是填滿，我們是使用積木程式在初始螢幕時，將組件調整成螢幕高度減100。

「按鈕開始.被點選」事件處理

在「按鈕開始.被點選」事件處理初始全域變數「**分數**」值為0後，指定「**球形精靈黑球**」組件的顏色、速度、座標和使用亂數取得方向後，就啟用「**球形精靈黑球**」組件來移動球，如下圖所示：

「按鈕向左.被點選」和「按鈕向右.被點選」事件處理

「按鈕向左.被點選」和「按鈕向右.被點選」事件處理可以分別更改「**圖像精靈橫桿**」組件的X座標，加減15像素來左右水平移動圖像精靈，如下圖所示：

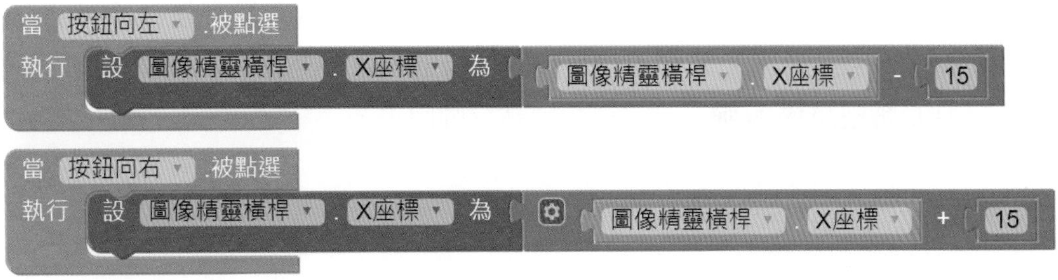

「球形精靈黑球.碰撞」事件處理

在「球形精靈黑球.碰撞」事件處理使用「**如果-則**」條件積木，判斷是否碰到「**圖像精靈橫桿**」組件。如果是，就使用亂數更新球的方向將它反彈回去，並且增加分數和播放音效，如下圖所示：

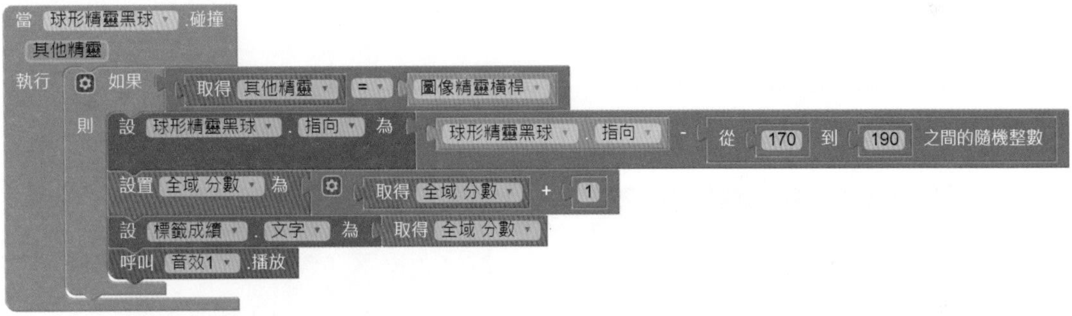

「球形精靈黑球.到達邊界」事件處理

在「球形精靈黑球.到達邊界」事件處理判斷球是否到達下方邊界。如果是，就結束遊戲；否則，只是呼叫方法來單純將球反彈回去，如下圖所示：

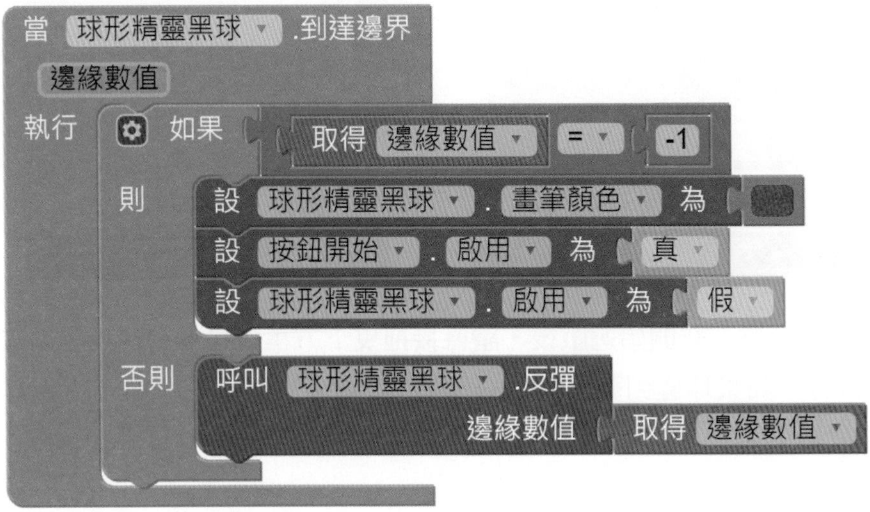

上述「**如果-則-否則**」條件積木判斷參數「**邊緣數值**」是否是-1（即下方邊緣）。如果是，就更改顏色和停用球形精靈；否則，就是其他三個方向的邊緣，所以呼叫「**球形精靈黑球.反彈**」方法直接將球反彈回去。

💡 12-2-2　打水果遊戲

打水果遊戲是打磚塊遊戲的變形，這裡打的是蘋果和香蕉，而不是磚塊。同樣也是「**畫布**」、「**球形精靈**」、「**圖像精靈**」和「**音效**」組件的整合應用。

本節範例是擴充上一節的乒乓球遊戲，新增兩個目標的水果精靈，和改用「**被拖曳**」事件來移動橫桿，可以提供不同的使用經驗。

🕙 步驟一：開啓和執行App Inventor專案

請啓動瀏覽器進入App Inventor，然後開啓和執行「**brick.aia**」專案，可以看到執行結果，如下圖所示：

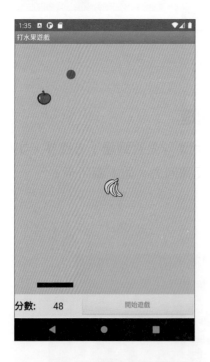 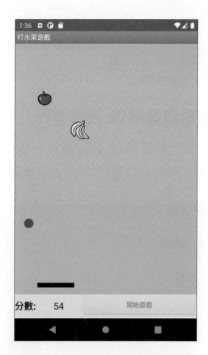

按「**開始遊戲**」鈕開始遊戲後，請直接拖曳下方黑色橫桿將球反彈回去，每反彈一次得1分，如果球碰到蘋果得10分；香蕉得5分，直到球落至下方邊界成為紅色，遊戲就結束。

⟳ 步驟二：建立使用介面的畫面編排

　　打水果遊戲的畫面編排和上一節乒乓球遊戲相似，在畫布組件新增兩個水果的圖像精靈，和刪除下方兩個向左和向右按鈕。

⊕ 使用介面的畫面編排

　　在Screen1螢幕建立使用介面，共新增一個畫布、一個水平配置、一個按鈕、兩個標籤組件，在畫布之中是一個球形精靈和三個圖像精靈，最後是非可視的兩個音效組件，如下圖所示：

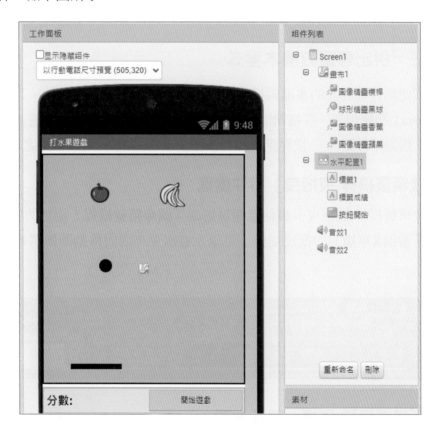

⊕ 上傳素材檔案

　　在「素材」區需要上傳專案所需的「bar.png」、「apple.png」（蘋果）、「bananas.png」（香蕉）圖像，和「pop.wav」、「zoop.wav」音樂檔，如右圖所示：

⊕ 介面組件的屬性設定

在螢幕新增組件後,請依據下表選取各組件,然後(只列出和上一節不同的部分)在「**組件屬性**」區更改各組件的屬性值,如下表所示:

組件	屬性	屬性值
Screen1	標題	打水果遊戲
圖像精靈香蕉	圖片	bananas.png
圖像精靈蘋果	圖片	apple.png
音效2	來源文件	zoop.wav

↻ 步驟三:拼出專案的積木程式

在完成使用介面設計的畫面編排後,我們可以開始建立積木程式。其中全域變數、「Screen1.初始化」、「按鈕開始.被點選」和「球形精靈黑球.到達邊界」事件處理相同,刪除「按鈕向左.被點選」和「按鈕向右.被點選」兩個事件處理。

⊕ 「圖像精靈橫桿.被拖曳」事件處理

「圖像精靈橫桿.被拖曳」事件處理是更改「**圖像精靈橫桿**」組件的X座標,其值是參數「**當前X座標**」的拖拉位置,可以左右水平來回的移動圖像精靈,如下圖所示:

⊕ 「球形精靈黑球.碰撞」事件處理

在「球形精靈黑球.碰撞」事件處理首先判斷是否碰到橫桿,這部分和上一節相同,下方新增兩個「**如果-則**」條件積木,用來判斷是否碰到「**圖像精靈蘋果**」和「**圖像精靈香蕉**」組件。如果碰到,就分別呼叫「**碰到蘋果**」和「**碰到香蕉**」程序,如下圖所示:

⊕ 「碰到蘋果」程序

在「碰到蘋果」程序是將分數加10分，和播放「**音效2**」組件的音樂檔後，呼叫「**圖像精靈蘋果.移動到指定位置**」方法移到新位置，兩個參數是亂數取得的 x 和 y 座標，如下圖所示：

⊕ 「碰到香蕉」程序

「碰到香蕉」程序和「碰到蘋果」程序相同，只是分數加5分，移動的是「**圖像精靈香蕉**」組件，如下圖所示：

12-3 綜合應用：太空射擊

太空射擊是簡單的射擊遊戲，是「**畫布**」、「**球形精靈**」、「**圖像精靈**」、「**計時器**」和「**音效**」組件的整合應用。擁有左右移動的太空船，可以發射球形精靈的子彈來攻擊目標的太空精靈，射中精靈得1分，整個遊戲時間是30秒，有一個倒數計時的碼表。

💡 步驟一：開啓和執行App Inventor專案

請啓動瀏覽器進入App Inventor，然後開啓和執行「**shoot.aia**」專案，可以看到執行結果，如下圖所示：

按「**開始遊戲**」鈕開始遊戲後，請拖曳移動下方太空船，點選太空船可以發射綠色子彈，射中上方目標精靈得1分，直到右上方30秒的倒數計時爲0，就結束遊戲。

💡 步驟二：建立使用介面的畫面編排

太空射擊的畫面編排是使用畫布組件建立射擊的動畫，在上方標籤和按鈕顯示得分、開始遊戲和倒數計時。

🌐 使用介面的畫面編排

在Screen1螢幕建立使用介面，共新增一個畫布、一個水平配置、一個按鈕、三個標籤組件，在畫布之中是一個球形精靈和兩個圖像精靈，如下圖所示：

上述的非可視組件有一個音效和兩個計時器組件。「**計時器目標**」組件是控制上方目標精靈的移動；「**計時器計時**」組件是倒數計時30秒。

🌐 上傳素材檔案

在「**素材**」區需要上傳專案所需的「gobo-a.png」、「spaceship-a.png」、「moon.png」（背景）圖像和「laser1.wav」音樂檔，如下圖所示：

介面組件的屬性設定

在螢幕新增組件後，請依據下表選取各組件，然後在「**組件屬性**」區更改各組件的屬性值，如下表所示：

組件	屬性	屬性值
Screen1	標題	太空射擊
水平配置1	背景顏色	橙色
水平配置1	垂直對齊	居中
標籤1	文字	分數:
標籤1、標籤分數、標籤計時	粗體	勾選（true）
標籤1、標籤分數、標籤計時	字體大小	20
標籤分數	文字	0
標籤分數	寬度	100像素
按鈕開始	文字	開始遊戲
標籤計時	文字	30
畫布1	背景圖像	moon.png
畫布1	寬度	填滿
畫布1	高度	填滿
圖像精靈目標	圖片	gobo-a.png
球形精靈子彈	畫筆顏色	綠色
球形精靈子彈	半徑	5
圖像精靈太空船	圖片	spaceship-a.png
音效1	來源	laser1.wav

步驟三：拼出專案的積木程式

在完成使用介面設計的畫面編排後，我們可以開始建立積木程式。

宣告全域變數

在積木程式宣告一個全域變數「**分數**」，其值是遊戲得分，如下圖所示：

初始化全域變數 分數 為 0

「Screen1.初始化」事件處理

在「Screen1.初始化」事件處理首先調整「**畫布1**」組件的高度，然後計算「**圖像精靈太空船**」組件的Y座標，位在畫布下方邊界上方60像素的位置，接著隱藏「**圖像精靈目標**」和「**圖像精靈子彈**」組件，如下圖所示：

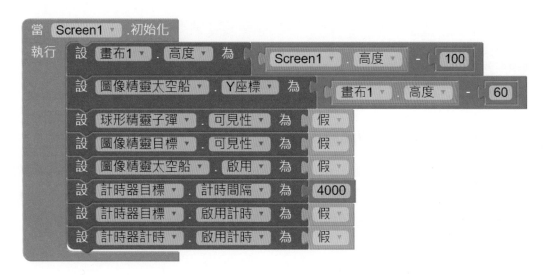

上述積木程式在停用「**圖像精靈太空船**」組件後，停用2個計時器組件，和指定「**計時器目標**」組件的計時間隔是4000。

「按鈕開始.被點選」事件處理

在「按鈕開始.被點選」事件處理初始全域變數「**分數**」值為0和計時30秒後，依序初始「**圖像精靈**」和「**計時器**」組件的狀態，如下圖所示：

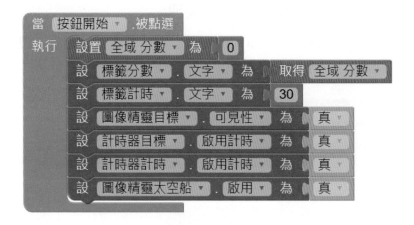

⊕ 「圖像精靈太空船.被拖曳」事件處理

「圖像精靈太空船.被拖曳」事件處理是更改「**圖像精靈太空船**」組件的X座標，其值是參數「**當前X座標**」的拖拉位置，可以左右水平來回的移動圖像精靈，如下圖所示：

⊕ 「圖像精靈太空船.被觸碰」事件處理

「圖像精靈太空船.被觸碰」事件處理是顯示「**圖像精靈子彈**」組件來射向目標精靈，首先呼叫「**球形精靈子彈.移動到指定位置**」方法移至太空船上方，然後指定速度和方向屬性向上移動，和播放音效來模擬發射子彈，如下圖所示：

當 圖像精靈太空船 ▼ .被觸碰
x座標 y座標
執行 呼叫 球形精靈子彈 ▼ .移動到指定位置
                                    x座標 ⚙ 圖像精靈太空船 ▼ . X座標 ▼ + 圖像精靈太空船 ▼ . 寬度 ▼ / 2
                                    y座標 圖像精靈太空船 ▼ . Y座標 ▼ - 10
      設 球形精靈子彈 ▼ . 可見性 ▼ 為 真 ▼
      設 球形精靈子彈 ▼ . 速度 ▼ 為 15
      設 球形精靈子彈 ▼ . 指向 ▼ 為 90
      呼叫 音效1 ▼ .播放

⊕ 「球形精靈子彈.到達邊界」事件處理

「球形精靈子彈.到達邊界」事件處理是處理子彈是否到達上方邊界，如果到達，就隱藏「**球形精靈子彈**」組件，如下圖所示：

「球形精靈子彈.碰撞」事件處理

「球形精靈子彈.碰撞」事件處理是判斷子彈是否碰到目標精靈。使用「**如果-則**」條件積木判斷是否碰到「**圖像精靈目標**」組件，如果是，就使用亂數更新水平位置和增加分數，如下圖所示：

「計時器目標.計時」事件處理

「計時器目標.計時」事件處理是每4秒觸發一次，使用亂數來水平移動「**圖像精靈目標**」組件，如下圖所示：

「計時器計時.計時」事件處理

「計時器計時.計時」事件處理是倒數計時。如果時間到了，就結束遊戲，和更新組件狀態，如下圖所示：

12-4 綜合應用：打地鼠

打地鼠也是經典小遊戲，這是「**畫布**」、「**圖像精靈**」、「**計時器**」和「**音效**」組件的整合應用。

步驟一：開啓和執行App Inventor專案

請啓動瀏覽器進入App Inventor，然後開啓和執行「**squirrel.aia**」專案，可以看到執行結果，如下圖所示：

按「**開始遊戲**」鈕開始遊戲後，地鼠會從三個地洞中隨機出現，如果觸碰到出現的地鼠，就播放音效和得1分，直到左下方30秒的倒數計時爲0，就結束遊戲。

步驟二：建立使用介面的畫面編排

打地鼠的畫面編排主要是在畫布上顯示三個地洞的圖像精靈，在下方標籤和按鈕是倒數計時、開始遊戲和顯示得分。

使用介面的畫面編排

在Screen1螢幕建立使用介面，共新增一個畫布、一個水平配置、一個按鈕、兩個標籤組件，在畫布之中是三個圖像精靈，如下圖所示：

上述的非可視組件有一個音效和一個計時器組件。計時器組件除了間隔時間顯示地鼠外，也負責倒數計時30秒。

上傳素材檔案

在「**素材**」區需要上傳專案所需的「squirrel1.png」、「hole.png」、「desert.png」（背景）圖像和「zoop.wav」音樂檔，如右圖所示：

介面組件的屬性設定

在螢幕新增組件後，請依據下表選取各組件，然後在「**組件屬性**」區更改各組件的屬性值（N/A表示清除內容），如下表所示：

組件	屬性	屬性值
Screen1	標題	打地鼠
畫布1	背景圖片	desert.png
畫布1	寬度	填滿
畫布1	高度	填滿
圖像精靈洞1、圖像精靈洞2、圖像精靈洞3	圖片	hole.png

組件	屬性	屬性值
圖像精靈洞1、圖像精靈洞2、圖像精靈洞3	寬度	80像素
圖像精靈洞1、圖像精靈洞2、圖像精靈洞3	高度	60像素
水平配置1	背景顏色	綠色
水平配置1	垂直對齊	居中
標籤分數、標籤計時	粗體	勾選（true）
標籤分數、標籤計時	字體大小	20
標籤計時	文字	30
標籤分數	文字	N/A
按鈕開始	文字	開始遊戲
音效1	來源	zoop.wav

步驟三：拼出專案的積木程式

在完成使用介面設計的畫面編排後，我們可以開始建立積木程式。

宣告全域變數

在積木程式宣告1個全域變數「**分數**」，其值是遊戲得分，如下圖所示：

初始化全域變數 分數 為 0

「Screen1.初始化」事件處理

在「Screen1.初始化」事件處理首先調整「**畫布1**」組件的高度，和「**圖像精靈**」組件的高度，然後停用計時器組件，如下圖所示：

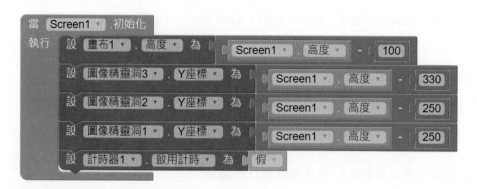

⊕ 「按鈕開始.被點選」事件處理

在「按鈕開始.被點選」事件處理啟用計時器後，初始全域變數「**分數**」值為0和計時30秒後，呼叫「**顯示地鼠**」程序，如下圖所示：

⊕ 「顯示地鼠」程序

「顯示地鼠」程序使用三個「**如果-則-否則**」二選一條件積木，使用亂數隨機在三個「**圖像精靈洞1~3**」組件，顯示squirrel1.png（地鼠）或hole.png（地洞）圖檔，如下圖所示：

⊕ 「圖像精靈洞1~3.被觸碰」事件處理

「圖像精靈洞1~3.被觸碰」三個事件處理十分相似，筆者只以「圖像精靈洞1.
被觸碰」事件處理為例，如下圖所示：

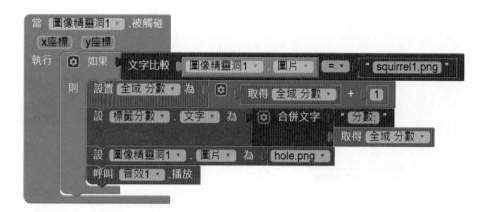

上述積木程式使用「**如果-則**」條件積木，判斷觸碰時顯示的圖片是否是
squirrel1.png。如果是，表示打到地鼠，所以加1分和更新分數，然後更改圖片成
hole.png和播放音效。

⊕ 「計時器1.計時」事件處理

「計時器1.計時」事件處理是倒數計時。如果時間到了，就結束遊戲和更新組
件狀態；否則，就呼叫「**顯示地鼠**」程序更新顯示的圖片，如下圖所示：

Chapter **13**

綜合應用一
檔案、資料庫與語音

13-1 微型資料庫、檔案管理與語音組件

App Inventor可以使用資料庫或檔案來儲存執行App時需要長期保存的一些資料，這是位在「**資料儲存**」（Storage）分類的**微型資料庫**（TinyDB）與**檔案管理**（File）。

語言組件提供另一種資料輸入和輸出，可以將文字內容直接以語音唸出，或說出語音來識別出文字內容。

13-1-1 微型資料庫組件

App Inventor使用變數儲存的資料只是暫存資料，只有目前程式執行時可以存取，當離開App後，下次再啟動App，這些變數的資料就會消失，並不會保留。

微型資料庫（TinyDB）組件是一個資料庫，一種非可視組件，用來儲存Android App資料，可以儲存遊戲最高分數、積分和上一次測驗成績等。微型資料庫組件並沒有屬性和事件，只有方法。

鍵值儲存的NoSQL資料庫

微型資料庫並不是一種關聯式資料庫（例如：Access、SQL Server和MySQL等），而是一種鍵值儲存的**NoSQL資料庫**（沒有SQL語言的資料庫），我們並不需要先定義儲存什麼樣資料，就可以馬上開始儲存資料。資料庫儲存的每一個項目如同**屬性名稱**（鍵Key），和**對應屬性值**（值Value）的成對資料，例如：鍵"Name"；對應值"陳會安"。

鍵值儲存只能使用「**鍵**」取出對應「**值**」（即使用鍵來查詢），或依據鍵來儲存值或刪除資料。鍵值儲存簡單來說，就像是一本字典，單字是**鍵Key**；單字的說明定義是**值Value**，如下圖所示：

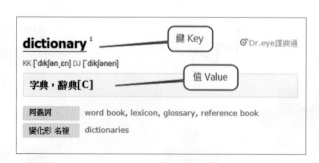

微型資料庫組件的鍵稱為**標籤**（tag，一個字串），值的資料是一個字串。簡單地說，我們是將標籤和對應字串的成對資料儲存至微型資料庫，然後使用標籤（如同陣列的索引）取出儲存的字串。

⊕ 微型資料庫組件的方法

方法	說明
清除所有資料()	清除微型資料庫儲存的所有資料。
清除標籤資料(標籤)	刪除參數標籤儲存的資料，即刪除指定資料。
取得標籤資料()	傳回所有標籤值的清單。
取得數值(標籤, 無標籤時之回傳值)	取得第1個參數標籤的資料，如果資料不存在，就是回傳第2個參數值。
儲存數值(標籤, 儲存值)	儲存資料至微型資料庫，使用第1個參數標籤來存入第2個參數的儲存值。

♀ 13-1-2　檔案管理組件

檔案管理（File）組件是一個用來存取檔案資料的非可視組件，我們可以使用此組件讀寫行動裝置上的文字檔案。檔案預設寫入App專屬資料目錄，MIT AI2 Companion是將檔案寫入「/sdcard/AppInventor/data」目錄以方便除錯。

如果寫入的檔案路徑指明使用「/」開頭，檔案是儲存在裝置的SD卡，即「/sdcard」目錄。例如：當使用檔案管理組件寫入「/test.txt」檔案，此檔案的完整路徑是「/sdcard/test.txt」。

⊕ 檔案管理組件的方法

方法	說明
加入至檔案(文字, 檔案名稱)	新增第1個參數文字的字串至第2個參數的文字檔案最後，並不會覆寫檔案內容，而是從檔案的最後來新增資料。
刪除(檔案名稱)	刪除參數的文字檔案。
讀取檔案(檔案名稱)	讀取參數文字檔案，需要使用「**取得文字**」事件處理來取得讀取的檔案內容。
儲存檔案(文字, 檔案名稱)	儲存第1個參數文字至第2個參數的文字檔案，如果檔案存在，就會覆寫檔案內容。

⊕ 檔案管理組件的事件

事件	說明
取得文字	當檔案讀取後,就觸發此事件。我們可以在事件處理的「**文字**」參數取得讀取的檔案內容。
文件儲存完畢	當檔案儲存完畢後,就觸發此事件。

♀ 13-1-3　語音辨識組件

　　「**多媒體**」分類的「**語音辨識**」(SpeechRecognizor)組件可以傾聽使用者說話,然後將說話的聲音識別轉換成文字內容,這是非可視組件。

⊕ 語音辨識組件的屬性

屬性	說明
結果	取得辨識結果的文字內容。

⊕ 語音辨識組件的方法

方法	說明
辨識語音()	開始要求使用者說話和轉換語音。

⊕ 語音辨識組件的事件

事件	說明
準備辨識	在開始準備語音辨識前,就會觸發此事件。
辨識完成	當語音辨識完成時,就觸發此事件。我們可以在事件處理的「**返回結果**」參數取得結果的文字內容。

♀ 13-1-4　文字語音轉換器組件

　　「**多媒體**」分類的「**文字語音轉換器**」(TextToSpeech)組件可以將文字內容使用語音直接念出,這是非可視組件。請注意!裝置需安裝TTS Extended Service程式才可以使用此組件。

⊕ 文字語音轉換器組件的屬性

屬性	說明
結果	取得結果的詳細資訊。
國家	發音使用的國家代碼，例如：USA美國。
語言	發音使用的語言代碼，例如：eng英語。
音調	存取音調值。值介於0～2之間，值愈低音調愈低；反之愈高。
語音速度	存取語言速度值。值介於0～2之間，值愈低速度愈慢；反之愈快。

⊕ 文字語音轉換器組件的方法

方法	說明
唸出文字(訊息)	使用語音唸出參數的文字內容。

⊕ 文字語音轉換器組件的事件

事件	說明
準備唸出	在開始準備轉換成語音前，就會觸發此事件。
唸出結束	當語音唸完整個字串後，就觸發此事件。事件處理的「**返回結果**」參數是唸出的字串內容。

13-2 綜合應用：每日生活記事

　　每日生活記事是「**微型資料庫**」和「**計時器**」組件的整合應用。使用文字輸入盒組件輸入記事資料，按下按鈕，將它儲存至微型資料庫，或從微型資料庫讀取每日生活記事後，顯示在清單選擇器組件。

　　因為儲存的每日生活記事包含時間資料，所以使用計時器組件取得現在的日期與時間資料。

♡ 步驟一：開啓和執行App Inventor專案

　　請啓動瀏覽器進入App Inventor，然後開啓和執行「**diary.aia**」專案，可以看到執行結果，如下圖所示：

在上方輸入記事內容後，按「**存入記事**」鈕存入記事。同樣方式，當我們輸入三筆測試記錄Homework #1~3後，按「**讀取記事**」鈕，可以看到清單選擇器組件「**顯示記事項目**」，如下圖所示：

按「**顯示記事項目**」鈕，可以看到共有三筆紀錄，如下圖所示：

請按「**返回**」鍵回到上一頁，如果點選項目，就會刪除指定項目的記事，按「**存入記事**」鈕，可以再次輸入其他記事。

步驟二：建立使用介面的畫面編排

　　每日生活記事的畫面編排，是使用清單選擇器組件顯示記事清單；微型資料庫組件儲存使用者輸入的記事；計時器組件取得現在的日期與時間。

使用介面的畫面編排

　　在Screen1螢幕建立使用介面，共新增兩個水平配置、兩個標籤、兩個按鈕組件、一個清單選擇器組件和一個文字輸入盒組件，如下圖所示：

　　上述的非可視組件有微型資料庫和計時器組件，我們是使用「**水平配置2**」組件水平編排兩個按鈕組件。

介面組件的屬性設定

　　在螢幕新增組件後，請依據下表選取各組件，然後在「**組件屬性**」區更改各組件的屬性值，如下表所示：

組件	屬性	屬性值
Screen1	標題	每日生活記事
清單選擇器1	文字	顯示記事項目
文字輸入盒記事	提示	請輸入記事內容...
文字輸入盒記事	允許多行	勾選（true）
文字輸入盒記事	高度	250像素
水平配置1~2	寬度	填滿
按鈕儲存	文字	存入記事
按鈕讀取	文字	讀取記事

步驟三：拼出專案的積木程式

在完成使用介面設計的畫面編排後，我們可以開始建立積木程式。

微型資料庫組件儲存的資料

在微型資料庫組件儲存的資料共有兩個標籤，其說明如下表所示：

標籤	說明
DiaryCount	儲存記事數，即目前共有幾筆記事。主要目的是用來檢查是否已經有記事。
DiaryList	儲存的記事內容，記事內容是從清單轉換成的CSV字串。

宣告全域變數

在積木程式宣告兩個全域變數「**記事數**」和「**記事清單**」，如下圖所示：

初始化全域變數 記事數 為 1

初始化全域變數 記事清單 為 建立空清單

「Screen1.初始化」事件處理

在「Screen1.初始化」事件處理初始程式狀態。首先指定「**清單選擇器1.可見性**」屬性值為**假**，即隱藏清單選擇器組件，如下圖所示：

上述「**如果-則-否則**」條件積木的條件是檢查「**微型資料庫1**」組件是否有**DiaryCount**標籤；「**是否為空**」積木檢查是否是空字串。如果是，就初始全域變數「**記事數**」的值為1；否則，從「**微型資料庫1**」組件取出**DiaryCount**和**DiaryList**標籤的內容。因為DiaryList標籤的值是CSV字串，所以使用「**CSV列轉清單**」積木，將CSV字串轉換成清單。

CSV（Comma-Separated Values）是一種逗號分隔的字串值，可以讓我們使用文字內容來表示列或表格資料，在各值之間是使用特定符號來分隔，最常使用的是「,」逗號，例如：「Homework #1, Homework #2, Homework #3」。

App Inventor使用「**CSV列轉清單**」積木將CSV字串轉換成清單後，每一個分隔字串的內容就成為清單的一個項目。

🌐 「按鈕儲存.被點選」事件處理

「按鈕儲存.被點選」事件處理是將輸入的記事存入清單和微型資料庫，並且將「**記事數**」變數值加1，如下圖所示：

當 按鈕儲存▼ .被點選
執行 ⚙ 如果 　按鈕讀取▼ . 可見性▼ 　=▼ 　假▼
　　則 　設 文字輸入盒記事▼ . 可見性▼ 為 　真▼
　　　　設 按鈕讀取▼ . 可見性▼ 為 　真▼
　　　　設 清單選擇器1▼ . 可見性▼ 為 　假▼
　　否則 ⚙ 增加清單項目 清單 　取得 全域 記事清單▼
　　　　　　　　　 item ⚙ 合併文字 　呼叫 計時器1▼ .日期時間格式
　　　　　　　　　　　　　　　　　　　　　　時刻 呼叫 計時器1▼ .取得當下時間
　　　　　　　　　　　　　　　　　　　　　pattern “ MMM d, yyyy HH:mm:ss a ”
　　　　　　　　　　　　　　　　　　“ - ”
　　　　　　　　　　　　　　　　文字輸入盒記事▼ . 文字▼
　　　　呼叫 微型資料庫1▼ .儲存數值
　　　　　　　　　　　標籤 “ DiaryList ”
　　　　　　　　　　儲存值 清單轉CSV列 清單 取得 全域 記事清單▼
　　　　設 文字輸入盒記事▼ . 文字▼ 為 “ ”
　　　　設置 全域 記事數▼ 為 ⚙ 取得 全域 記事數▼ ＋ 1
　　　　呼叫 微型資料庫1▼ .儲存數值
　　　　　　　　　　　標籤 “ DiaryCount ”
　　　　　　　　　　儲存值 取得 全域 記事數▼

上述「**如果-則-否則**」條件積木判斷「**按鈕讀取**」組件是否可見。若為非可視，表示只是切換回輸入記事介面，所以隱藏「**清單選擇器1**」組件、顯示「**按鈕讀取**」和「**文字輸入盒記事**」；若可見，才存入記事。

在存入記事的積木程式部分，首先新增記事內容至清單變數「**記事清單**」的項目，如下圖所示：

⚙ 增加清單項目 清單 　取得 全域 記事清單▼
　　　　　　　item ⚙ 合併文字 　呼叫 計時器1▼ .日期時間格式
　　　　　　　　　　　　　　　　　　　　時刻 呼叫 計時器1▼ .取得當下時間
　　　　　　　　　　　　　　　　　　　pattern “ MMM d, yyyy HH:mm:ss a ”
　　　　　　　　　　　　　　　　“ - ”
　　　　　　　　　　　　　　文字輸入盒記事▼ . 文字▼

上述積木程式的記事內容是呼叫「**計時器1.取得當下時間**」方法取得現在的日期與時間後，呼叫「**計時器1.日期時間格式**」方法來格式化日期與時間資料。然後和「**文字輸入盒記事.文字**」屬性合併成記事內容來存入成為清單的項目。接著將清單存入微型資料庫，如下圖所示：

呼叫 微型資料庫1▼ .儲存數值
　　　　　　標籤 “ DiaryList ”
　　　　儲存值 清單轉CSV列 清單 取得 全域 記事清單▼

　　上述積木的標籤是「**DiaryList**」，因爲微型資料庫只能存入字串，所以使用「**清單轉CSV格式**」積木轉換成CSV字串後，再存入資料庫。

　　最後，在清除「**文字輸入盒記事.文字**」屬性值後，將記事數加1，並且將記事數也存入微型資料庫，標籤是「**DiaryCount**」。

「按鈕讀取.被點選」事件處理

　　「**按鈕讀取.被點選**」事件處理只是隱藏「**文字輸入盒記事**」、「**按鈕讀取**」組件，和顯示「**清單選擇器1**」組件，如下圖所示：

「清單選擇器1.準備選擇」事件處理

　　在「清單選擇器1.準備選擇」事件處理指定「**元素**」屬性值是清單變數「**記事清單**」，以便清單選擇器組件可以顯示記事清單，如下圖所示：

「清單選擇器1.選擇完成」事件處理

　　在「清單選擇器1.選擇完成」事件處理呼叫「**刪除項目**」程序來刪除記事項目。因爲傳回值是清單，所以馬上指定「**元素**」屬性成爲更新值，如下圖所示：

⊕ **「刪除項目」程序**

「刪除項目」程序可以刪除參數「**索引**」的記事項目。在刪除清單的項目後，再將最新的清單儲存至微型資料庫組件，如下圖所示：

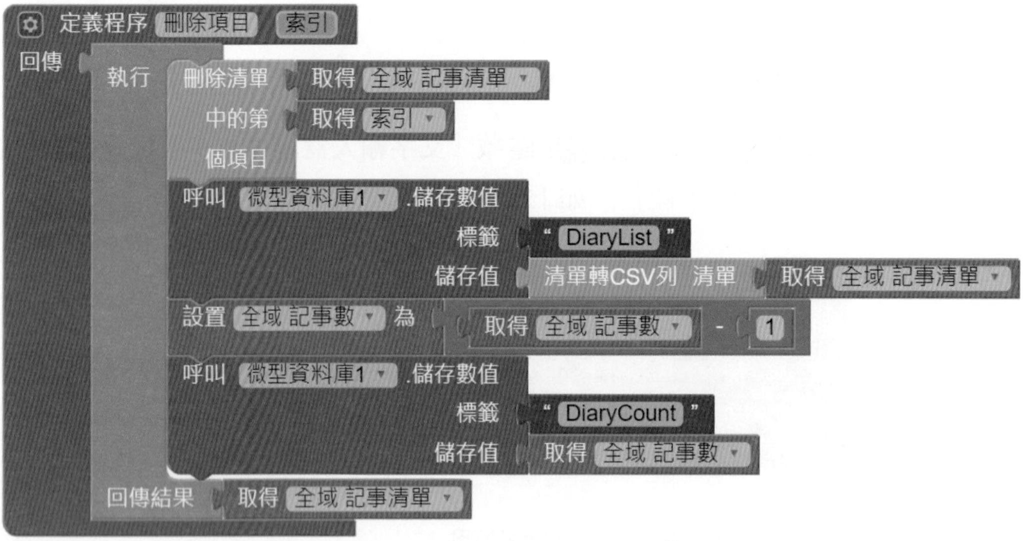

上述積木程式將變數「**記事數**」減1後，更新微型資料庫的「**DiaryCount**」標籤內容，最後傳回刪除項目後的清單「**記事清單**」。

13-3 綜合應用：行動測驗

行動測驗是清單和檔案管理組件的整合應用，一種行動版的線上測驗。我們準備使用四個按鈕來顯示答案，按下任一個答案的按鈕，可以顯示下一題，並且使用檔案管理組件記錄上一次的測驗分數。

♡ 步驟一：開啟和執行App Inventor專案

請啟動瀏覽器進入App Inventor，然後開啟和執行「**quiz.aia**」專案，可以看到執行結果，按「**開始測驗**」鈕開始測驗，如下圖所示：

上述圖例的四個青色按鈕表示四個答案選項。進行測驗時，選定答案後，按下該答案按鈕即為回答，接著顯示下一題問題，最後顯示測驗分數。按「**上一次成績**」鈕，可以顯示上一次的測驗成績。

步驟二：建立使用介面的畫面編排

行動測驗是使用按鈕組件顯示答案。我們是使用清單儲存測驗題目、選項和答案，並且使用檔案管理組件記錄測驗成績，以便下一次測驗時，可以顯示前一次的成績。

使用介面的畫面編排

在Screen1螢幕建立使用介面，共新增一個垂直配置、三個水平配置、六個按鈕組件、十個標籤組件和一個非可視的檔案管理組件，如右圖所示：

⊕ 介面組件的屬性設定

在螢幕新增組件後，請依據下表選取各組件，然後在「**組件屬性**」區更改各組件的屬性值（不含顏色、間隔標籤，N/A表示清除內容），如下表所示：

組件	屬性	屬性值
Screen1	標題	行動測驗
按鈕開始	文字	開始測驗
按鈕上一次成績	文字	上一次成績
標籤問題	文字	Q:
標籤問題	字體大小	20
標籤問題	粗體	勾選（true）
標籤問題	高度	60像素
按鈕1~4	文字	N/A
按鈕1~4	背景顏色	青色
按鈕1~4	粗體	勾選（true）
按鈕1~4	字體大小	16
按鈕1~4	寬度, 高度	120, 80像素
標籤成績	字體大小	20
標籤成績	高度	30像素

⑨ 步驟三：拼出專案的積木程式

在完成使用介面設計的畫面編排後，我們可以開始建立積木程式。

⊕ 宣告全域變數

在積木程式宣告多個全域變數：「**最大問題數**」是題數、「**目前問題索引**」是目前題目的索引值、「**記錄檔**」是檔案管理組件的檔名、「**成績**」是測驗成績，如下圖所示：

上述最後三個是清單，分別是題目、答案和各題目的四個選項。

🌐 「Screen1.初始化」事件處理

在「Screen1.初始化」事件處理初始程式狀態。首先呼叫「**初始測驗**」程序初始題目和答案的三個清單變數，然後隱藏「**垂直配置1**」組件，最後呼叫「**取得上一次成績**」程序取得和顯示上一次的成績，如下圖所示：

🌐 「初始測驗」程序

在「初始測驗」程序初始三個清單變數的值。「**問題清單**」變數是三個題目，「**項目清單**」變數是對應每一個題目的四個選項。這是巢狀清單，在第一層有三個項目，每一個項目的第二層清單有四個項目，如下圖所示：

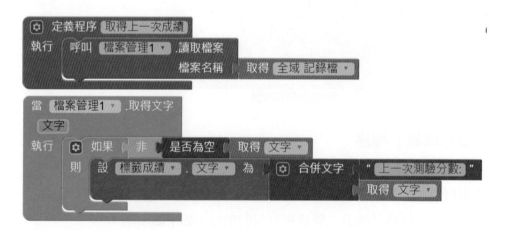

上述「**答案清單**」變數是每一題的答案，筆者改用CSV格式的字串來建立。

🌐 「取得上一次成績」程序與「檔案管理1.取得文字」事件處理

「取得上一次成績」程序是呼叫「**檔案管理1.讀取檔案**」方法來讀取文字檔案「**記錄檔**」的內容，如下圖所示：

當檔案讀取完成，就會觸發「**取得文字**」事件，我們是在「**檔案管理1.取得文字**」事件處理的參數「**文字**」取得讀取字串。「**如果-則**」條件積木判斷是否有讀到內容，若有，則在標籤組件顯示上一次的成績。

「按鈕上一次成績.被點選」事件處理

「按鈕上一次成績.被點選」事件處理是呼叫「**取得上一次成績**」程序來顯示上一次成績，如下圖所示：

「按鈕開始.被點選」事件處理

「按鈕開始.被點選」事件處理是開始測驗，依序初始目前題號的「**目前問題索引**」變數，呼叫「**顯示問題**」程序顯示參數第1題的題目，然後初始「**成績**」變數、「**標籤成績**」顯示的文字，最後顯示「**垂直配置1**」組件，如下圖所示：

「顯示問題」程序

「顯示問題」程序可以顯示題目和四個答案的選項，即從「**問題清單**」變數取得題目，和指定四個「**按鈕1~4.文字**」屬性值的標題文字。因為「**項目清單**」變數是兩層清單，所以使用兩次「**選擇清單-中索引值為-的清單項目**」積木取出每一個答案的選項，第一層的索引依序是1~4，如下圖所示：

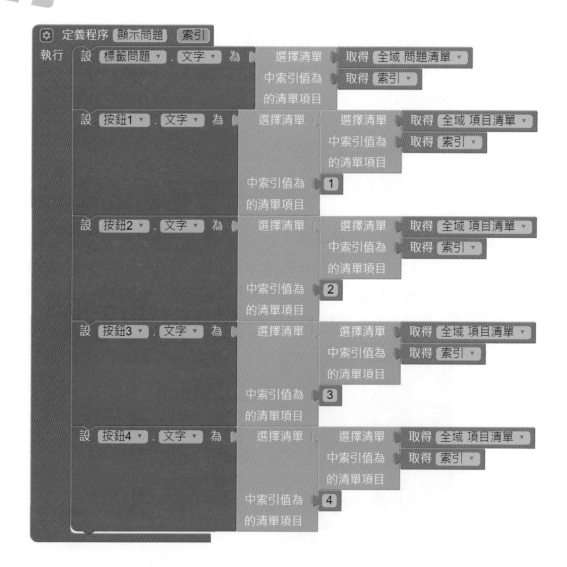

⊕ 「顯示結果」程序

「顯示結果」程序顯示成績和將成績寫入文字檔案。首先在標籤組件顯示測驗成績,如下圖所示:

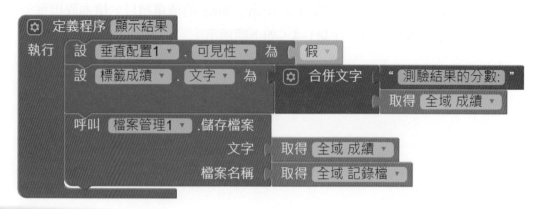

上述積木程式的最後是呼叫「**檔案管理1.儲存檔案**」方法將成績寫入檔案。

🌐「按鈕1~4.被點選」事件處理

「按鈕1~4.被點選」事件處理是呼叫「**下一個問題**」程序來顯示下一題，參數值是這一題的答案，如下圖所示：

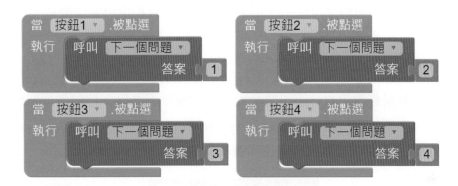

🌐「下一個問題」程序

「下一個問題」程序的第一個「**如果-則**」條件積木，是用來檢查參數「**答案**」和「**答案清單**」變數的答案是否相同。如果相同，就將分數加1，如下圖所示：

上述積木程式的第二部分是「**如果-則-否則**」條件積木，可以判斷是否還有題目。如果還有，就呼叫「**顯示問題**」程序顯示下一題；如果已經沒有題目，就呼叫「**顯示結果**」程序顯示測驗結果的分數。

13-4 綜合應用：字母學習

　　App Inventor的「**文字語音轉換器**」組件可以唸出英文單字，所以筆者修改第11章的認識動物範例，活用文字語音轉換器組件，可以唸出動物的英文名稱，然後使用相同結構建立橫向的字母學習，用來學習英文字母和唸出字母發音。

13-4-1 認識動物 II

　　認識動物 II 是修改第11-3節認識動物範例，刪除下方錄音控制後，新增按鈕念出動物的英文名稱。請啟動瀏覽器進入App Inventor，然後開啟和執行「**animal2.aia**」專案，可以看到執行結果（請使用實機測試），如下圖所示：

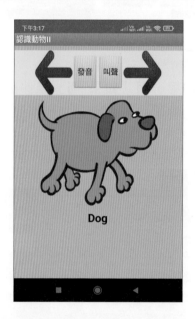

　　按上方「**發音**」鈕，可以聽Dog英文單字的發音，這是在「**按鈕發音.被點選**」事件處理來處理文字語音轉換，如下圖所示：

上述積木程式呼叫「**文字語音轉換器1.唸出文字**」方法來發音，參數「**訊息**」是從「**單字清單**」的清單變數中，取出「**目前索引**」變數的動物英文單字項目。

💡 13-4-2　字母學習

字母學習的結構與認識動物範例相同，只是改用橫向顯示，而學習的目標是英文字母。請啟動瀏覽器進入App Inventor，然後開啟和執行「**english.aia**」專案，可以看到執行結果（請使用實機測試），如下圖所示：

按左右箭頭可以切換顯示不同的字母。按下方「**發音**」鈕，可以聽見英文字母發音，「**語音辨識**」鈕是將語音轉成文字。不同於認識動物範例，我們並沒有使用清單儲存英文字母的圖檔，而是改用字串處理，如下圖所示：

上述「**英文字母**」變數是一個a~z長度26個字元的字串，「**目前索引**」變數是指向目前字串中的哪一個位置。在「**Screen1.初始化**」事件處理使用字串處理取出指定索引位置的1個字元，以便建立顯示的圖檔名稱，如下圖所示：

上述積木程式初始指定圖片顯示的是字母A，圖檔檔名為a-block.png，而1~26個字母的圖片檔就是a~z-block.png，只有字首不同，所以使用「**從文字-的第-位置提取長度為-的片段**」積木，從「**英文字母**」變數的字串中，取出「**目前索引**」變數的第幾個字母。因為長度是1，以此例是字母「a」。然後使用「**合併文字**」積木建立圖檔檔名「**a-block.png**」，最後指定「**圖像1.圖片**」屬性值顯示的圖檔字串。

「**按鈕發音.被點選**」事件處理是處理文字語音轉換，也就是字母發音，我們使用相同積木來取出字串中的指定單一字母，如下圖所示：

上述積木程式呼叫「**文字語音轉換器1.唸出文字**」方法來發音，參數「**訊息**」是從「**英文字母**」變數的字串中，取出「**目前索引**」變數的單一字母（因為長度是1）。

「**按鈕辨識.被點選**」事件處理是處理語音辨識，呼叫「**語音辨識1.辨識語音**」方法來讓使用者輸入語音，例如：唸出「A」，在完成後就會觸發「**語音辨識1.辨識完成**」事件，如下圖所示：

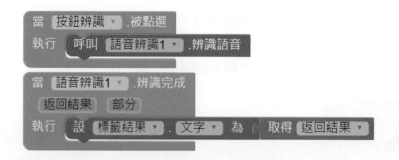

上述「**語音辨識1.辨識完成**」事件處理的「**返回結果**」參數，就是辨識結果的字串，我們是在「**標籤結果**」的標籤組件顯示辨識結果的字串。

Chapter 14

綜合應用一
定位服務、相機與感測器

14-1 GPS定位服務、照相機與感測器組件

Android行動裝置結合定位服務和Google地圖建立的「**位置感知服務**」（Location-based Service，LBS）是一項十分實用的功能，LBS可以追蹤你的位置和提供一些額外服務，例如：找出附近的咖啡廳、停車場、自動櫃員機或加油站等。

App Inventor支援定位服務、照相機和多種感測器組件，可以讓我們取得裝置的GPS座標、使用內建相機取得拍照結果的圖片，或使用感測器組件偵測裝置的加速度、是否搖晃，和面向的方向。

14-1-1 位置感測器組件

Android作業系統的定位服務可以幫助我們存取目前行動裝置的GPS位置資料，包含：**緯度**（latitude）、**經度**（longitude）和**高度**（altitude）等資訊。

經緯度座標

定位服務最主要的目的是找出行動裝置目前位置的經緯度座標。經緯度是經度與緯度合稱的座標系統，也稱為**地理座標系統**，它是使用三度空間的球面來定義地球表面各點的座標系統，能夠標示地球表面上的任何一個位置。經度與緯度的說明，如下所示：

- **緯度**：地球表面某一點距離地球赤道以南或以北的度數，其值為0至90度，赤道以北的緯度叫**北緯**（符號為N）；赤道以南的緯度稱**南緯**（符號為S）。

- **經度**：地球表面上某一點距離**本初子午線**（一條南北方向經過倫敦格林威治天文台舊址的子午線）以東或以西的度數。簡單地說，本初子午線的經度是0度，其他地點的經度是向東從0到180度，即東經（符號為E）或向西從0到180度，即西經（符號為W）。

一般來說，在地球儀或地圖上描述經緯度座標是使用**度**（degrees）、**分**（minutes）和**秒**（seconds），例如：舊金山金門大橋的經緯度，如下所示：

122°29′W ◄──── 西經122度29分
37°49′N ◄──── 北緯37度49分

經緯度的每一**度**可以再分成60單位的**分**，分可以再細分60單位的**秒**（如果需要可以再細分下去）。在電腦上表示經緯度，通常是使用十進位方式表示，**N**和**E**為正值；**S**和**W**為負值，分為小數點下2位，秒是之後2位。以上述經緯度為例，十進位表示法的經緯度，如下所示：

```
-122.29
37.49
```

⊕ 位置感測器

位置感測器（LocationSensor）組件是位在「**感測器**」分類，是一個可提供位置資訊的緯度、經度和高度的非可視組件，並且提供轉換功能，可以將地址字串轉換成GPS座標。

基本上，位置感測器組件可以自動從電信網路（室內）或GPS衛星（室外）提供者來取得位置資訊。請注意！位置資訊可能無法馬上取得，需要等待一些時間才能從「**位置變化**」事件處理來取得。

⊕ 位置感測器組件的屬性

屬性	說明
緯度	取得緯度。
經度	取得經度。
海拔	取得高度。
當前地址	取得目前的地址字串。
間距	存取更新位置資料的最短距離，以公尺為單位。
計時間隔	存取更新位置資料的間隔時間，以毫秒為單位。

⊕ 位置感測器組件的方法

方法	說明
由地址轉換為緯度(位置名稱)	使用參數「**位置名稱**」字串來取得GPS緯度座標。
由地址轉換為經度(位置名稱)	使用參數「**位置名稱**」字串來取得GPS經度座標。

⊕ **位置感測器組件的事件**

事件	說明
位置變化	當偵測到新位置時，就觸發此事件。可在事件處理的參數取得經緯度。
狀態變化	當偵測到提供位置服務的狀態改變時，就觸發此事件。可在事件處理的參數取得提供者名稱和狀態。

14-1-2 照相機組件

照相機（Camera）組件是位在「**多媒體**」分類的非可視組件，其主要目的是啟動內建相機App來拍照，和傳回拍照結果的圖檔路徑。

⊕ **照相機組件的方法**

方法	說明
拍照()	開啟裝置的相機來拍照。

⊕ **照相機組件的事件**

事件	說明
拍攝完成	當相機拍照完成，就觸發此事件。可以在事件處理的「**圖像位址**」參數取得照片的圖檔路徑。

14-1-3 加速度感測器組件

位在「**感測器**」分類的**加速度感測器**（AccelerometerSensor）組件是一種非可視組件，可以偵測行動裝置的晃動和測量X、Y和Z軸三個方向的加速度，單位是**m/s²**。此組件沒有方法，只有屬性和事件。

⊕ **加速度感測器組件的屬性**

屬性	說明
X分量	當行動裝置放置於平坦的平面時，其值是0。向右傾斜（左邊抬高）的值是正值；向左傾斜（右邊抬高）是負值。
Y分量	當行動裝置放置於平坦的平面時，其值是0。當底部抬高向下傾斜的值是正值；向上傾斜（頭部抬高）是負值。
Z分量	值-9.8表示螢幕朝上；+9.8是朝下；0是垂直。
敏感度	加速度感測器的敏感度。值1是不敏感；2是中等；3是最敏感。

屬性	說明
可用狀態	行動裝置是否擁有加速度感測器。
最小間隔	行動裝置搖晃的最小間隔時間。

加速度感測器組件的事件

事件	說明
加速度變化	當偵測到行動裝置產生加速度變化時，就觸發此事件。可以從事件處理的參數取得X、Y和Z軸加速度的X、Y和Z分量。
被晃動	當偵測到行動裝置被晃動時，就觸發此事件。

14-1-4　方向感測器組件

在「**感測器**」分類的**方向感測器**（OrientationSensor）組件可以偵測行動裝置位在空間中的方向，這是一個非可視組件，可以取得三種角度值的方向資訊。此組件沒有方法，只有屬性和事件。

方向感測器組件的屬性

屬性	說明
方位角	取得行動裝置方位的角度值。值0表示頭部指向北方；90是東方；180是南方；270是西方。
翻轉角	傳回值0度是水平，隨著裝置左邊傾斜向上抬高，其值增加至90；右邊向上抬高，其值減少至-90。
音調	在「**方向變化**」事件處理程序的參數名稱是「**傾斜角**」。傳回值0度是水平，隨著裝置頭部傾斜向下降低，其值增加至90；底部向下降低，其值減少至-90。
角度	傳回角度值，代表行動裝置的傾斜方向。如果在裝置上放一顆小球，可以看到球該往哪一邊滾動。
強度	傳回0~1之間浮點數，代表行動裝置的傾斜程度，如同小球在行動裝置上滾動速度快慢的強弱。
可用狀態	行動裝置是否擁有方向感測器。

方向感測器組件的事件

事件	說明
方向變化	當偵測到行動裝置的方向改變時，就觸發此事件。可以在事件處理的3個參數取得裝置的方向資訊。

14-2 綜合應用：旅館在哪裡

　　旅館在哪裡是「**位置感測器**」、「**Activity啟動器**」和「**微型資料庫**」組件的整合應用，可以讓使用者在國內外旅遊時，不會忘記旅館在哪裡，和規劃如何從旅遊景點回到旅館的路徑。

　　我們是使用微型資料庫組件記住旅館位置的GPS座標，如果遊玩時，忘了旅館在哪裡，可以取得目前位置的GPS座標後，使用Open Street Map地圖顯示回旅館的路徑規劃。

步驟一：開啟和執行App Inventor專案

　　請啟動瀏覽器進入App Inventor後，開啟和執行「**hotel.aia**」專案，可以看到執行結果，第1次執行需點選「**While using the app**」允許存取定位資料後，稍等一下，可以看到定位在美國加州，如下圖所示：

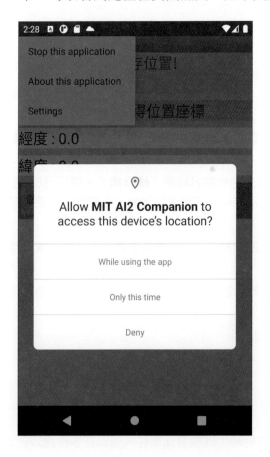

請點選Android模擬器左方垂直工具列最後的「…」鈕，可以看到Google地圖，請在上方欄位輸入**Taipei**，搜尋定位至台北，如下圖所示：

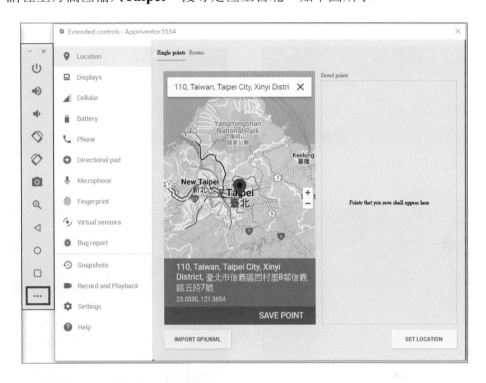

然後放大地圖且拖拉找到台北車站，在點選後，可以看到目前的位置，按右下角「**SET LOCATION**」鈕更改定位，如下圖所示：

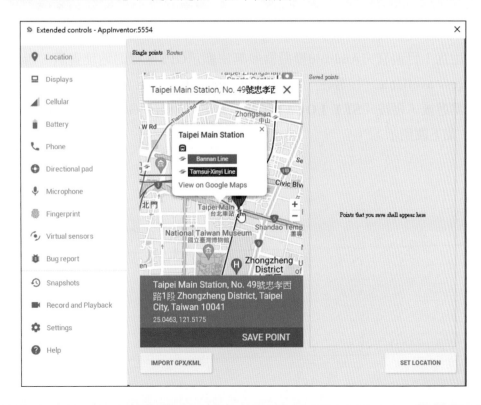

現在，可以看到更改GPS座標為(121.51746, 25.04626)（台北車站），因為尚未儲存旅館位置，請按下方「**儲存旅館位置**」鈕，可以看到「**位置資料儲存**」訊息框，顯示已儲存至微型資料庫，如下圖所示：

請注意！目前官方Android模擬器並無法顯示GPS座標的地址資訊，所以顯示No address available。接著在「**Extended controls**」對話方塊拖拉地圖至台北101後，在點選後，再按「**SET LOCATION**」鈕，可以看到GPS座標值已經更新至台北101，如下圖所示：

最後按下方「**路徑規劃**」鈕，可以開啓Open Street Map地圖，顯示從台北101回到台北車站的路徑規劃，如右圖所示：

⚗️ 步驟二：建立使用介面的畫面編排

旅館在哪裡的畫面編排是使用按鈕和標籤組件來建立使用介面。

⊕ 使用介面的畫面編排

在Screen1螢幕建立使用介面，共新增一個垂直配置、四個水平配置、兩個按鈕和十二個標籤組件，在之後是非可視的位置感測器、Activity啟動器、對話框和微型資料庫組件，如下圖所示：

介面組件的屬性設定

在螢幕新增組件後，請依據下表選取各組件，然後在「**組件屬性**」區更改各組件的屬性值（字體大小都是20；不包含顏色屬性），如下表所示：

組件	屬性	屬性值
Screen1	標題	旅館在哪裡
標籤前位置	文字	旅館位置:
標籤前位置	文字顏色	藍色
標籤前座標	文字	旅館GPS座標:
標籤1	文字	目前位置:
標籤1	文字顏色	藍色
標籤位置	文字	移動取得位置座標
標籤位置	文字顏色	紅色
標籤1	文字	經度:
標籤經度	文字	0.0
標籤2	文字	緯度:
標籤緯度	文字	0.0
按鈕儲存	文字	儲存旅館位置
按鈕路徑規劃	文字	路徑規劃
位置感測器1	計時間隔	10000

步驟三：拼出專案的積木程式

在完成使用介面設計的畫面編排後，我們可以開始建立積木程式。

微型資料庫組件儲存的資料

在微型資料庫組件儲存的資料共有三個標籤，其說明如下表所示：

標籤	說明
HotelLoc	儲存旅館的地址字串。
HotelLat	儲存旅館GPS位置的緯度座標。
HotelLong	儲存旅館GPS位置的經度座標。

⊕ 宣告全域變數

在積木程式宣告一個全域變數「**旅館位置**」，其值是用來儲存取得的旅館地址，如下圖所示：

⊕ 「Screen1.初始化」事件處理

在「Screen1.初始化」事件處理首先呼叫「**初始組件**」程序初始組件的屬性值，然後從微型資料庫組件取出「**HotelLoc**」標籤的值，即可使用「**如果-則-否則**」條件積木判斷是否有此值，如下圖所示：

上述條件積木的條件如果成立（即有值），就呼叫「**取出儲存的位置座標**」程序，從微型資料庫組件取出上一次儲存的旅館地址和座標；若不成立，就顯示初始訊息文字。

⊕ 「初始組件」程序

在「初始組件」程序設定「**Activity啟動器1.動作**」屬性值後，停用畫面編排的2個按鈕組件，如下圖所示：

⊕ 「取出儲存的位置座標」程序

「取出儲存的位置座標」程序是從微型資料庫組件取出儲存的地址和GPS座標後，在標籤組件顯示取得的值，如下圖所示：

⊕ 「位置感測器1.位置變化」事件處理

「位置感測器1.位置變化」事件處理是當GPS位置座標變更，或間隔時間到時，就呼叫此事件處理，可以取出參數的位置資訊後，在標籤組件顯示，如下圖所示：

上述「**如果-則**」條件積木判斷是否有儲存的位置資訊。如果有，就啟用按鈕組件。

⊕ 「按鈕儲存.被點選」事件處理

在「按鈕儲存.被點選」事件處理將取得的位置資料存入微型資料庫組件後，呼叫「**取出儲存的位置座標**」程序取出和顯示儲存的位置資料，最後啟用按鈕組件，如下圖所示：

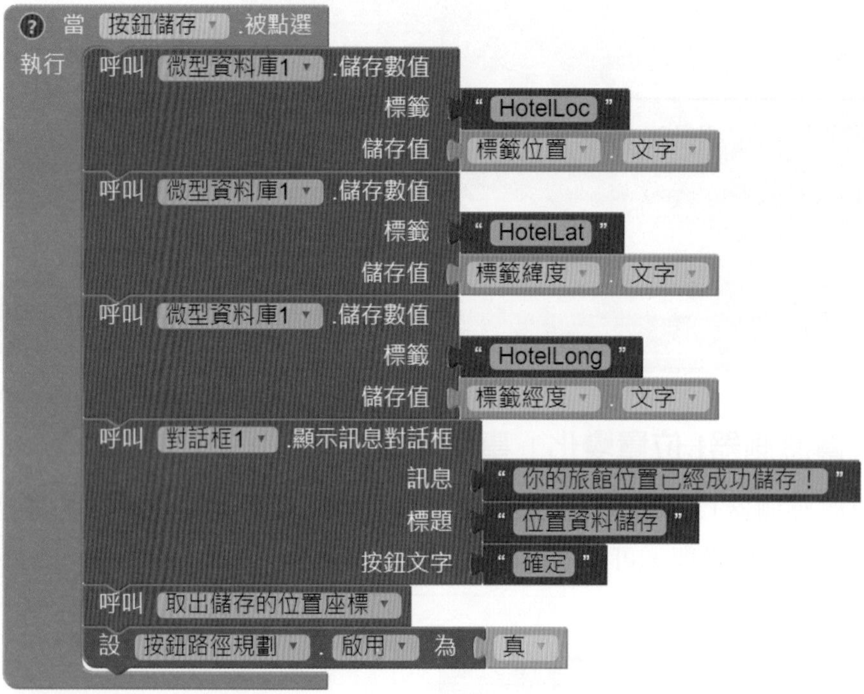

⊕ 「按鈕路徑規劃.被點選」事件處理

在「按鈕路徑規劃.被點選」事件處理是使用「**合併文字**」積木建立「**Activity 啟動器1.資料URI**」屬性值，其格式如下所示：

```
https://www.openstreetmap.org/directions?engine=fossgis_osrm_car&route=<來源座標>;<目的座標>
```

上述來源和目的座標是現在和儲存的GPS座標，然後呼叫「**Activity啟動器1.啟動Activity**」方法啟動Open Street Map地圖，如下圖所示：

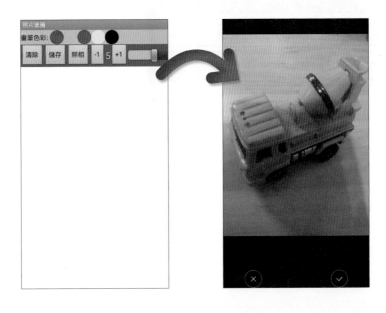

當 按鈕路徑規劃 ▼ .被點選
執行 設 Activity啟動器1 ▼ . 資料URI ▼ 為 ⚙ 合併文字 " https://www.openstreetmap.org/directions?engine=... "
標籤緯度 ▼ . 文字 ▼
" , "
標籤經度 ▼ . 文字 ▼
" , "
呼叫 微型資料庫1 ▼ .取得數值
標籤 " HotelLat "
無標籤時之回傳值 " 1000 "
" , "
呼叫 微型資料庫1 ▼ .取得數值
標籤 " HotelLong "
無標籤時之回傳值 " 1000 "
呼叫 Activity啟動器1 ▼ .啟動Activity

14-3 綜合應用：照片塗鴉

　　照片塗鴉是修改第11-2節的行動小畫家，新增「**照相機**」組件執行照相來取得畫布組件的背景圖片。我們可以在背景圖片的照片上塗鴉，當「**加速度感測器**」組件偵測搖晃行動裝置，就清除畫布的塗鴉。

💡 步驟一：開啓和執行App Inventor專案

　　請啓動瀏覽器進入App Inventor，然後開啓和執行「**paint2.aia**」專案（本節範例因為使用相機和感測器，請使用實機測試執行），可以看到執行結果，如下圖所示：

按下「**照相**」鈕啟動內建相機程式，在完成拍照後，點選勾號選擇後，就會返回照片塗鴉，看到背景顯示的照片，如右圖所示：

然後，我們可以在照片上塗鴉，搖晃行動裝置可以清除塗鴉，按「**清除**」鈕會同時清除塗鴉和畫布組件的背景圖片。

步驟二：建立使用介面的畫面編排

照片塗鴉的畫面編排只修改字型尺寸、顏色和下方按鈕列，新增「**照相**」鈕（名稱是「按鈕照相」），和下方照相機、加速度感測器和音效三個非可視組件，如下圖所示：

在螢幕新增組件後，請依據下表選取各組件，然後在「**組件屬性**」區更改各組件的屬性值（N/A表示清除內容），如下表所示：

組件	屬性	屬性值
Screen1	標題	照片塗鴉
按鈕照相	文字	照相

步驟三：拼出專案的積木程式

在完成使用介面設計的畫面編排後，我們可以修改積木程式，筆者只說明新增和更改部分。

「按鈕照相.被點選」和「照相機1.拍攝完成」事件處理

我們需要新增「按鈕照相.被點選」和「照相機1.拍攝完成」事件處理來處理照相功能。在「**按鈕照相.被點選**」事件處理呼叫「**照相機1.拍照**」方法進行拍攝，如下圖所示：

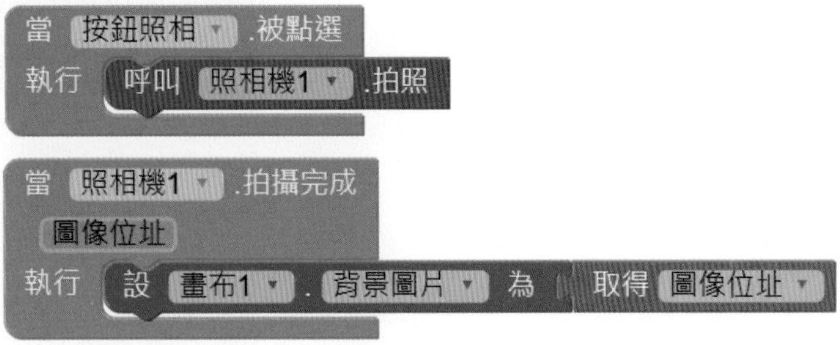

上圖中的「**照相機1.拍攝完成**」事件處理，是當拍攝完成後，指定畫布組件的背景圖片為參數「圖像位址」。

「加速度感測器1.被晃動」事件處理

在新增的「加速度感測器1.被晃動」事件處理清除畫布，和震動50毫秒，如下圖所示：

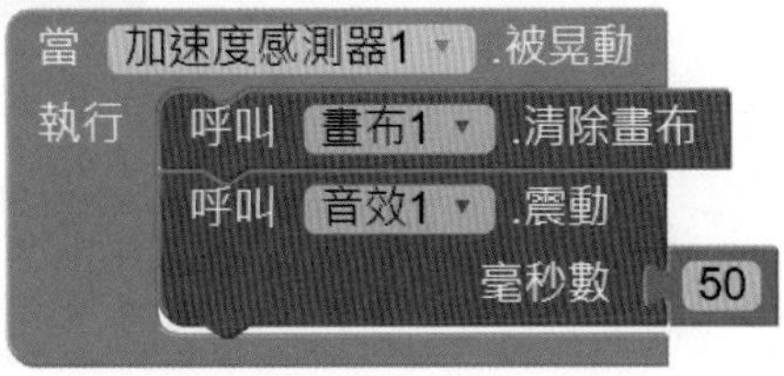

⊕ 「按鈕清除.被點選」事件處理

請修改「按鈕清除.被點選」事件處理，除了清除畫布，同時清除背景圖片，如右圖所示：

14-4 綜合應用：太空射擊Ⅱ

太空射擊Ⅱ是修改第11-3節的太空射擊，改用「**計時器**」和「**加速度感測器**」組件控制下方太空船的左右移動。

步驟一：開啓和執行App Inventor專案

請啓動瀏覽器進入App Inventor，然後開啓和執行「**shoot2.aia**」專案（請使用實機進行測試），可以看到執行結果，如右圖所示：

請左右傾斜行動裝置來移動下方太空船，點選太空船可以發射子彈。

步驟二：建立使用介面的畫面編排

太空射擊Ⅱ的畫面編排只有在下方新增計時器移動和加速度感測器1兩個非可視組件，如下圖所示：

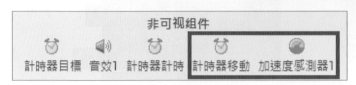

當在螢幕新增組件後，請依據下表選取各組件，然後在「**組件屬性**」區更改各組件的屬性值，如下表所示：

組件	屬性	屬性值
Screen1	標題	太空射擊 II

步驟三：拼出專案的積木程式

在完成使用介面設計的畫面編排後，我們可以修改積木程式。筆者只說明新增和更改部分，請刪除「**圖片精靈太空船.被拖曳**」事件處理。

宣告全域變數

新增全域變數「**X軸速度**」，其值決定太空船是向左或向右移動，如下圖所示：

初始化全域變數 X軸速度 為 0

「Screen1.初始化」事件處理

請修改「Screen1.初始化」事件處理，在最後新增指定「**計時器移動.啟用計時**」屬性為**假**（即停用此計時器），和下一個指定計時間隔是**50**毫秒，如下圖所示：

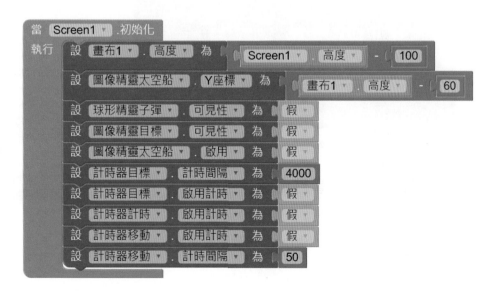

⊕ 「按鈕開始.被點選」事件處理

請修改「按鈕開始.被點選」事件處理，在最後新增一個積木來啟用「**計時器移動**」元件，如下圖所示：

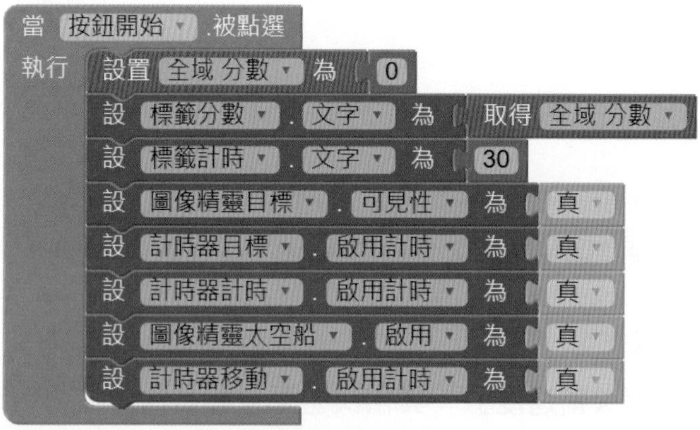

⊕ 「計時器計時.計時」事件處理

請修改「計時器計時.計時」事件處理，當時間到了，在最後新增停用「**計時器移動**」組件，如下圖所示：

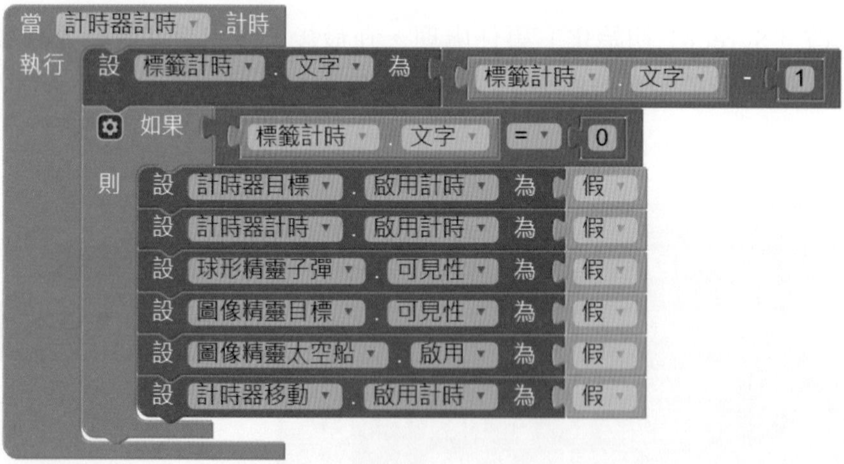

⊕ 「計時器移動.計時」事件處理

在新增的「計時器移動.計時」事件處理可以定時更改座標成為全域變數「**X軸速度**」的值，其左右方向是由「**加速度感測器1.加速度變化**」事件處理來決定，如下圖所示：

⊕ 「加速度感測器1.加速度變化」事件處理

在新增的「加速度感測器1.加速度變化」事件處理決定方向，使用「**如果-則-否則**」條件積木判斷是向左或向右，以決定全域變數「**X軸速度**」的值是5或-5，如下圖所示：

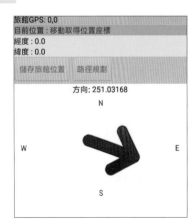

14-5 綜合應用：旅館在哪裡 II

旅館在哪裡 II 是修改第14-2節的旅館在哪裡範例，新增「**方向感測器**」組件來顯示目前方向，即新增指南針功能。

♀ 步驟一：開啟和執行App Inventor專案

請啟動瀏覽器進入App Inventor，然後開啟和執行「**hotel2.aia**」專案後（請使用實機進行測試），可以看到執行結果，下方是電子指南針，如右圖所示：

步驟二：建立使用介面的畫面編排

旅館在哪裡II的畫面編排只有修改下方標籤，新增畫布和之中的圖像精靈組件，和在下方新增方向感測器的非可視組件，如下圖所示：

在上述「**素材**」區上傳箭頭圖檔「arrow1-a.png」。

當在螢幕新增組件後，請依據下表選取各組件，然後在「**組件屬性**」區更改各組件的屬性值，如下表所示：

組件	屬性	屬性值
Screen1	標題	旅館在哪裡II
標籤方向	文字	方向: 0
畫布1	寬度	填滿
畫布1	高度	200像素
圖像精靈	圖片	arrow1-a.png

步驟三：拼出專案的積木程式

在完成使用介面設計的畫面編排後，我們可以修改積木程式。筆者只說明新增和更改的部分。

「Screen1.初始化」事件處理

請修改「Screen1.初始化」事件處理，在呼叫「**初始組件**」程序後，新增呼叫「**初始指南針**」程序來初始指南針的畫布內容，如下圖所示：

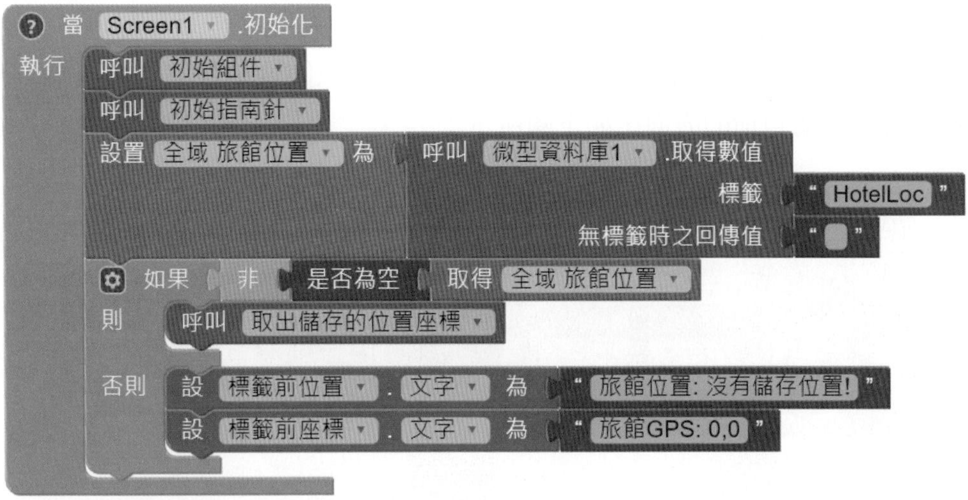

「初始指南針」程序

　　在新增的「初始指南針」程序更改「**圖像精靈1.X座標**」屬性值，可以讓圖片置中顯示。然後呼叫「**畫布1.繪製文字**」方法，繪出位在箭頭圖片四方的N、S、E和W字母，上方N是紅色；其他3個方向是黑色字。如下圖所示：

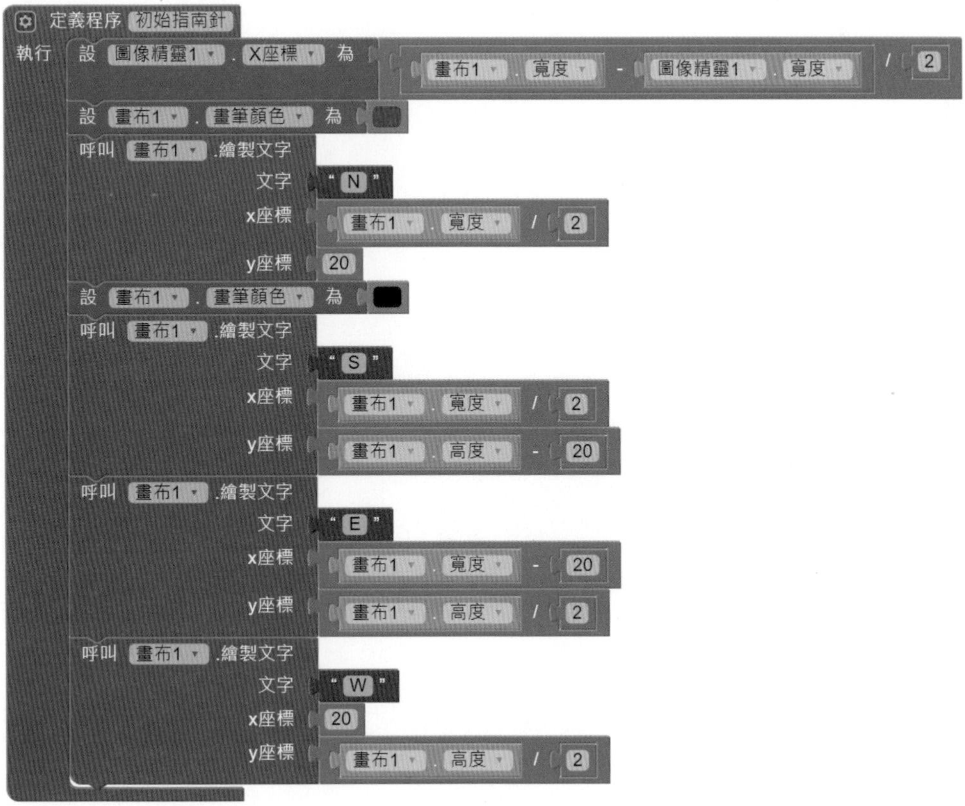

⊕ 「方向感測器1.方向變化」事件處理

在新增的「方向感測器1.方向變化」事件處理更改圖像精靈顯示的方向後，在標籤顯示行動裝置目前的方向，如下圖所示：

Chapter 15

綜合應用 - 統計圖表、旅遊景點導覽和Open Data旅遊資訊

A12

15-1 雲端圖表工具與Charts組件

雲端圖表工具是一種網路線上圖表工具，我們不用安裝任何軟體工具，就可以使用URL網址參數在瀏覽器產生統計圖表。Google Chart API 是 Google 公司提供的Open Source雲端圖表工具，可以讓我們使用URL參數來產生圖表，其語法格式如下所示：

```
https://chart.apis.google.com/chart?cht=<參數值>&chs=<參數值>&chd=<參數值>...
```

上述URL網址位在「?」符號之後的參數是URL參數，cht參數是圖表類型：bvg是長條圖；p是派圖；p3是3D派圖；lc是折線圖，chs參數是圖表尺寸，chd是圖表資料等。

Google Chart API的使用方法很簡單，我們只需打開瀏覽器，輸入下列URL網址，就可以顯示折線圖的統計圖表，如下所示：

https://chart.apis.google.com/chart?cht=lc&chs=400x200&chd=t:12,39,65,42,83&chxt=x,y&chxl=0:|Red|Blue|Yellow|Green|Purple

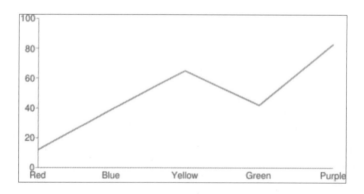

如果將cht參數改成p3，就可以繪出3D派圖，如下所示：

https://chart.apis.google.com/chart?cht=p3&chs=400x200&chd=t:12,39,65,42,83&chxt=x,y&chxl=0:|Red|Blue|Yellow|Green|Purple

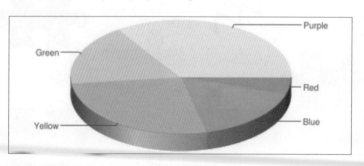

⊕ Chart與ChartData2D組件

AI2的圖表組件是「**Charts**」分類下的2個組件：「**Chart**」組件是用來繪製圖表；「**ChartData2D**」組件是繪製圖表所需的資料集，以折線圖來說，就是每一條線的資料點集合，如下圖所示：

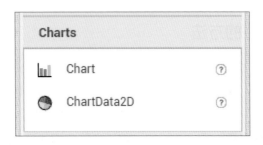

⊕ Chart組件的屬性

屬性	說明
種類	選擇圖表種類，line是折線圖；scatter是散佈圖；area是面積圖；bar是長條圖；pie是派圖。
描述	圖表描述文字。
GridEnabled	啟用圖表的格線。
LegendEnabled	啟用圖表的圖例。
Labels	取得和指定X軸的標籤清單。
LabelsFromString	使用CSV字串指定X軸標籤。

⊕ CharData2D組件的屬性

屬性	說明
LineType	選擇折線圖的線條種類，linear是線性；curved是曲線；stepped是階梯。
Color	指定此資料集（線條）的色彩。
ElementsFromPair	指定資料集的資料點字串，其格式是：x1, y1, x2, y2, …。
Label	指定資料集名稱的標籤。

⊕ Chart組件的方法

方法	說明
SetDomain (minimum, maxinmum)	指定X軸座標是參數的最小值和最大值。
SetRange (minimum, maxinmum)	指定Y軸座標是參數的最小值和最大值。

⊕ ChartData2D組件的方法

方法	說明
AddEntry (x座標, y座標)	新增參數座標的資料點。
清除畫布()	清除所有的資料點。
DoesEntryExist (x座標, y座標)	檢查參數座標的資料點是否存在。
ImportFromList (清單)	從清單匯入資料點。
ImportFromTinyDB (微型資料庫, 標籤)	從微型資料庫的參數標籤匯入資料點。
RemoveEntry (x座標, y座標)	刪除參數座標的資料點。

⊕ Chart組件與ChartData2D組件的事件

事件	說明
EntryClick	點選圖表或資料點時，就會觸發此事件，可以回傳點選座標「**x座標**」和「**y座標**」。

15-2 綜合應用：繪製統計圖表

App Inventor可以使用雲端圖表工具在Android App繪製統計圖表，我們可以在「**圖像**」或「**網路瀏覽器**」組件顯示圖表。

♀ 15-2-1 使用Google Chart API繪製統計圖表

在App Inventor只需新增「**圖像**」組件後，指定「**圖片**」屬性是雲端圖表工具的URL網址，就可以在Android App繪製統計圖表和二維條碼，如下圖所示：

設 圖像1 ▾ . 圖片 ▾ 為 " https://chart.apis.google.com/chart?cht=lc&chs=4... "

↻ 步驟一：開啓和執行App Inventor專案

　　請啓動瀏覽器進入App Inventor網站後，開啓「**googlecharts.aia**」專案後，執行專案，可以看到執行結果，如右及下二圖所示：

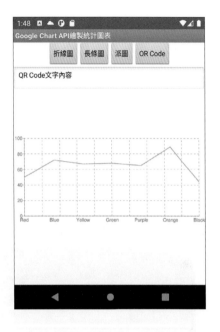

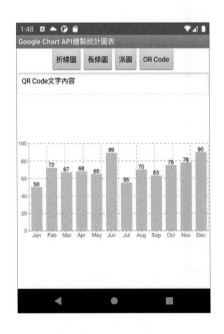

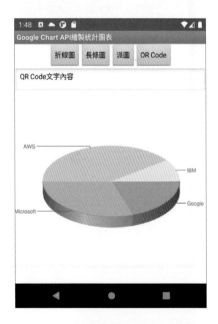

　　在上方按「**折線圖**」、「**長條圖**」和「**派圖**」鈕，稍等一下，可以在下方顯示統計圖表，在按鈕下方輸入QR Code文字內容後，按「**QR Code**」鈕，可以顯示文字內容的QR Code二維條碼，如右圖所示：

步驟二：建立使用介面的畫面編排

Google Chart API繪製統計圖表的畫面是使用水平配置、文字輸入盒、圖像、按鈕和網路組件來建立使用介面。

使用介面的畫面編排

在Screen1螢幕建立使用介面，共新增1個水平配置、4個按鈕、1個文字輸入盒和圖像組件，最後是非可視的網路組件，如下圖所示：

介面組件的屬性設定

在螢幕新增組件後，請依據下表選取各組件，然後在「**組件屬性**」區更改各組件的屬性值，如下表所示：

組件	屬性	屬性值
Screen1	標題	Google Chart API繪製統計圖表
水平配置1	水平對齊	居中
按鈕1	文字	折線圖
按鈕2	文字	長條圖
按鈕3	文字	派圖
按鈕4	文字	QR Code
文字輸入盒QR	文字	QR Code文字內容

步驟三：拼出專案的積木程式

在完成使用介面的畫面編排後，我們就可以開始建立積木程式。

「按鈕1.被點選」事件處理方法

在「按鈕1.被點選」事件處理方法是繪出折線圖，我們是在圖像組件指定「**圖片**」屬性值的URL網址，如下圖所示：

上述URL網址字串，如下所示：

https://chart.apis.google.com/chart?cht=lc&chs=450x200&chd=t:50,72,67,68,65,89,44&chxt=x,y&chxl=0:|Red|Blue|Yellow|Green|Purple|Orange|Black&chg=10,20

上述cht參數是lc折線圖，chs是圖表尺寸450×200，chd是資料，chxt參數指定顯示x, y軸的標籤文字，chxl參數是x軸的標籤文字，因為沒有指定y軸，顯示的是資料值的範圍，chg參數顯示格線。

⊕ 「**按鈕2.被點選**」**事件處理方法**

在「按鈕2.被點選」事件處理方法是繪出長條圖，我們是在圖像組件指定「**圖片**」屬性值的URL網址，如下圖所示：

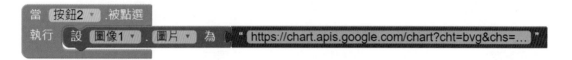

上述URL網址字串，如下所示：

https://chart.apis.google.com/chart?cht=bvg&chs=400x200&chd=t:50,72,67,68,65,89,55,70,63,75,78,90&chxt=x,y&chxl=0:|Jan|Feb|Mar|Apr|May|Jun|Jul|Aug|Sep|Oct|Nov|Dec&chg=10,20&chm=N*f0*,000000,0,-1,11

上述cht參數是bvg長條圖，最後的chm參數指定顯示在長條上方的標記，N是數值；f0是浮點數；精確度是0，00000是黑色，最後的11是字型尺寸。

⊕ 「**按鈕3.被點選**」**事件處理方法**

在「按鈕3.被點選」事件處理方法是繪出派圖，我們是在圖像組件指定「**圖片**」屬性值的URL網址，如下圖所示：

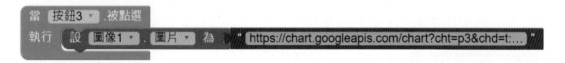

上述URL網址字串，如下所示：

https://chart.googleapis.com/chart?cht=p3&chd=t:20,30,40,10&chs=400x200&chl=Google|Microsoft|AWS|IBM

上述cht參數是p3的3D派圖，chl參數是標籤文字。

⊕ 「**按鈕4.被點選**」**事件處理方法**

在「按鈕4.被點選」事件處理方法是繪出二維條碼，我們是在圖像組件指定「**圖片**」屬性值的URL網址，其中在文字輸入盒輸入的文字內容需要呼叫「**URI編碼**」方法進行編號後，才合併建立成URL網址，如下圖所示：

上述URL網址字串，如下所示：

https://chart.googleapis.com/chart?chs=250x250&cht=qr&chl=<QR code文字>

上述cht參數是qr的QR Code，chl參數是轉換成二維條碼的文字內容。

💡 15-2-2　使用AI2圖表組件繪製統計圖表

當在AI2的「工作面板」區新增「**Chart**」組件後，就可以拖拉「**ChartData2D**」組件至「**Chart**」組件之中來新增圖表資料，此時在「組件列表」區可以看到ChartData2D組件是位在Chart組件的下一層，如下圖所示：

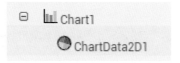

然後在「組件屬性」區指定「**Chart**」組件的圖表種類後，就可以在積木程式呼叫「**ChartData2D**」組件的「**ImportFromList**」方法，匯入清單來建立圖表的資料集，以折線圖來說，就是資料點X和Y座標的巢狀清單，如下圖所示：

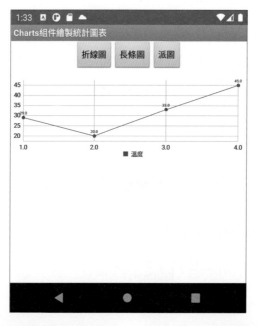

⟳ 步驟一：開啓和執行App Inventor專案

　　請啓動瀏覽器進入App Inventor網站後，開啓「**charts.aia**」專案後，執行專案，可以看到執行結果，如下圖所示：

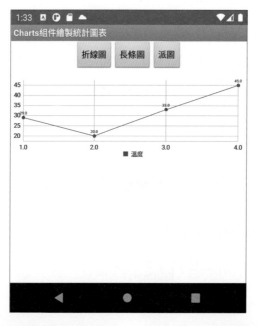

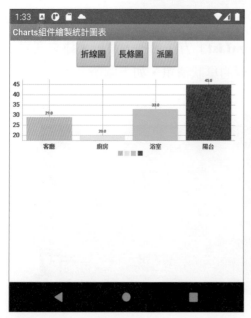

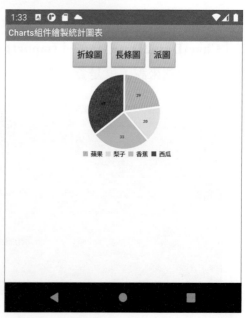

　　在上方按「**折線圖**」、「**長條圖**」和「**派圖**」鈕，就可以在下方顯示AI2圖表組件繪製的統計圖表。

↻ 步驟二：建立使用介面的畫面編排

　　在使用AI2圖表組件繪製統計圖表的畫面是使用水平配置、按鈕、Chart和ChartData2D組件來建立使用介面。

⊕ 使用介面的畫面編排

　　在Screen1螢幕建立的組件結構，共新增1個水平配置、3個按鈕、3個Chart和3個ChartData2D組件，如下圖所示：

⊕ 介面組件的屬性設定

在螢幕新增組件後，請依據下表選取各組件後，在「**組件屬性**」區更改各組件的屬性值（N/A表示清除內容），如下表所示：

組件	屬性	屬性值
Screen1	標題	Charts組件繪製統計圖表
水平配置1	水平對齊	居中
按鈕折線圖	文字	折線圖
按鈕長條圖	文字	長條圖
按鈕派圖	文字	派圖
Chart1~3	寬度	填滿
Chart1	種類	line
Chart2	種類	bar
Chart3	種類	pie

↻ 步驟三：拼出專案的積木程式

在完成使用介面的畫面編排後，我們就可以開始建立積木程式。

⊕ 「隱藏圖表」程序與「Screen1.初始化」事件處理方法

在「Screen1.初始化」事件處理方法是呼叫「**隱藏圖表**」程序來隱藏3個「**Chart**」組件，以便在按下按鈕組件後，顯示指定種類的圖表，在「隱藏圖表」程序是將「**Chart1~3.可見性**」屬性都指定成「**假**」，如下圖所示：

⦙⦙ 「按鈕折線圖.被點選」事件處理方法

在「按鈕折線圖.被點選」事件處理方法是繪出折線圖，我們是在ChartData2D組件指定「**Label**」和「**Color**」屬性的線條標籤名稱和色彩後，呼叫「**ImportFromList**」方法匯入巢狀清單的資料點，如下圖所示：

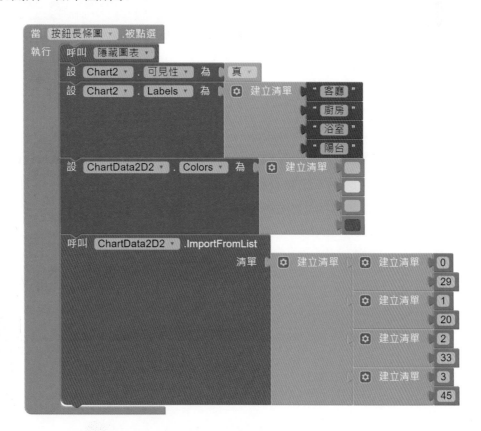

⊕ 「按鈕長條圖.被點選」事件處理方法

在「按鈕長條圖.被點選」事件處理方法是繪出長條圖，我們是在ChartData2D組件指定「**Labels**」和「**Colors**」屬性，這是每一個長條方塊的標籤名稱和色彩，然後呼叫「**ImportFromList**」方法匯入巢狀清單的資料。請注意！其中的X座標值需從0開始，如下圖所示：

⊕ **「按鈕派圖.被點選」事件處理方法**

在「按鈕派圖.被點選」事件處理方法是繪出派圖，我們是在ChartData2D組件指定「**Colors**」屬性的色彩清單，這是每一個弧形區塊的色彩，然後在清除畫布後，呼叫「**ImportFromList**」方法匯入巢狀清單的資料，第2層清單的第1個資料是標籤；第2個是值，如下圖所示：

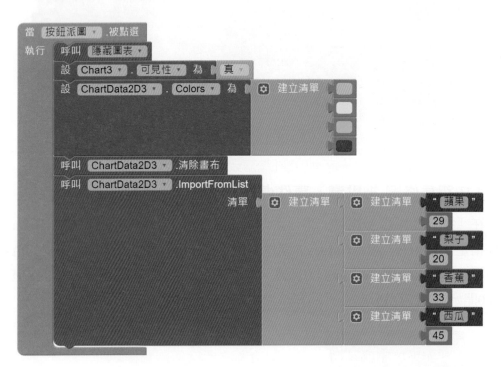

15-3 綜合應用：單車遊蹤景點導覽

單車遊蹤景點導覽是「**檔案管理**」、「**圖像**」、「**網路**」和「**Activity啟動器**」等多種組件的整合應用。景點資料是一個CSV檔案：bicycle.csv，這是從台北旅遊網取得的公開資料所轉換成的CSV檔案，如下圖所示：

上述欄位依序是編號、名稱、描述說明、地址、緯度、經度、URL網址和照片網址。在本節是使用「**檔案管理**」組件讀取CSV檔案，在轉換成巢狀清單後，首先取出景點名稱來建立下拉式選單的項目，在選擇景點後，可以顯示照片、描述和地址，並且提供按鈕開啟景點位置附近的地圖。

在台北旅遊網Open API查詢遊憩景點，可以按「**Try it out**」鈕來測試查詢結果（在本節是使用分類編號12），其URL網址如下所示：

https://www.travel.taipei/open-api/swagger/ui/index#/Attractions/Attractions_All

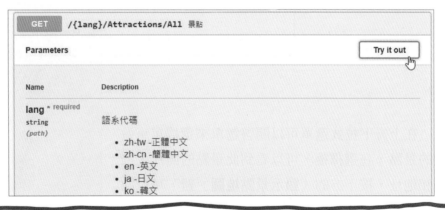

⟳ 步驟一：開啓和執行App Inventor專案

請啓動瀏覽器進入App Inventor網站後，開
啓「**bicycletravel.aia**」專案後，執行專案，可以看
到執行結果，如下圖所示：

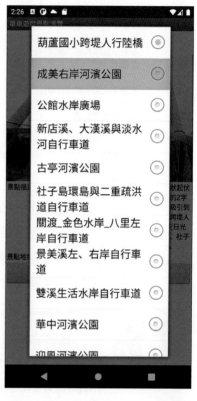

在上方下拉式選單可以開啓選單來選擇單車遊
蹤的景點，在選擇後，可以看到此景點的照片、描
述和地址，按下方的「**顯示景點地圖**」鈕，可以開
啓OpenStreetMap顯示景點附近的地圖。

↻ 步驟二：建立使用介面的畫面編排

單車遊蹤景點導覽的畫面是使用水平配置、下拉式選單、圖像、標籤、按鈕、檔案管理、Activity啟動器和網路組件來建立使用介面。

⊕ 使用介面的畫面編排

在Screen1螢幕建立的使用介面，共新增3個水平配置、1個下拉式選單、1個圖像、4個標籤和1個按鈕器組件，之後是非可視的檔案管理、Activity啟動器和網路組件，如下圖所示：

⊕ 上傳素材檔案

在「**素材**」區需要上傳專案所需的bicycle.csv的CSV檔，如下圖所示：

⊕ 介面組件的屬性設定

在螢幕新增組件後,請依據下表選取各組件,然後在「**組件屬性**」區更改各組件的屬性值(N/A表示清除內容),如下表所示:

組件	屬性	屬性值
Screen1	標題	單車遊蹤景點導覽
Screen1	允許捲動	勾選
水平配置1	水平對齊	居中
圖像1	寬度	填滿
標籤1	文字	景點描述:
標籤描述	文字	N/A
標籤2	文字	景點地址:
標籤地址	文字	N/A
按鈕地圖	文字	顯示景點地圖

↻ 步驟三:拼出專案的積木程式

在完成使用介面的畫面編排後,我們就可以開始建立積木程式。

⊕ 宣告全域變數

在積木程式宣告4個全域變數,「**單車遊蹤資料**」變數是儲存CSV檔案轉換成的巢狀清單,「**景點清單**」變數是景點名稱的清單,「**景點資料**」變數是選擇景點資料的清單,「**GPS座標**」變數是景點的GPS座標字串,如下圖所示:

「Screen1.初始化」事件處理方法

在「Screen1.初始化」事件處理方法呼叫「**檔案管理1.讀取檔案**」方法來讀取CSV檔案，「**//bicycle.csv**」是指位在專案素材的檔案，如下圖所示：

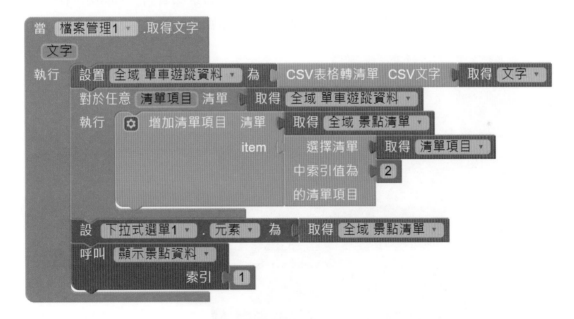

「檔案管理1.取得文字」事件處理方法

當檔案讀取完成，就觸發「取得文字」事件，我們是在「**檔案管理1.取得文字**」事件處理方法的參數「**文字**」取得檔案內容，如下圖所示：

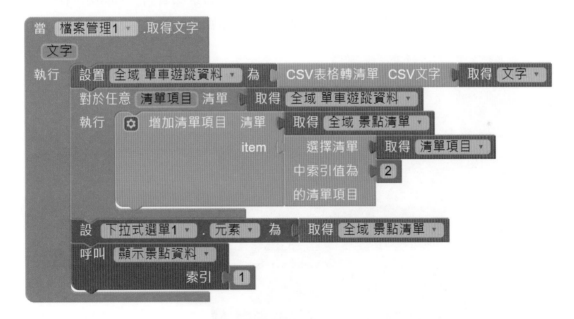

上述方法使用「**CSV表格轉清單-CSV文字**」積木將CSV檔案內容轉換成巢狀清單後，走訪清單取出第2個項目的景點名稱來建立「**景點清單**」變數的清單，即可指定下拉式選單的項目，最後呼叫「**顯示景點資料**」程序來顯示第1個項目的景點資料。

「下拉式選單1.選擇完成」事件處理方法

「下拉式選單1.選擇完成」事件處理方法是處理使用者選擇的景點，在選擇後，呼叫**「顯示景點資料」**程序來顯示**「下拉式選單1.選中項索引」**的景點資料，如下圖所示：

「顯示景點資料」程序

「顯示景點資料」程序可以顯示**「索引」**參數的景點資料，即顯示照片、描述、地址和取得GPS座標字串，首先取得此索引值景點資料的清單，如下圖所示：

　　上述程序在取得景點資料後，依序取出景點描述和地址資料，最後指定網路組件的「**儲存回應訊息**」屬性為真，「**網址**」屬性值是景點照片的網址，然後呼叫「**執行GET請求**」方法送出HTTP GET請求來下載圖片。

🌐 「網路1.取得檔案」事件處理方法

　　在「網路1.取得檔案」事件處理方法指定圖像組件顯示下載的圖檔，如下圖所示：

🌐 「按鈕地圖.被點選」事件處理方法

　　在「按鈕地圖.被點選」事件處理方法是使用OpenStreetMap來顯示景點地圖，其網址格式如下所示：

```
https://www.openstreetmap.org/#map=<縮放>/<緯度>/<經度>
```

　　上述<縮放>是地圖縮放比率，以此例是18，之後是使用「/」符號分隔的GPS座標，如下圖所示：

　　上述方法使用Activity啟動器組件來啟動瀏覽器顯示OpenStreetMap的景點附近地圖。

15-4 使用App Inventor字典剖析JSON資料

App Inventor在2020年2月新增字典，主要的目的之一是改進JSON資料剖析。

💡 15-4-1 認識JSON資料和App Inventor字典

JSON（JavaScript Object Notation）是Douglas Crockford開發的一種描述結構化資料的常用格式，也是目前Web API和Open Data最常使用的資料傳輸格式。JSON物件是使用大括號定義成對使用「:」符號分隔的鍵和值（Key-value Pairs），如下所示：

```
"key1": "value1"
```

上述鍵和值對應微型資料庫組件的標籤和內容，如同是物件的屬性和屬性值，每一組鍵和值是使用「,」符號分隔，如下所示：

```
{
  "key1": "value1",
  "key2": "value2",
  …
}
```

JSON物件陣列是使用方括號來定義每一個元素的JSON物件，如下所示：

```
[
  {
  "title": "ASP.NET網頁設計",
  "author": "陳會安",
  "id": "W101"
  },
  {
  "title": "PHP網頁設計",
  "author": "陳會安",
  "id": "W102"
  },
  …
]
```

　　App Inventor「**字典**」（Dictionaries）是一種儲存鍵值資料對的資料結構，可以使用鍵（Key）來取出和更改值（Value），或使用鍵來新增和刪除項目。

　　我們可以將JSON資料使用App Inventor字典來表示，例如，JSON資料如下所示：

```
{
 "Boss": "陳會安",
 "School": { "name" : "USU", "year" : "2015" },
 "Employees": [
  { "name" : "陳允傑", "age" : 22 },
  { "name" : "江小魚", "age" : 21 },
  { "name" : "陳允東", "age" : 24 }
 ],
 "Classes": ["5.01","15.02","8.21"]
}
```

　　上述JSON資料可以建立成App Inventor字典，如下圖所示：

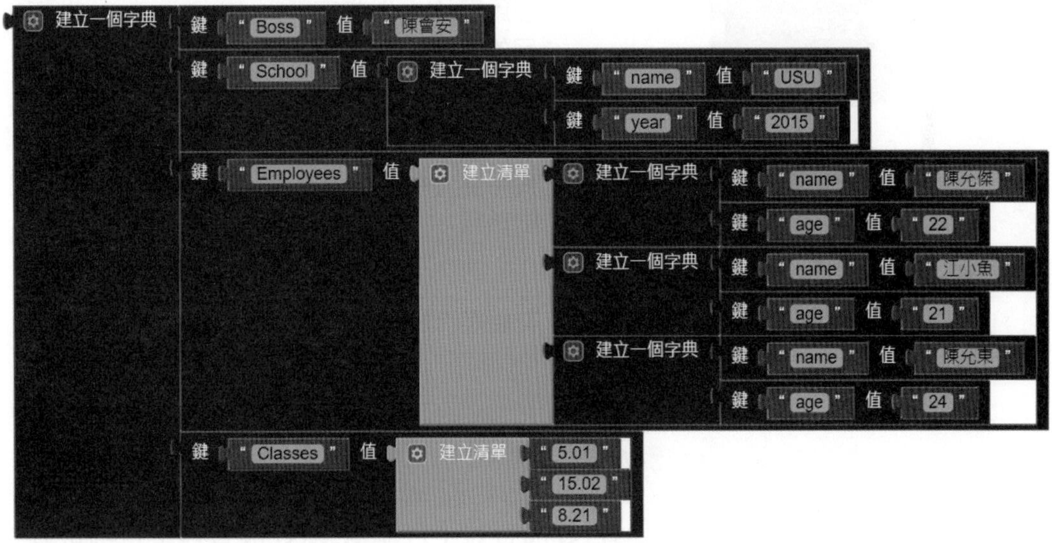

在「程式設計」頁面的「**字典**」分類提供建立字典、新增、更新和刪除字典鍵值對項目的相關積木，其說明如下表所示：

積木	說明
建立空的字典	建立空的字典。
建立一個字典 鍵 值 鍵 值	建立鍵值對項目的字典，預設是2個項目，點選左上方藍色齒輪圖示可新增更多項目的鍵值對。
鍵 值	字典的鍵值對項目。
取得字典中對應於鍵的值，如果沒找到則回傳 " not found "	使用鍵（key）從字典（dictionary）的項目中取出值，沒有找到（if not found）回傳最後插槽的字串。
將字典中對應於鍵的值設為	使用鍵（key）指定字典（dictionary）此鍵項目的值（to）。
刪除字典中對應於鍵的項目	使用鍵（key）刪除字典（dictionary）中此鍵的項目。
是否為字典？	判斷是否是字典。

💡 15-4-2 剖析JSON物件

因為App Inventor字典可以建立JSON資料，反過來，JSON資料可以剖析成字典。在「**網路**」組件提供「**JsonTextDecodeWithDictionaries**」方法來剖析JSON資料成為字典，如下圖所示：

設置 全域 JSON資料 ▼ 為 呼叫 網路1 ▼ .JsonTextDecodeWithDictionaries
                                      JSON文字 取得 回應內容 ▼

上述積木程式將回應內容的JSON資料剖析成字典,因為轉換成字典,所以可以使用「**取得字典 - 中對應於鍵 - 的值,如果沒有找到則回傳**」積木來以鍵取值,如下圖所示:

上述積木從字典取出items鍵的值後,再從值的清單取出第1個項目。

🌐 App Inventor專案:googlebook.aia

App Inventor專案googlebook.aia是使用App Inventor字典來剖析JSON資料。例如:查詢Python圖書Google Books API的URL測試網址,如下所示:

https://fchart.github.io/json/GoogleBooks.json

上述網址可以回傳圖書查詢結果的JSON資料,請至https://jsoneditoronline.org/的JSON Editor,執行「**Open → Open from url**」命令開啟上述網址的JSON資料,如下圖所示:

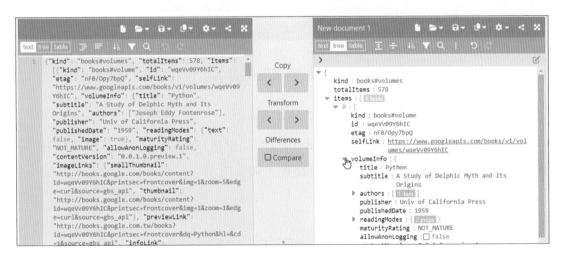

上述圖例是將JSON資料複製至左邊,按「**Copy >**」鈕,可以轉換成右邊的階層結構,查詢結果的圖書資料是items鍵的陣列,每一本圖書是JSON物件的陣列元素,在volumeInfo鍵是圖書資料的書名、作者和封面,如下所示:

volumeInfo➔title

volumeInfo➔authors

volumeInfo➔imageLinks➔thumbnail

上述鍵的搜尋路徑先取出volumeInfo鍵的值後，再依序取出之下的title、auhors 和imageLinks鍵，圖書封面是再下一層的thumbnail鍵。我們可以重複使用「**取得 字典-中對應於鍵-的值，如果沒有找到則回傳**」積木來取出這些JSON值，如下圖所 示：

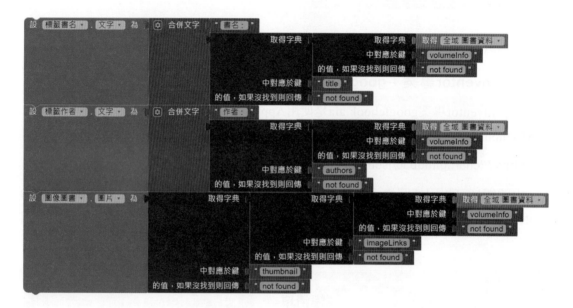

上述積木程式依序使用鍵的搜尋路徑來取出書名、作者清單和圖書封面。

⊕ App Inventor專案：googlebook2.aia

從App Inventor專案googlebook.aia可以看出剖析JSON資料就是找出JSON值的 鍵路徑，例如：圖書名稱title鍵的完整路徑，如下所示：

items➔1➔volumeInfo➔title

上述路徑從items鍵取出陣列後，值1是陣列的第1個元素，然後取出之下的volumeInfo鍵，即可取出title鍵的書名。在App Inventor字典提供「**取得字典 - 中對應於鍵路徑 - 的值，如果沒有找到則回傳**」積木，可以使用鍵路徑來取出JSON值，如下圖所示：

上述積木使用清單建立鍵路徑，可以直接使用此鍵路徑來取出書名。不只如此，因為App Inventor提供積木可以將CSV資料列轉換成清單，所以鍵路徑可以改成CSV資料列，例如：取出圖書作者的鍵路徑，如下所示：

items,1,volumeInfo,authors

上述積木程式先使用「**CSV列轉清單-文字**」積木轉換成鍵路徑清單後，即可直接使用鍵路徑取出作者。App Inventor專案googlebook2.aia就是使用鍵路徑來依序取出書名、作者清單和圖書封面，如下圖所示：

15-4-3 剖析JSON物件陣列

在第15-4-2節是剖析JSON物件，如果回應資料是JSON物件陣列，例如：JSON格式的圖書資料，如下所示：

https://fchart.github.io/test/books.json

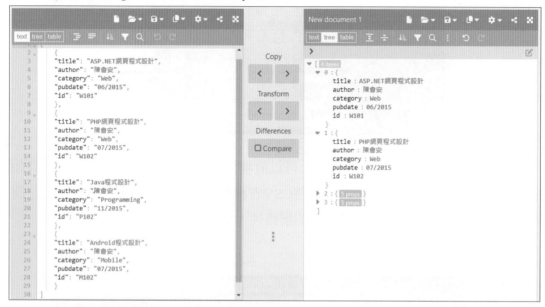

上述圖書資料是4本圖書的JSON物件陣列。

🌐 App Inventor專案：books.aia

App Inventor專案books.aia剖析JSON物件陣列來顯示書名清單，請啟動瀏覽器進入App Inventor網站後，開啟「**books.aia**」專案後，執行專案，可以看到執行結果（使用夜神模擬器測試執行），如下圖所示：

上述執行結果在剖析圖書資料的JSON物件陣列後，可以在「**清單顯示器**」組件顯示圖書書名的清單。專案的積木程式，如下圖所示：

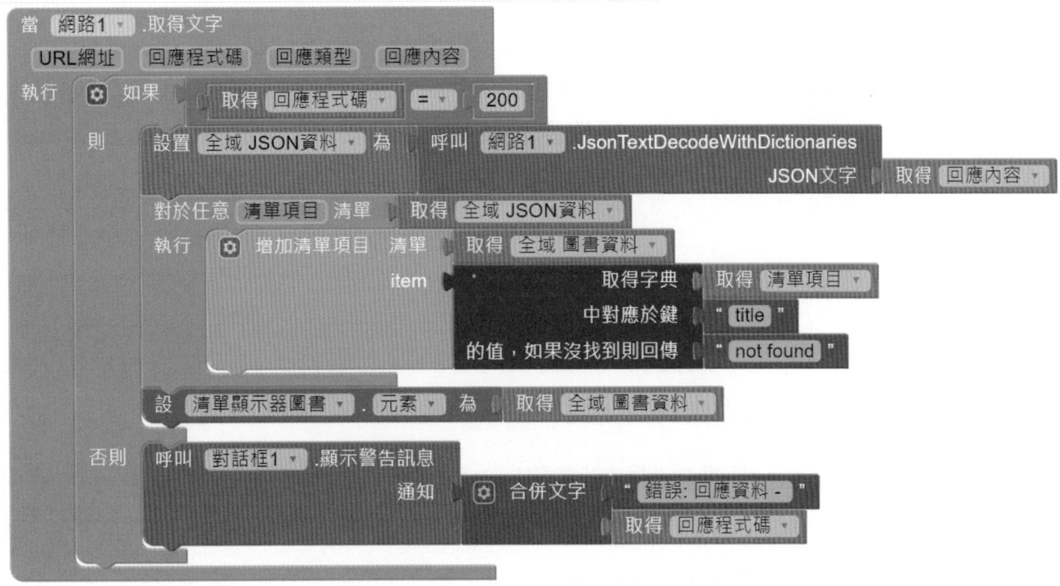

　　上述積木程式將回應內容剖析成App Inventor字典清單後，使用「**對於任意-清單**」積木走訪清單的每一個字典項目，然後使用title鍵取出圖書的書名。

⊕ App Inventor專案：books2.aia

　　App Inventor專案books2.aia改用「**由鍵路徑來產生清單 鍵路徑 - 於字典或清單**」和「**拜訪該層級的所有節點**」積木來走訪清單的每一個字典項目，如下圖所示：

　　上述「**由鍵路徑來產生清單 鍵路徑 - 於字典或清單**」積木的鍵路徑清單是使用「**拜訪該層級的所有節點**」積木，此積木可以取出這一層的每一個項目，所以不用迴圈，就可以使用「**由鍵路徑來產生清單 鍵路徑 - 於字典或清單**」積木來走訪取出每一本圖書title鍵的書名。

15-5 綜合應用：Open Data旅遊資訊

在了解如何使用App Inventor字典剖析JSON資料後，我們就可以建立Android App，剖析Open Data開放資料的JSON格式資料來取得天氣和住宿等旅遊資訊。

15-5-1 取得旅遊地區的天氣資料

OpenWeatherMap是一個提供天氣資料的著名線上服務，可以提供目前的天氣資料、天氣預測和天氣的歷史資料（從1979年至今）。

OpenWeatherMap需要註冊帳號取得API金鑰（API Key）後，才可以使用OpenWeatherMap的Web API來取得指定位置或城市的天氣資料，請參閱電子書<註冊OpenWeatherMap帳號和取得API金鑰>。

使用OpenWeatherMap的Web API

OpenWeatherMap提供多種Web API，在本節是以目前天氣的Web API為例，其網址格式如下所示：

```
https://api.openweathermap.org/data/2.5/weather?q=<城市>,<國別>&units=metric&lang=zh_tw&appid=<API_key>
```

上述Web API使用國別+城市和API金鑰，可以取得該城市目前的天氣資料，units=metric參數是攝氏溫度。例如：台灣是TW，一些台灣的英文城市名稱，如下表所示：

中文城市名稱	OpenWeatherMap城市名稱
台北	Taipei
板橋	Banqiao
桃園	Taoyuan
新竹	Hsinchu
台中	Taichung
台南	Tainan
高雄	Kaohsiung

請使用瀏覽器送出台北目前天氣資料的URL網址，請注意！在最後需要加上API金鑰，可以回傳JSON格式的天氣資料，請複製至JSON Editor，如下所示：

https://api.openweathermap.org/data/2.5/weather?q=Taipei,TW&units=metric&lang=zh_tw&appid=<API_key>

上述查詢結果是JSON物件，我們準備取出"weather"和"main"鍵的天氣資料，如下所示：

((ᵖ)) "weather"鍵：值是JSON陣列，"description"鍵是目前的天氣描述，其鍵路徑如下所示：

weather➜1➜description

((ᵖ)) "main"鍵：值是JSON物件，"temp"鍵是目前氣溫；"temp_min"鍵是最低氣溫；"temp_max"鍵是最高氣溫，其鍵路徑如下所示：

main➜temp

main➜temp_min

main➜temp_max

↺ 步驟一：開啟和執行App Inventor專案

請啟動瀏覽器進入App Inventor網站後，開啟「**openweather.aia**」專案後，執行專案，可以看到執行結果（使用夜神模擬器測試執行），如右圖所示：

在選擇城市後，按「**查詢天氣**」鈕，稍等一下，可以在下方顯示此城市的OpenWeatherMap天氣資訊。

↺ 步驟二：建立使用介面的畫面編排

取得旅遊地區天氣資料的畫面是使用水平配置、下拉式選單、按鈕、標籤、對話框和網路組件來建立使用介面。

⊕ 使用介面的畫面編排

在Screen1螢幕建立的使用介面，共新增1個水平配置、1個下拉式選單、1個按鈕和1個標籤組件，最後是非可視的對話框和網路組件，如下圖所示：

⊕ 介面組件的屬性設定

在螢幕新增組件後，請依據下表選取各組件，然後在「**組件屬性**」區更改各組件的屬性值（N/A表示清除內容），如下表所示：

組件	屬性	屬性值
Screen1	標題	取得旅遊地區的天氣資料
按鈕天氣	文字	查詢天氣
標籤輸出	文字	N/A
標籤輸出	寬度	填滿

↻ 步驟三：拼出專案的積木程式

在完成使用介面的畫面編排後，我們就可以開始建立積木程式。

⊕ 宣告全域變數

在積木程式宣告3個全域變數，「**城市資料**」變數是中英文城市對照的字典，「**API_KEY**」變數請自行輸入你的API金鑰，「**天氣資料**」變數是用來儲存剖析後天氣資料的字典，如下圖所示：

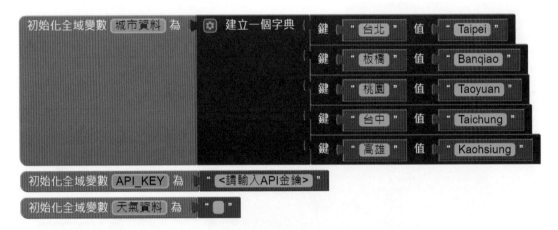

⊕ 「Screen1.初始化」事件處理方法

在「Screen1.初始化」事件處理方法指定下拉式選單的城市清單，這是使用「**取得多個鍵**」積木來取得字典的鍵清單，如下圖所示：

⊕ 「按鈕天氣.被點選」事件處理方法

在「按鈕天氣.被點選」事件處理方法使用「**合併文字**」積木建立 OpenWeatherMap 的 Web API 網址後，呼叫「**網路1.執行GET請求**」方法執行HTTP GET請求，如下圖所示：

⊕ 「網路1.取得文字」事件處理方法

在「網路1.取得文字」事件處理方法是完成GET請求呼叫執行的事件處理方法，首先呼叫「**網路1.JsonTextDecodeWithDictionaries**」方法來剖析回應內容的JSON資料成為字典，如下圖所示：

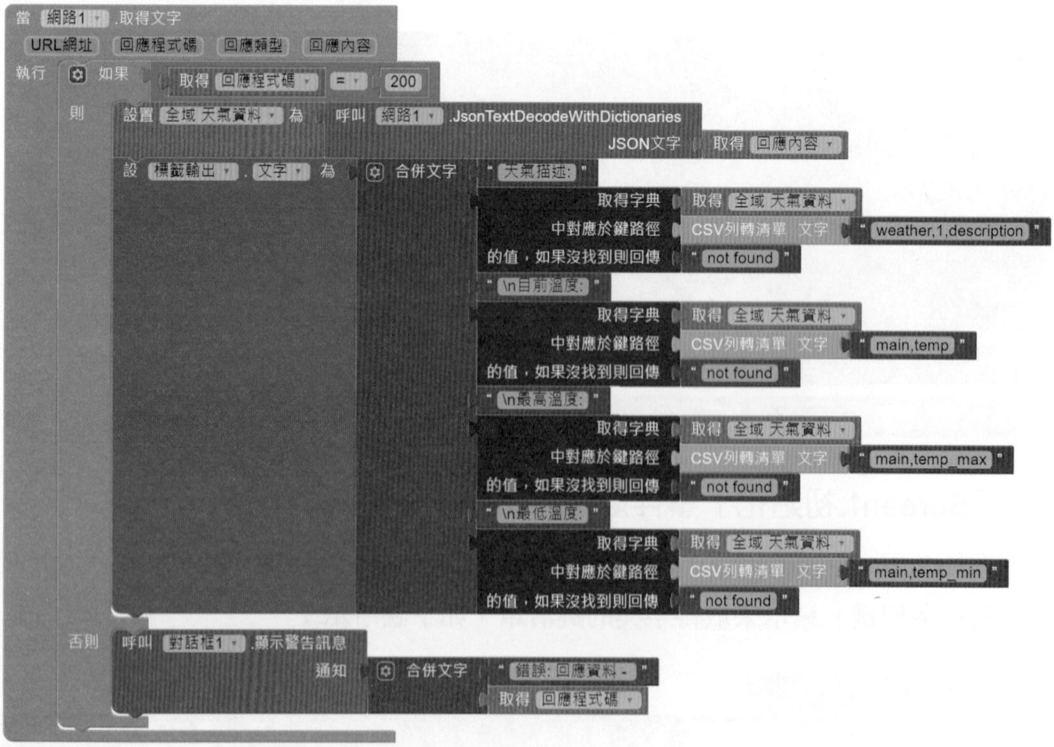

上述方法取得天氣資料的字典後，使用鍵路徑一一取出天氣描述、目前溫度、最高溫度和最低溫度後，在標籤組件顯示此城市的天氣資訊。

🔍 15-5-2　取得觀光住宿資料

為了推廣觀光，在國內各縣市的Open Data大都可以取得當地的觀光住宿資料，例如：嘉義觀光住宿資料API可以回傳JSON格式的觀光住宿資料，請複製至JSON Editor，如下所示：

https://www.iyochiayi.com/api/v1/hotels?lang=zh-TW

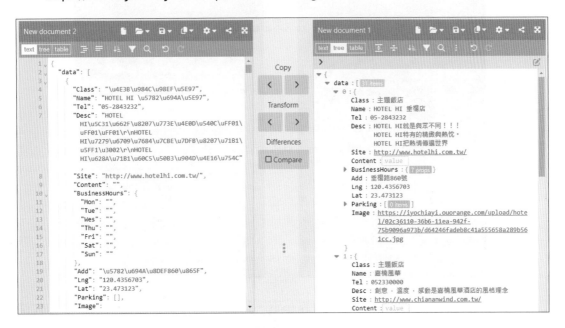

上述Web API取得的住宿資料已經使用JSON Editor轉換成階層資料，可以看到data鍵是住宿資料的陣列，共有31筆，每一間旅館是一個JSON物件，Name鍵是名稱；Tel鍵是電話；Site鍵是網址。

步驟一：開啟和執行App Inventor專案

請啟動瀏覽器進入App Inventor網站後，開啟「**iyochiayi_hotel.aia**」專案後，執行專案，可以看到執行結果，如下圖所示：

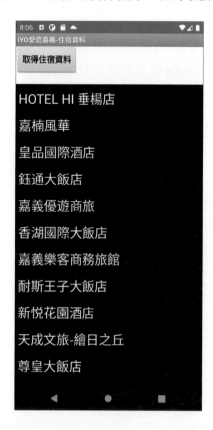

首先按「**取得住宿資料**」鈕，稍等一下，可以在下方顯示旅館清單，然後在清單項目中點選有興趣的旅館，就可以在訊息對話框顯示此旅館的進一步資料。

因為本節範例是使用Open Data的Web API，如果發現Web API已經無法使用，請開啟和執行「**iyochiayi_hotel2.aia**」專案，筆者已經複製建立一個備用的JSON資料，其URL網址如下所示：

https://fchart.github.io/hotels.json

↺ 步驟二：建立使用介面的畫面編排

iYO愛遊嘉義-住宿資料的畫面是使用按鈕、清單顯示器、對話框和網路組件來建立使用介面。

⊕ 使用介面的畫面編排

在Screen1螢幕建立的使用介面，共新增1個按鈕、1個標籤、1個清單顯示器組件，最後是非可視的對話框和網路組件，如下圖所示：

⊕ 介面組件的屬性設定

在螢幕新增組件後，請依據下表選取各組件，然後在「**組件屬性**」區更改各組件的屬性值，如下表所示：

組件	屬性	屬性值
Screen1	標題	iYO愛遊嘉義-住宿資料
按鈕取得	文字	取得住宿資料

↺ 步驟三：拼出專案的積木程式

在完成使用介面的畫面編排後，我們就可以開始建立積木程式。

⊕ 宣告全域變數

在積木程式宣告2個全域變數，「**JSON資料**」變數是用來儲存剖析後住宿資料的字典，「**旅館資料**」變數是儲存選取旅館資料的字典，如下圖所示：

⊕ 「按鈕取得.被點選」事件處理方法

在「按鈕取得.被點選」事件處理方法指定Web API網址後，呼叫「**網路1.執行GET請求**」方法執行HTTP GET請求，如下圖所示：

當 按鈕取得 .被點選
執行　設 網路1 . 網址 為　"https://www.iyochiayi.com/api/v1/hotels?lang=zh-TW"
　　　呼叫 網路1 .執行GET請求

⊕ 「網路1.取得文字」事件處理方法

在「網路1.取得文字」事件處理方法是完成GET請求呼叫執行的事件處理方法，首先呼叫「**網路1.JsonTextDecodeWithDictionaries**」方法來剖析JSON資料成為字典，如下圖所示：

當 網路1 .取得文字
URL網址　回應程式碼　回應類型　回應內容
執行　⚙ 如果　取得 回應程式碼 = 200
　　　則　設置 全域 JSON資料 為　呼叫 網路1 .JsonTextDecodeWithDictionaries
　　　　　　　　　　　　　　　　　　　　JSON文字 取得 回應內容
　　　　　設 清單顯示器旅館 . 元素 為　由鍵路徑來產生清單 鍵路徑 ⚙ 建立清單 拜訪該層級的所有節點
　　　　　　　　　　　　　　　　　　　　　　　　　　　　　　　　　　"Name"
　　　　　　　　　　　　　　於字典或清單　取得字典 取得 全域 JSON資料
　　　　　　　　　　　　　　　　　　　　中對應於鍵 "data"
　　　　　　　　　　　　　　　　　　　　的值，如果沒找到則回傳 "not found"
　　　否則　呼叫 對話框1 .顯示警告訊息
　　　　　　　　　　　通知 ⚙ 合併文字 "錯誤: 回應資料 - "
　　　　　　　　　　　　　　　　　　　　取得 回應程式碼

上述方法使用「**由鍵路徑來產生清單 鍵路徑 - 於字典或清單**」和「**拜訪該層級的所有節點**」積木來走訪data鍵旅館清單的每一個字典項目，然後使用Name鍵取得旅館名稱，來建立清單顯示器的清單項目。

⊕ 「清單顯示器旅館.選擇完成」事件處理方法

在「清單顯示器旅館.選擇完成」事件處理方法首先取得選擇旅館的字典儲存至「**旅館資料**」全域變數後，在訊息對話框分別使用Name、Tel和Site鍵取出旅館名稱、電話和網站資料，如下圖所示：

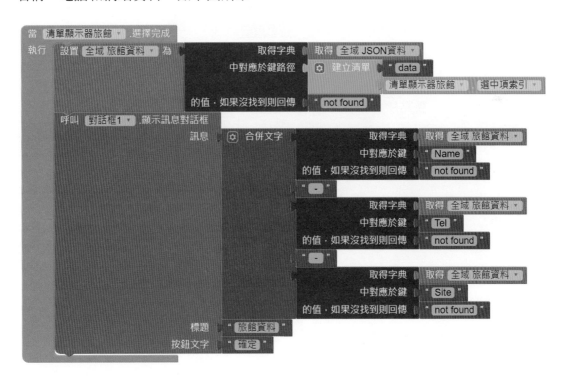

NOTE

Chapter **16**

綜合應用—AI人工智慧 與串接ChatGPT API

16-1 認識人工智慧

人工智慧（Artificial Intelligence，AI）也稱為人工智能，這是讓機器變得更聰明的一種科技，也就是讓機器具備和人類一樣的思考邏輯與行為模式。簡單的說，人工智慧就是讓機器展現出人類的智慧，像人類一樣的思考，基本上，人工智慧是一個讓電腦執行人類工作的廣義名詞術語，其衍生的應用和變化至今仍然沒有定論。

人工智慧基本上是計算機科學領域的範疇，其發展過程包括學習（大量讀取資訊和判斷何時與如何使用該資訊）、感知、推理（使用已知資訊來做出結論）、自我校正和操縱或移動物品等。

⊕ 圖靈測試

圖靈測試（Turing test）是計算機科學和人工智慧之父—艾倫圖靈（Alan Turing）在1950年提出，一個定義機器是否擁有智慧的測試，能夠判斷機器是否能夠思考的著名試驗。

圖靈測試提出了人工智慧的概念，讓我們相信機器是有可能具備智慧的能力。簡單的說，圖靈測試是在測試機器是否能夠表現出與人類相同或無法區分的智慧表現，如下圖所示：

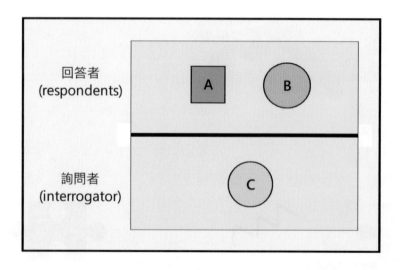

上述正方形A代表一台機器，圓形B代表人類，這兩位是回答者（respondents），人類C是一位詢問者（interrogator），展開與A和B的對話，對話是透過文字模式的鍵盤輸入和螢幕輸出來進行，如果A不會被辨別出是一台機器的身份，就表示這台機器A具有智慧。

⊕ 認識機器學習

「**機器學習**」（Machine Learning）是一種人工智慧，其定義為：「從過往資料和經驗中自我學習並找出其運行的規則，以達到人工智慧的方法。」。機器學習的主要目的是預測資料，其厲害之處在於可以自主學習，和自行找出資料之間的關係和規則，如下圖所示：

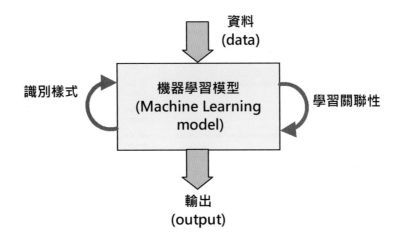

上述圖例當資料送入機器學習模型後，就可以自行找出資料之間的關聯性（relationships）和識別樣式，其輸出結果是已經學會的預測模型。機器學習主要是透過下列方式來進行訓練，如下所示：

〔⑴〕需要使用大量資料來訓練模型。

〔⑴〕從資料中自行學習來找出關聯性，和識別出樣式（pattern）。

〔⑴〕根據自行學習和識別出樣式獲得的經驗，可以替未來的新資料進行分類、推測其行為、結果和趨勢。

16-2 綜合應用：AI2人工智慧應用

在認識人工智慧後，我們就可以使用AI人工智慧擴充套件來建立Android App，這是使用已訓練好的機器學習模型來建立人工智慧的相關應用。AI2官方支援的AI人工智慧擴充套件，其URL網址如下所示：

((ψ)) https://mit-cml.github.io/extensions/

Name	Description	Author	Version	Download .aix File	Source Code
BluetoothLE	Adds as Bluetooth Low Energy functionality to your applications. See BluetoothLE Documentation and Resources for more information.	MIT App Inventor	20230728	BluetoothLE.aix	Via GitHub
FaceMeshExtension	Estimate face landmarks with this extension.	MIT App Inventor	20210414	Facemesh.aix	Via GitHub
LookExtension	Adds object recognition using a neural network compiled into the extension.	MIT App Inventor	20181124	LookExtension.aix	Via GitHub
Microbit	Communicate with micro:bit devices using Bluetooth low energy (needs BluetoothLE extension above).	MIT App Inventor	20200518	Microbit.aix	Via GitHub
PersonalAudioClassifier	Use your own neural network classifier to recognize sounds with this extension.	MIT App Inventor	20200904	PersonalAudioClassifier.aix	Via GitHub
PersonalImageClassifier	Use your own neural network classifier to recognize images with this extension.	MIT App Inventor	20210315	PersonalImageClassifier.aix	Via GitHub
PosenetExtension	Estimate pose with this extension.	MIT App Inventor	20200226	Posenet.aix	Via GitHub
TeachableMachine	Use vision models trained in TeachableMachine with your device's camera.	MIT App Inventor	1	TeachableMachine.aix	Via GitHub

在這一節準備說明「**LookExtension**」、「**PosenetExtension**」和「**FashMeshExtension**」三個擴充套件，請在上述表格的「**Download .aix File**」欄下載.aix檔，在「ch16/Extensions」子目錄就是這三個檔案。

♀ 16-2-1 物體識別

AI2物體識別是使用TensorFlow.js預訓練模型的「**LookExtension-20181124.aix**」擴充套件，此組件需要使用「**網路瀏覽器**」組件來執行。在AI2新增專案後，請在「組件面板」區的最後展開「**擴充套件**」分類，再點選「**匯入擴充套件**」來匯入擴充套件（因爲檔案比較大，需等待一段時間來上傳和匯入），如下圖所示：

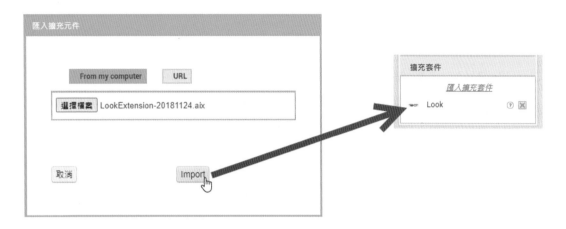

「**Look**」組件可以識別影片（Video）或圖片（Image）中的物體，因為使用TensorFlow.js預訓練模型，需要新增和指定使用的「**網路瀏覽器**」組件，可以使用此組件開啓影片或圖片來執行物體識別，如右圖所示：

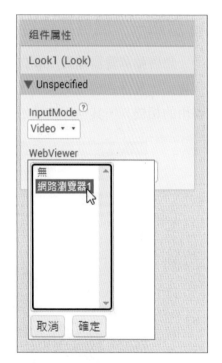

🌐 Look組件的方法

方法	說明
ClassifyImageData(圖像位址)	識別參數「圖像位址」圖片中的物體。
ClassifyVideoData()	識別相機影片中的物體。
ToggleCameraFacingMode()	切換使用行動裝置前方或後方的相機。

🌐 Look組件的事件

事件	說明
ClassifierReady	當預訓練模型成功載入後，就會觸發此事件。
Error	當錯誤發生時，就會觸發此事件，可以使用事件處理的「**errorCode**」參數取得錯誤資訊。
GotClassification	當取得物體識別結果就會觸發此事件，事件處理的「**返回結果**」參數是所有識別出物體的巢狀清單，每一個識別物體是一個清單，第1個元素是分類名稱；第2個元素是信心指數的機率值（小於1），例如：0.9，表示有90%機率是此分類。

↻ 步驟一：開啟和執行App Inventor專案

請啟動瀏覽器進入App Inventor網站後，開啟「**look.aia**」專案後，使用實機執行專案，在等到模型載入後，就可以看到相機的影像（這是在「**網路瀏覽器**」組件啟用的相機），其執行結果如下圖所示：

按「**點選執行識別**」鈕可以顯示識別結果，第1個是最有可能的分類，以此例是Scissors，0.91016（即91%是剪刀），然後移動手機，當影像中看到欲識別的物體時，請再按一次按鈕，即可再次顯示物體識別的結果。

⟳ 步驟二：建立使用介面的畫面編排

AI2物體識別的畫面是使用標籤、按鈕和網路瀏覽器組件來建立使用介面。

⊕ 使用介面的畫面編排

在Screen1螢幕建立的使用介面，共新增3個標籤、1個按鈕和1個網路瀏覽器組件，在之後是非可視的Look和對話框組件，如下圖所示：

⊕ 介面組件的屬性設定

在螢幕新增組件後，請依據下表選取各組件，然後在「**組件屬性**」區更改各組件的屬性值，如下表所示：

組件	屬性	屬性值
Screen1	標題	AI2人工智慧的物體識別
按鈕識別	文字	點選執行識別
標籤狀態	文字	目前狀態: 未知
Look1	InputMode	Video
Look1	WebViewer	網路瀏覽器1

↺ 步驟三：拼出專案的積木程式

在完成使用介面的畫面編排後，我們就可以開始建立積木程式。

⊕ 「Screen1.初始化」、「Look1.ClassifierReady」和「Look1.Error」事件處理方法

在「Screen1.初始化」事件處理方法是停用按鈕等待模型載入，「Look1.ClassifierReady」事件處理方法在成功載入模型後，就啟用按鈕，在「Look1.Error」事件處理方法可以在發生錯誤時，顯示錯誤訊息，如下圖所示：

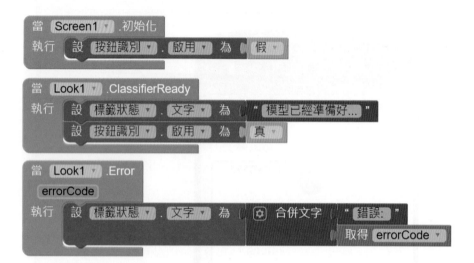

⊕ 「按鈕識別.被點選」和「Look1.GotClassification」事件處理方法

在「按鈕識別.被點選」事件處理方法是呼叫「**Look1.ClassifyVideoData**」方法進行物體識別，當成功識別出物體後，就是在「**Look1.GotClassification**」事件處理方法顯示識別結果，即參數「**返回結果**」的巢狀清單，如下圖所示：

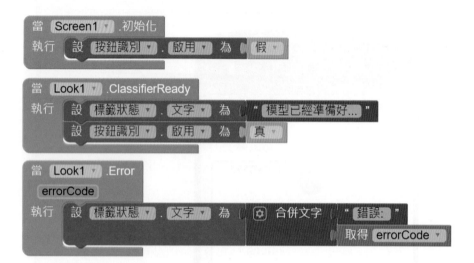

🔖 16-2-2　人臉偵測

AI2人臉偵測是使用「edu.mit.appinventor.ai.facemesh.aix」擴充套件，目前只支援影片偵測，一樣需要在「**網路瀏覽器**」組件來執行，如下圖所示：

🌐 FaceExtension組件的事件

事件	說明
ModelReady	當預訓練模型成功載入後，就會觸發此事件。
Error	當錯誤發生時，就會觸發此事件，可以使用事件處理的「**errorCode**」和「**錯誤訊息**」參數取得錯誤資訊。
VideoUpdated	當影片更新時，就會觸發此事件。
FaceUpdated	當在影片中偵測到人臉，就會觸發此事件，我們就是在此事件處理方法，使用人臉特徵屬性來取得特徵座標。

FaceExtension組件的「**UseCamera**」屬性可以切換前後相機。

🕐 步驟一：開啓和執行App Inventor專案

請啓動瀏覽器進入App Inventor網站後，開啓「**facemesh.aia**」專案後，請使用實機來執行此專案，在等待模型載入後，就可以看到相機的影像（這是在「**畫布**」組件顯示的影像），其執行結果如下圖所示：

當影像中偵測到人臉時，可以看到使用紅點標示臉部的6個關鍵點。

步驟二：建立使用介面的畫面編排

AI2人臉偵測的畫面是使用水平配置、標籤、畫布和網路瀏覽器組件來建立使用介面。

使用介面的畫面編排

在Screen1螢幕建立的使用介面，共新增2個標籤、1個水平配置、1個畫布和1個網路瀏覽器組件，下方是非可視的FaceExtension組件，如下圖所示：

介面組件的屬性設定

在螢幕新增組件後，請依據下表選取各組件，然後在「**組件屬性**」區更改各組件的屬性值，如下表所示：

組件	屬性	屬性值
Screen1	標題	AI2人工智慧的人臉偵測
標籤狀態	文字	狀態: 未知
畫布1	高度，寬度	250，350像素
網路瀏覽器1	高度，寬度	250，350像素
網路瀏覽器1	可見性	取消勾選（false）
FaceExtension1	WebViewer	網路瀏覽器1

步驟三：拼出專案的積木程式

在完成使用介面的畫面編排後，我們就可以開始建立積木程式。

「FaceExtension1.ModelReady」和「FaceExtension1.Error」事件處理方法

在「FaceExtension1.ModelReady」事件處理方法是成功載入模型後，切換使用後相機，「FaceExtension1.Error」事件處理方法可以顯示錯誤訊息，如下圖所示：

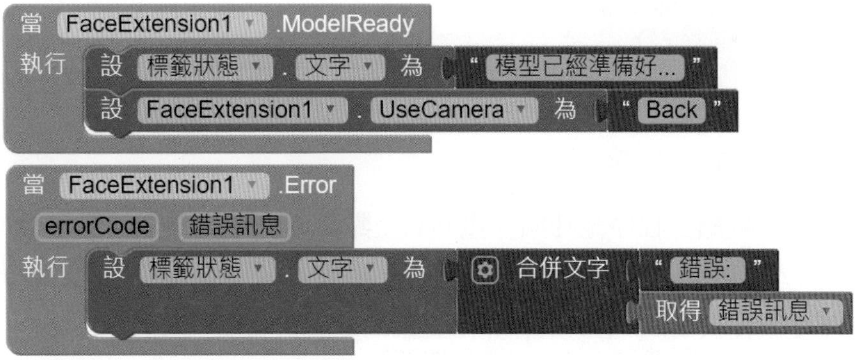

「FaceExtension1.VideoUpdated」事件處理方法

在「FaceExtension1.VideoUpdated」事件處理方法是當網路瀏覽器組件開啟的視訊有更新影像時，清除畫布和更新背景成為目前的視訊內容（即「**FaceExtension1.背景圖片**」屬性值），如下圖所示：

⊕ 「FaceExtension1.FaceUpdated」事件處理方法

在「FaceExtension1.FaceUpdated」事件處理方法更新偵測出的人臉資料，我們是呼叫**「繪出關鍵點」**程序在畫布繪出指定關鍵點屬性座標的紅點，以此例共繪出6個關鍵點，如下圖所示：

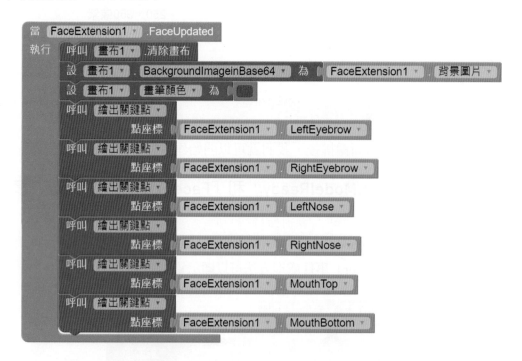

⊕ 「繪出關鍵點」程序

在「繪出關鍵點」程序是呼叫**「畫布1.畫點」**方法繪出參數**「點座標」**清單的紅點（前2個元素分別是x和y座標），因為後相機偵測出的人臉是左右翻轉，所以使用畫布寬度減掉取出的x座標來計算出正確的x座標，如下圖所示：

💡 16-2-3　人體姿勢偵測

AI2人體姿勢偵測是使用「edu.mit.appinventor.ai.posenet.aix」擴充套件，目前只支援影片偵測（固定250×300尺寸），一樣需要在「**網路瀏覽器**」組件來執行，如下圖所示：

人體姿勢偵測專案和第16-2-2節的人臉偵測專案十分相似，只是改用PosenetExtension擴充套件。請啟動瀏覽器進入App Inventor，然後開啟和使用實機執行「**posenet.aia**」專案，可以看到執行結果偵測出的人體姿勢（這是繪在「**畫布**」組件的點和線），如下圖所示：

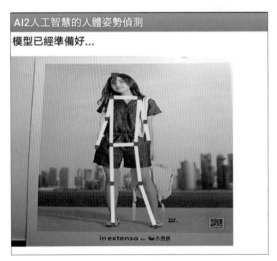

　　積木程式是在「**PosenetExtension1.PoseUpdated**」事件處理方法更新偵測出的人體姿勢，我們是呼叫「**繪出骨架**」和「**繪出關鍵點**」程序在畫布繪出黃色連接線，和紅色關鍵點，如下圖所示：

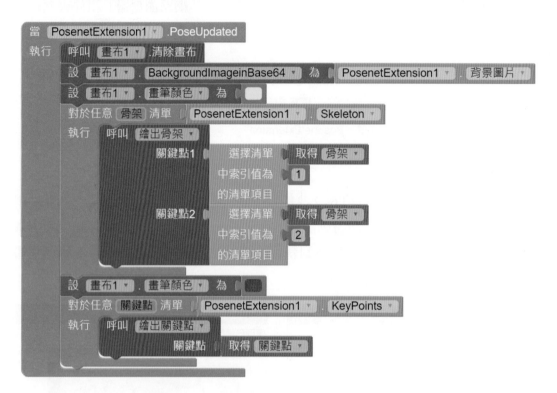

　　上述積木程式使用2個「**對於任意-清單**」迴圈積木來走訪「**Skeleton**」和「**KeyPoints**」屬性值的座標清單，第1個迴圈是繪出連接線；第2個是繪出關鍵點，如下所示：

- 「**繪出骨架**」程序：呼叫「**畫布1.畫線**」方法繪出2個關鍵點之間的連接線。
- 「**繪出關鍵點**」程序：和第16-2-2節同名程序相似，只是x座標沒在左右翻轉。

16-3 註冊與取得OpenAI帳戶的API Key

ChatGPT是使用人工智慧訓練出的大型語言模型，簡單的說，ChatGPT就是一個目前人工智慧技術的產物，可以使用自然語言與人類進行對話，回答我們所提出的任何問題。

16-3-1　註冊OpenAI帳戶

ChatGPT網頁版目前只需註冊Personal版的OpenAI帳戶，就可以免費使用，也可升級成付費的Plus版。請啟動瀏覽器，進入 https://chat.openai.com/auth/login 的ChatGPT登入首頁，點選「**Sign up**」註冊OpenAI帳戶，如右圖所示：

請點選下方「**Continue with Google**」，直接使用Google帳戶來註冊Open AI帳戶，如下圖所示：

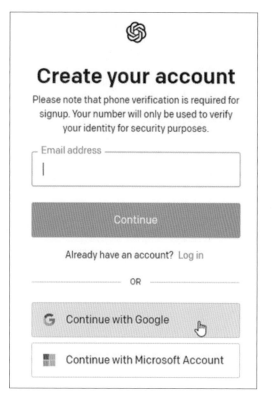

⚙ 16-3-2 設定付費帳戶和查詢ChatGPT API使用金額

在使用AI2串接ChatGPT API前，我們需要先將Personal版的OpenAI帳戶設定成付費帳戶後，才能取得API Key來使用ChatGPT API，其費用是每1000個Tokens收費0.002美元，1000個Tokens大約等於750個單字。

請啟動瀏覽器，使用OpenAI帳戶登入OpenAI平台https://platform.openai.com/首頁後，點選右上方「**Personal**」，執行「**Manage account**」命令，如下圖所示：

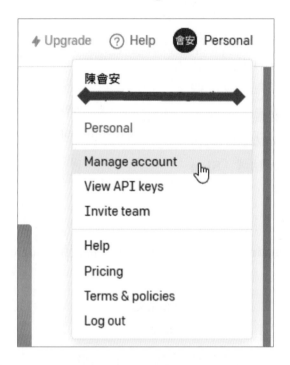

在帳戶管理可以查詢ChatGPT API的使用金額，這是使用圖表方式顯示每日或累積的使用金額，如下頁上方圖所示：

在左邊選「**Billing**」後，再選「**Set up payment method**」方法是個人或公司，就可以輸入付款的信用卡資料成為付費帳戶，如右圖所示：

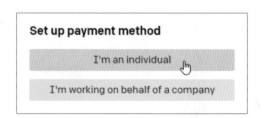

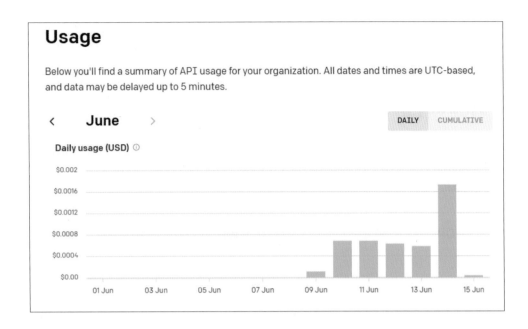

♀ 16-3-3　產生和取得OpenAI帳戶的API Key

現在，我們就可以產生和取得ChatGPT API的API Key，其步驟如下所示：

STEP 01 請在OpenAI平台首頁，點選右上方「**Personal**」，執行「**View API keys**」命令後，按「**Create new secret key**」鈕產生API Key，如下圖所示：

API keys

Your secret API keys are listed below. Please note that we do not display your secret API keys again after you generate them.

Do not share your API key with others, or expose it in the browser or other client-side code. In order to protect the security of your account, OpenAI may also automatically rotate any API key that we've found has leaked publicly.

+ Create new secret key

STEP 02 可以看到產生的API Key，因為只會產生一次，請記得點選欄位後的圖示複製
和保存好API Key，如下圖所示：

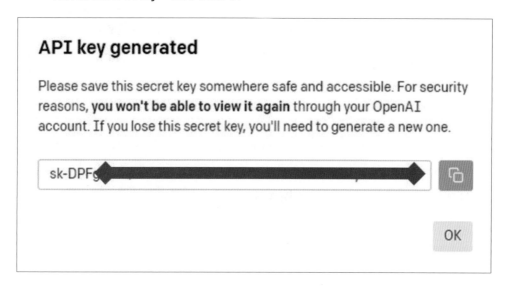

在「API Keys」區段可以看到產生的SECRET KEY清單，如下圖所示：

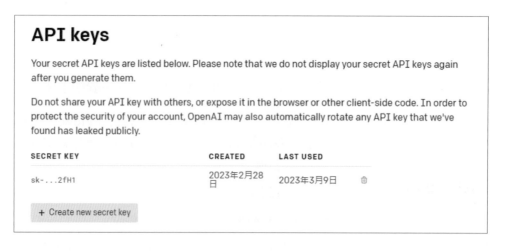

　　上述API Keys並無法再次複製，如果忘了或沒有複製到API Key，只能重新產
生一次API Key後，再點選舊API Key之後的垃圾桶圖示來刪除舊的API Key。

16-4 使用AI2串接ChatGPT API

在將OpenAI帳戶設定成付費帳戶和取得Open AI的API KEY後，我們就可以整合AI2和ChatGPT API，讓ChatGPT回答你詢問的問題。

16-4-1 認識與使用ChatGPT API

ChatGPT API是一種Web服務，我們可以使用HTTP請求來呼叫，其端點是https://api.openai.com/v1/chat/completions的URL網址，這是使用POST請求送出JSON物件來詢問問題，其內容如下所示：

```
{
  "model": "gpt-3.5-turbo",
  "messages": [ { "role": "user", "content": "使用者的問題" } ],
  "max_tokens": 500,
  "temperature": 1
}
```

上述JSON物件的常用參數說明，如下所示：

- **model參數**：指定ChatGPT API使用的語言模型。

- **messages參數**：此參數是一個JSON物件陣列，每一個訊息是一個JSON物件，擁有2個鍵：role鍵是角色；content鍵是訊息內容。每一個訊息可以指定三種角色。在role鍵的三種角色值說明，如下所示：

  - "system"：此角色是指定ChatGPT API表現出的回應行為。

  - "user"：這個角色就是你的問題，可以是單一JSON物件，也可以是多個JSON物件的訊息。

  - "assistant"：此角色是助理，可以協助ChatGPT語言模型來回應答案，在實作上，我們可以將上一次對話的回應內容，再送給語言模型，如此ChatGPT就會記得上一次是聊了什麼。

- **max_tokens參數**：ChatGPT回應的最大Tokens數的整數值。

- **temperature參數**：控制ChatGPT回應的隨機程度，其值是0~2（預設值是1），當值愈高，回應的愈隨機，ChatGPT愈會亂回答。

當送出上述HTTP POST請求後，ChatGPT API的回應內容也是JSON資料，我們可以直接詢問ChatGPT來幫助我們剖析回應的JSON資料。

請使用OpenAI帳戶登入https://chat.openai.com/auth/login後，在網頁介面下方欄位輸入提示文字的問題描述，來幫助我們找出定位"content"鍵的鍵路徑，而此鍵的值就是ChatGPT API的回答內容，其詳細的問題描述（prompt.txt），如下所示：

當剖析JSON資料時，我們可以找出取得指定鍵值的每一層鍵的路徑值，例如：取得"test"鍵的值，可以使用鍵路徑：

"JSON鍵" -> "test"

例如：取得"content"鍵的值，因為有JSON陣列，鍵值就是索引值，其鍵路徑如下：

"JSON鍵" -> 1 -> "content"

請依據上述說明，從根節點開始找出"content"鍵的鍵路徑，JSON資料如下：

```
{
  "id": "chatcmpl-841NAygXiucvdFACp0keWRdpVU90D",
  "object": "chat.completion",
  "created": 1695969280,
  "model": "gpt-3.5-turbo-0613",
  "choices": [
    {
      "index": 0,
      "message": {
      "role": "assistant",
      "content": "App Inventor是一個由麻省理工學院（MIT）開發的工具，讓用戶可以使用拖放式的介面設計來創建Android應用程式。這個工具主要針對非專業程式設計師或初學者，讓他們可以透過簡單的方式來開發自己的應用程式，而不需要太多的編程知識。使用App Inventor，用戶可以直接在瀏覽器上設計應用程式的使用者介面，並透過副程式積木（blocks）編寫相應的邏輯，例如按下按鈕後執行的動作。使用者可以從各種不同的功能積木中選擇，這些功能包括設備的感測器（例如加速度計或陀螺儀）、應用程式界面元素（例如按鈕或輸入框）以及其他各種功能（例如使用者儲存和數據庫）。總的來說，App Inventor提供了一個簡單且直覺的方式，讓任何人都能夠輕鬆地開發自己的Android應用程式。"
```

```
    },
    "finish_reason": "stop"
  }
],
"usage": {
  "prompt_tokens": 31,
  "completion_tokens": 381,
  "total_tokens": 412
  }
}
```

根據你提供的JSON資料，要找到"content"鍵的路徑，我們可以按照以下步驟：

1. 從根節點開始，首先是 "choices" 這個鍵，它是一個陣列，所以我們使用索引 0。
2. 在陣列的第一個元素裡，找到 "message" 這個鍵。
3. 在 "message" 中，再找到 "content" 這個鍵。

所以，"content" 鍵的路徑是：

"choices" -> 0 -> "message" -> "content"

這樣的鍵路徑可以幫助你找到指定鍵的值。

上述ChatGPT回應的內容是找出的鍵路徑，因為AI2清單的索引值是從1開始，所以在第16-4-2節AI2使用的鍵路徑，如下所示：

"choices"->1->"message"->"content"

16-4-2　使用AI2串接ChatGPT API

　　AI2可以使用「**網路**」組件送出POST請求來串接ChatGPT API，我們首先需要建立認證資料的變數，其值是合併Bearer字串（字串後有1個空白字元）和API Key，如下圖所示：

　　然後指定HTTP POST請求的標頭資訊（即「**請求標頭**」屬性）是回傳JSON資料（Content-Type鍵）和認證資料（Authorization鍵）的AI2字典，如下圖所示：

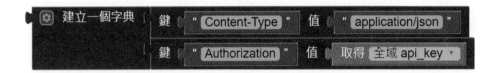

　　接著呼叫「**網路1.執行POST文字請求**」方法送出「**文字**」參數值的JSON資料（即第16-4-1節說明的JSON物件），這也是一個AI2字典，如下圖所示：

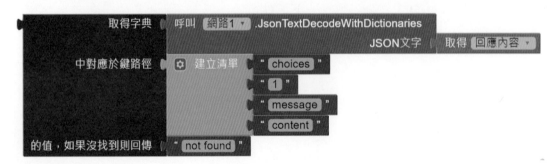

　　當成功取得POST請求回應的JSON資料後，就可以剖析JSON資料，然後使用第16-4-1節最後的鍵路徑，即可取出ChatGPT API的回答內容，如下圖所示：

↻ 步驟一：開啟和執行App Inventor專案

請啟動瀏覽器進入App Inventor網站後，開啟「**chatgpt_api.aia**」專案後，執行專案，可以看到執行結果，請在上方文字輸入盒輸入詢問ChatGPT的問題，即Prompt提示文字，如下圖所示：

按「**詢問ChatGPT**」鈕，稍等一下，就可以在下方顯示串接ChatGPT API所取得的回答內容。

步驟二：建立使用介面的畫面編排

在AI2串接ChatGPT API的畫面是使用標籤、文字輸入盒、按鈕和網路組件來建立使用介面。

使用介面的畫面編排

在Screen1螢幕建立的使用介面，共新增1個標籤、1個按鈕和2個文字輸入盒，最後是非可視的網路組件，如下圖所示：

介面組件的屬性設定

在螢幕新增組件後，請依據下表選取各組件後，在「**組件屬性**」區更改各組件的屬性值（N/A表示清除內容），如下表所示：

組件	屬性	屬性值
Screen1	標題	使用AI2串接ChatGPT API
標籤1	文字	請輸入問題:
按鈕詢問	文字	詢問ChatGPT
文字輸入盒問題	文字	請使用繁體中文回答什麼是App Inventor
文字輸入盒問題	寬度	填滿
文字輸入盒問題	允許多行	勾選（true）
文字輸入盒答案	文字	N/A
文字輸入盒答案	高度, 寬度	填滿, 填滿
文字輸入盒答案	允許多行	勾選（true）
文字輸入盒答案	ReadOnly（唯讀）	勾選（true）

步驟三：拼出專案的積木程式

在完成使用介面的畫面編排後，我們就可以開始建立積木程式。

宣告全域變數

在積木程式共宣告4個全域變數，請在「**api_key**」變數輸入你的API Key，「**total_tokens**」、「**temperature**」和「**messages**」變數就是第16-4-1節JSON物件同名的JSON鍵，如下圖所示：

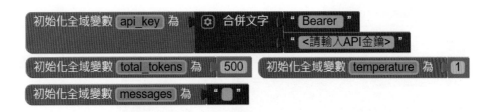

「按鈕詢問.被點選」事件處理方法

在「按鈕詢問.被點選」事件處理方法是使用「**網路**」組件送出HTTP POST請求，首先指定「**網路1.網址**」屬性是ChatGPT API端點的URL網址，然後指定「**請求標頭**」屬性的HTTP標題資訊，如下圖所示：

　　在上述「**messages**」全域變數建立詢問ChatGPT的角色和問題是「**文字輸入盒問題.文字**」屬性值，即可呼叫「**網路1.執行POST文字請求**」方法送出HTTP POST請求，在「**文字**」參數就是送出的JSON資料（AI2字典）。

⊕ 「網路1.取得文字」事件處理方法

　　在「網路1.取得文字」事件處理方法是用來處理HTTP POST請求的回應，首先使用「**如果-則**」條件判斷「**回應程式碼**」參數值是否是200，如果是，就表示HTTP POST請求成功，如下圖所示：

　　上述「**回應內容**」參數就是HTTP回應內容，因為ChatGPT API是回應JSON資料，所以呼叫「**網路1.JsonTextDecodeWithDictionaries**」方法剖析JSON字串成為AI2字典後，使用AI2字典的「**取得字典-中對應於鍵路徑-的值，如果沒找到則回傳**」積木，直接以鍵路徑清單來取出ChatGPT API的回應內容。

範例檔案下載方式

　　本書範例檔案收錄書中所有使用範例檔、電子書及 osQuest 學習評量系統。範例檔案依各章放置，建議學習過程中按照書中指示開啟使用，進行實際練習。範例檔案可依下列三種方式取得，請先將範例檔案下載到自己的電腦中，以便後續操作使用。（範例檔案解壓縮密碼：0634705）

方法 1 掃描 QR Code

方法 2 連結網址

範例檔案下載網址：http://tinyurl.com/ylged6pz

方法 3 OpenTech 網路書店（https://www.opentech.com.tw）

請至全華圖書 OpenTech 網路書店，在「我要找書」欄位中搜尋本書，進入書籍頁面後點選「課本範例」，即可下載範例檔案。

國家圖書館出版品預行編目資料

App Inventor 2 程式設計與應用：開發 Android App 一學就上手/陳會安著. -- 六版. -- 新北市：全華圖書股份有限公司, 2024.01

　面；　公分

ISBN 978-626-328-838-6(平裝)

1.　CST: 系統程式　2.CST: 電腦程式設計

312.52　　　　　　　　　　　　　　　　113000349

App Inventor 2 程式設計與應用

開發 Android App 一學就上手(第六版)

作者 / 陳會安

發行人 / 陳本源

執行編輯 / 李慧茹

封面設計 / 戴巧耘

出版者 / 全華圖書股份有限公司

郵政帳號 / 0100836-1 號

印刷者 / 宏懋打字印刷股份有限公司

圖書編號 / 0634705

六版一刷 / 2024 年 01 月

定價 / 新台幣 580 元

ISBN / 978-626-328-838-6 (平裝)

ISBN / 978-626-328-837-9 (PDF)

全華圖書 / www.chwa.com.tw

全華網路書店 Open Tech / www.opentech.com.tw

若您對本書有任何問題，歡迎來信指導 book@chwa.com.tw

臺北總公司(北區營業處)

地址：23671 新北市土城區忠義路 21 號

電話：(02) 2262-5666

傳真：(02) 6637-3695、6637-3696

南區營業處

地址：80769 高雄市三民區應安街 12 號

電話：(07) 381-1377

傳真：(07) 862-5562

中區營業處

地址：40256 臺中市南區樹義一巷 26 號

電話：(04) 2261-8485

傳真：(04) 3600-9806(高中職)

　　　　(04) 3601-8600(大專)

歡迎加入 全華會員

● 會員獨享

會員享購書折扣、紅利積點、生日禮金、不定期優惠活動…等。

● 如何加入會員

掃 QRcode 或填妥讀者回函卡直接傳真 (02) 2262-0900 或寄回，將由專人協助登入會員資料，待收到 E-MAIL 通知後即可成為會員。

如何購買 全華書籍

1. 網路購書

全華網路書店「http://www.opentech.com.tw」，加入會員購書更便利，並享有紅利積點回饋等各式優惠。

2. 實體門市

歡迎至全華門市（新北市土城區忠義路 21 號）或各大書局選購。

3. 來電訂購

(1) 訂購專線：(02) 2262-5666 轉 321-324
(2) 傳真專線：(02) 6637-3696
(3) 郵局劃撥（帳號：0100836-1　戶名：全華圖書股份有限公司）

※ 購書未滿 990 元者，酌收運費 80 元。

OpenTech.com.tw 全華網路書店

全華網路書店 www.opentech.com.tw
E-mail: service@chwa.com.tw

※ 本會員制如有變更則以最新修訂制度為準，造成不便請見諒。

讀者回函卡

（請由此線剪下）

掃 QRcode 線上填寫 ▶▶

姓名：　　　　　　　　　生日：西元　　　　年　　　月　　　日　　性別：□男 □女

電話：（　　　）　　　　　　　　　手機：

e-mail：（必填）

註：數字零，請用 Φ 表示，數字 1 與英文 L 請另註明並書寫端正，謝謝。

通訊處：□□□□□

學歷：□高中・職　□專科　□大學　□碩士　□博士

職業：□工程師　□教師　□學生　□軍・公　□其他

學校／公司：　　　　　　　　　　　　科系／部門：

· 需求書類：

□A. 電子 □B. 電機 □C. 資訊 □D. 機械 □E. 汽車 □F. 工管 □G. 土木 □H. 化工 □I. 設計

□J. 商管 □K. 日文 □L. 美容 □M. 休閒 □N. 餐飲 □O. 其他

· 本次購買圖書為：　　　　　　　　　　　　書號：

· 您對本書的評價：

封面設計：□非常滿意　□滿意　□尚可　□需改善，請說明

內容表達：□非常滿意　□滿意　□尚可　□需改善，請說明

版面編排：□非常滿意　□滿意　□尚可　□需改善，請說明

印刷品質：□非常滿意　□滿意　□尚可　□需改善，請說明

書籍定價：□非常滿意　□滿意　□尚可　□需改善，請說明

整體評價：請說明

· 您在何處購買本書？

□書局　□網路書店　□書展　□團購　□其他

· 您購買本書的原因？（可複選）

□個人需要　□公司採購　□親友推薦　□老師指定用書　□其他

· 您希望全華以何種方式提供出版訊息及特惠活動？

□電子報　□DM　□廣告（媒體名稱　　　　　　　　　）

· 您是否上過全華網路書店？（www.opentech.com.tw）

□是　□否　您的建議

· 您希望全華出版哪方面書籍？

· 您希望全華加強哪些服務？

感謝您提供寶貴意見，全華將秉持服務的熱忱，出版更多好書，以饗讀者。

填寫日期：　　　／　　　／

2020.09 修訂

親愛的讀者：

感謝您對全華圖書的支持與愛護，雖然我們很慎重的處理每一本書，但恐仍有疏漏之處，若您發現本書有任何錯誤，請填寫於勘誤表內寄回，我們將於再版時修正，您的批評與指教是我們進步的原動力，謝謝！

全華圖書　敬上

勘　誤　表

書號	頁數	行數	書名	作者
			錯誤或不當之詞句	建議修改之詞句

我有話要說：（其它之批評與建議，如封面、編排、內容、印刷品質等・・・）